河 东 耕 地

主 编 李友忠 闫 童

副主编 刘士亮 姚 静

滕世辉

U0245318

合肥工业大学出版社

图书在版编目(CIP)数据

河东耕地/李友忠,闫童主编 . —合肥:合肥工业大学出版社,2012.6

ISBN 978 - 7 - 5650 - 0742 - 2

Ⅰ.①河… Ⅱ.①李…②闫… Ⅲ.①耕作土壤—土壤肥力—土壤调查—临沂市②耕作土壤—质量评价—临沂市 Ⅳ.①S159.252.3②S158

中国版本图书馆 CIP 数据核字(2012)第 109647 号

河 东 耕 地

李友忠　闫　童　主编　　　　　责任编辑　孟宪余

出　版	合肥工业大学出版社	版　次	2012 年 6 月第 1 版
地　址	合肥市屯溪路 193 号	印　次	2012 年 6 月第 1 次印刷
邮　编	230009	开　本	710 毫米×1010 毫米　1/16
电　话	总编室:0551 - 2903038	印　张	17.5　　彩插　1.5 印张
	发行部:0551 - 2903198	字　数	264 千字
网　址	www. hfutpress. com. cn	印　刷	安徽省瑞隆印务有限公司
E-mail	hfutpress@163.com	发　行	全国新华书店

ISBN 978 - 7 - 5650 - 0742 - 2　　　　　定价: 68.00 元

如果有影响阅读的印装质量问题,请与出版社发行部联系调换。

《河东耕地》编委会

主　任　乔继仓

副主任　李友忠　崔言礼

委　员　（以姓氏笔画排序）

乔继仓　庄倩梅　杨化恩　李友忠

辛茂刚　张连辉　张宝贵　侯庆山

崔言礼　紫爱梅

主　编　李友忠　闫　童

副主编　刘士亮　姚　静　滕世辉

参编者　（以姓氏笔画排序）

丁文峰　于永梅　于效保　王道利

刘士亮　闫　童　杨化恩　李友忠

李凤堂　李玉萍　李振玲　李晓霞

张元俊　张理华　陈泽光　赵广中

赵传东　姚　静　高秀财　高秀英

高秀猛　郭学习　韩　军　滕世辉

前　言

　　山东省临沂市河东区位于山东省东南部,西依沂河与主城区相接,是临沂市三个城区之一。土壤主要有棕壤、潮土、水稻土、砂姜黑土四类。河东区农业基础雄厚,盛产水稻、小麦、玉米、大豆、花生、果蔬等,是著名的高产、优质、高效农业示范基地,也是商品粮、淡水鱼、丰产林生产基地。辖区内地热资源极为丰富,汤头温泉名闻遐迩。河东区先后被命名和授予"全国科技进步先进区"、"全国生态建设示范区"、"全国节水先进区"、"全国综合利用先进区"、"全国农产品加工业示范基地"、"中国脱水蔬菜加工城"、"中国地热城"、"中国莲藕之乡"、"山东省县域经济最具发展潜力十佳县区"等荣誉称号。

　　耕地是人类赖以生存的基础和保障,保障耕地的质量和数量是人民生活水平不断提高、农业可持续发展的基本前提。长期以来,我国耕地的投入与产出比例失衡,土壤养分逐渐耗竭,物理性状恶化,土壤肥力退化。耕地数量的减少与人口的增长、耕地地力与环境质量的退化、土壤污染与食品安全已成为社会各界普遍关注的问题。进行耕地地力调查与质量评价就显得尤为重要。河东区先后开展了两次土壤普查工作,特别是1979年第二次土壤普查工作,对全区土壤类型进行了详尽的描述和分类,并对土壤类型形成和分布做了重要阐述,不仅对当时平衡施肥和农业发展起到重要推动作用,而且对以后的土壤肥料基础性工作起了重要推动作用。但第二次土壤普查工作到2006年已经过去27年了,这期间我国的耕地质量和土壤肥力状况都发生了重大的变化,加上当时工作手段落后,调查内容和资料偏少,技术资料应用等方面有较大的局限性,已不能适应现代农业发展的需要。因此,2006至2008年我们按照农业部和山东省有关方案要求开展了河东区耕地地力调查和质量评价工作。

本次耕地地力评价,根据《全国耕地地力调查与质量评价总体工作方案》、《全国耕地地力调查与质量评价工作试点方案》及《全国耕地地力调查与质量评价技术规程(试行)》等方面的技术要求,在地理信息系统与计算机技术的支持下,采用特尔斐法选取了耕地地力评价因子,运用层次分析法构造判断矩阵并确定了各个因子的权重;然后采用模糊数学的方法,根据各因子的特点及其对耕地地力的影响构建了隶属函数,利用GIS技术完成了数据库的构建,计算出耕地地力综合指数;并用平均值法划分耕地等级,同时制作耕地地力等级专题图。本次耕地地力评价取得如下成果:1. 土壤养分状况评价。耕地地力评价中,对河东区土壤有机质、碱解氮、速效钾、有效磷等影响作物产量的主要养分的空间变异性进行了研究,并利用GIS软件制作出空间变异分布图,以清楚、直观地了解各土壤养分的空间分布状况,并根据土壤养分综合系统评价法的土壤养分分级标准,对其土壤养分状况进行了初步评价。2. 耕地地力评价。根据各评价单元的耕地地力综合指数,将耕地地力合理划分为六个等级,运用ArcMAP绘制了耕地地力评价结果专题图并统计了各等级耕地的面积。3. 平衡施肥配套技术。研究了小米、玉米的推荐施肥参数,提出了平衡施肥配套技术。4. 种植业结构调整建议。根据耕地地力评价成果,结合河东区实际,提出了"一心、两岸、两线、三岭"的种植业结构调整建议。

在整个工作中,我们严密组织,精心安排,严格操作规程和统一标准,严格质量控制。具体做法有:一是严格人员筛选和组织。二是合理布点和采样。布点在考虑地形地貌、土壤类型、肥力高低、作物种类等的同时兼顾空间分布的均匀性,做到典型性和代表性。严格采样的一致性和统一GPS定位。三是严格数据审核。四是严格化验分析。特别是在分析化验过程中严格人员操作、环境、器具质量控制,实行空白、平行试验和参比样控制手段,确保了化验数据的可靠和准确。

河东区耕地地力调查与评价工作是在山东省农业厅、山东省土肥总站、临沂市农委、临沂市土肥站领导的具体指导、帮助和河东区委、区政府的大力支持下,经区农业局全体人员共同努力下完成的。工作中得到区财政局、区统计局、区民政局、区国土局、区气象局、区广播电视台等的支持,给予提供数据、图件等方面的配合;山东农业大学资环学院、天地亚太遥感公司在数据库建设、地力评价图的绘制方面也给予了一定帮助,在此一并表示诚挚的感谢。

本书的编者以科学严谨和认真负责的态度,力求内容真实可靠、准确完美。但由于水平所限,错误之处在所难免,真诚希望各级领导和农业战线的同行们给予批评指正,以便进一步修改。

编者

2012 年 4 月

目　录

▶ **第一篇　耕地地力评价**

第一篇　耕地地力评价

第一章

自然与农业生产概况

第一节 自然地理条件

临沂市河东区位于山东省东南部，介于东经 $118°20'\sim118°40'$、北纬 $34°35'\sim35°20'$ 之间，西依沂河与临沂市主城区相接，是临沂市的三个城区之一，是 1994 年 7 月经国务院批准设立的县级行政区。全区土地总面积 607.5 km²，辖 10 个乡镇（街道），407 个行政村，总人口 58 万。其中农业人口 53 万，农村劳动力 22 万，耕地面积 30 986.7 hm²。河东区历史悠久、文化灿烂、环境优美、资源丰富、区位优越、交通便利，是"全国科技进步先进区"、"全国生态建设示范区"、"全国节水先进区"、"全国综合利用先进区"、"中国脱水蔬菜加工城"、"中国五金加工城"、"中国地热城"、"中国莲藕之乡"，是"山东省创建文明城市先进区"、"山东省投资环境十佳县区"、"山东省县域经济最具有发展潜力的十佳县区"、"山东省农业产业化先进区"、"山东省平安建设先进区"、"山东省沂州海棠之乡"、"山东省木柳工艺之乡"和"山东省教育先进区"。

一、地形地貌

河东区地处山东省的东南部,属临郯苍平原。地势北高南低,地形多为平原,海拔一般在 50～80 m。主要地貌类型有岭下阶地和平原两种,平原面积占地表面积的 86.6%。

岭下阶地主要分布在北部汤头街道,坡度在 3°～5°,土层稍厚,沙砾化程度轻。地下水位一般在 5 m 以下,土壤类型属棕壤,适宜旱作。

平原地坡度小于 3°,主要有沿河阶地、倾斜平地、微斜平地、缓平地 4 种类型。沿河阶地主要分布在沂河、沭河两岸,阶差明显,阶地之间有小浅坡,潜水埋深多在 1～2 m。土层较厚,大部分为潮土,土壤质地较好,适宜种植多种作物。倾斜平地位于北部,与岭下阶地相连,由东北向东南倾斜,地面起伏不明显。主要有棕壤、潮土和砂姜黑土 3 个土类。由于水源条件比较好,部分低洼地块由于常年种植水稻发育成水稻土。该区域常年种植小麦、水稻、玉米等作物。微斜平地位于中部地区,地势平坦,坡度小,径流缓慢,沉积物质比较细,多数土质较黏重。潜水埋深的大多发育成潮土,排水不良的地块多发育成砂姜黑土,是全区主要水稻产区。缓平地主要在南部,潜水埋深在 1～2 m,土壤大多为砂姜黑土和潮土,以及在这两个土类上发育来的新水稻土。

二、地质、土壤资源状况

河东区已知的古老岩系有:震旦纪、寒武纪、中下奥陶纪、中上石炭纪、白垩纪、第四纪等。

汤头街道中部、相公街道以南土壤主要是第四纪疏松沉积物,主要成土母质是冲积物、现代沙砾层等。冲积洪积层夹灰黄色粉沙,黑色黏土分布面积较大,沉积初期,富含碳酸钙,在漫长的成土过程中,碳酸钙已被淋洗到底层,加上地下水的影响,已经形成不同形态的砂姜,质地多为重壤土。

汤头东北和西北属下古代奥陶系厚层状白云质灰岩和寒武系薄云状灰岩、黄绿色页岩,还夹杂红色沙页岩、凝灰页岩、砾岩、粗斑黑云母粗安岩等。

沂河、沭河两岸和中部平原地多为第四纪以来的河流泛滥冲积和沉积物。

河东区耕地共有棕壤、潮土、砂姜黑土和水稻土4种土壤类型，共30 986.7 hm²。其中棕壤有3个亚类、3个土属、11个土种，共4 933.3 hm²；潮土有2个亚类、2个土属、15个土种，共15 200.0 hm²；砂姜黑土有1个亚类、1个土属、4个土种，共5 586.7 hm²；水稻土有1个亚类、1个土属、8个土种，共5 266.7 hm²。

三、气候状况

河东区属暖温带季风区半湿润大陆性气候，四季分明，阳光充足，雨量充沛，气候适宜。春季回暖迅速，少雨多风，空气干燥；夏季温高湿大，雨量集中，为全年降水最多季节；秋季气温下降迅速，降水变率较大；冬季寒冷干燥，雨雪稀少，严寒期较长。年均降水量790～920 mm。历年平均气温13.3℃，7月最高。地面温度历年平均为15.3℃，日照时数为2 357.5 h，年有效积温4422.4℃，无霜期平均202 d。春季多东北风，秋与冬季多北风，夏季多东、东南风。年平均风速2.04 m/s，风力大于8级的大风，累计年平均出现20 d。

四、水资源

河东区西临沂河，东临沭河，区内灌渠纵横交错。沂河为临沂市第一大河流，发源于沂源县与新泰市交界处的黑山交岭之阴的龙子峪，经沂源县、沂水县、沂南县进入河东区境内，向南流入郯城县吴道口进入江苏省骆马湖，在山东境内全长287.5千米，流域面积10 772 km²。临沂以上有东汶河、蒙河、祊河三大支流汇入。沭河发源于沂水县沂山南麓，流经沂水县、莒县，进入莒南县，经东石拉渊进入河东区，经临沭县、郯城县进入江苏新沂河流入东海。沭河在临沭县大官庄闸处向东开凿出河流为新沭河，流入江苏石梁河水库。临沂以上的主要支流有袁公河、汤河等。沂河、沭河之间有分沂河洪水入沭河的通道。河东区地下水资源丰富，主要为分布于奥陶系石灰岩中的裂隙岩溶地下水。

五、植被

经实地调查和资料分析，河东区植被种类较为丰富。植被系统主要由农田系统构成。农田系统主要由农田生态系统和林地植被系统构成。农田生态系统主要包括小麦、水稻、玉米等；林地植被系统以农田防护林网为骨架，四旁绿化、片林、道路等防护林带相结合，多林种、多树种相配合，乔、灌、草混合分布形成的多层次植被体系。

六、生物

境内植被较多，生物资源较丰富。有粮食作物 10 多种，林木 20 多种，果树 20 多种，药材近百种，野生兽类 10 多种，鱼类 100 多种。

七、地热资源

河东区境内汤头温泉历史悠久，有 2100 多年的历史。公元前 86 年此地即已建村，汉昭帝时封刘安国为温水侯，又因地处汤水源头，故名"汤头"。中国古代帝王和历史文化名人秦始皇、孔子、王羲之、诸葛亮、刘墉、王勃等多次在此观赏、游览、沐浴，并留有不少墨迹。

汤头温泉处于沂沭断裂带。裂谷形成时，由于火山喷发、岩浆侵入活动，热气沿着地层裂隙上升，随着温度的降低，凝结成热水，贮存于地层之中。汤头温泉列全国四大天然甲级温泉之一，是全国唯一的地下水可饮用的温泉。据钻井资料揭示，在地下 92~94 m 处有裂隙孔洞发育，为热水的主要贮存层。热水涌出地表，即成温泉。水温一般在 51℃～58℃之间，由勘探孔测得的水温高达 72℃。泉水清澈，无色无味，放置无沉淀，是不可多得的天然温泉。温泉水中含有钾、钠、铁、铜、钙、镁、镭等 29 种化学成分和矿物质，具有舒筋活血、杀菌消炎等效能，特别是对于人体关节、皮肤、神经系统的疾病，以及外伤愈合后的康复，具有显著疗效。为了让温泉更好地造福于人民，新中国成立初期，人民政府在此建起了大型浴池，供人们沐浴。1956 年，国家又在这里建设了中国煤矿工人临沂疗养院。1976 年，汤头镇也在这里兴建大型浴池，开设疗养院。改革开放以来，这里发生了巨大变化，随着临沂城市建设的不断发展，基础设施建设的速度不断加快，已形成了密集的铁路、高速公路、航空等立体交通网。温泉周围，建有多家招待所，温泉的设施建设不断更新，除水疗外，还可配合电疗、光疗、针灸等。现在，温泉已成为设施一流、服务质量一流的名副其实的全国甲级温泉。

第二节　农业经济与农业生产概况

一、农村经济情况

河东区农业人口 53 万，农户 11.1 万个，农村劳动力 22.48 万人。近年来，在河东区委、区政府的正确领导下，各级政府部门认真贯彻落实党在农村的一系列路线、方针、政策，调动广大人民群众的生产积极性，走科学发展的路子，增加农业投入，鼓励、引导群众发展第二、第三产业，大力支持私营、个体经济的发展。虽然 2008 年受全球经济危机的影响，但河东区农民总体收入仍普遍增长，全区实现农村经济总收入 2 583 320.41 万元，农民人均所得 5 270.3 元。各项经济指标统计分析如下：

（一）农村经济总收入

2008 年，河东区农村总收入 2 583 320.41 万元，较上年增加 9.0%。按经营形式划分，乡（镇）办企业收入 122 538 万元，占总收入的 4.7%，增长 15.6%；村组集体经营收入 110 291.61 万元，占总收入 4.3%，增长 7.5%；农民家庭经营收入 2 104 790.49 万元，占总收入的 81.5%，增长 7.8%；其他经营收入 245 700.31 万元，占总收入的 9.5%，增长 17.6%。按经营行业来划分，第一产业中农业收入 220 393.55 万元，占总收入的 8.5%，增长 4.0%；林业收入 8 609.92 万元，占总收入的 0.3%，增长 −11.9%；牧业收入 68 809.39 万元，占总收入的 2.7%，增长 −17.9%；渔业收入 3 530.26 万元，占总收入的 0.1%，增长 −7.6%。第二产业中工业收入 1 707 939.18 万元，占总收入的 66.1%，增长 12.5%；建筑业收入 164 257.65 万元，占总收入的 6.4%，增长 4.5%。第三产业中运输、餐饮业、服务业和其他收入分别是 130 344.23 万元、180 726.72 万元、55 601 万元和 43 108.51 万元，分别占总收入的 5.1%、7.0%、2.2% 和 1.7%，分别增长 4.4%、

8.4％、7.2％和1.0％。

（二）总费用

2008年农村总费用为2 246 928.29万元，占总收入的87.1％，比上年增长9.4％。其中生产费用为1 765 489.74万元，占总收入的68.5％，比上一年增长12.4％；管理费用为323 575.09万元，占总收入的12.6％，比上一年增长26.9％。2008年农业生产资料价格居高不下，全区城镇化建设、农田基本设施建设等重大项目投资巨大，虽然经过科学的预算，严格控制各项不合理开支，但各项开支增加仍较多，致使总费用偏高。

（三）净收入

2008年净收入336 392.12万元，占总收入的13.0％，比上年增加6.2％。总费用增幅较大，导致净收入明显降低。由于经济危机，对河东区的外向型企业影响较大，致使净收入增速有所放慢。

（四）农民收入增减分析

2008年农民所得总额233 377.76万元，比上一年增长1.7％。农民人均收入5 270.3元，比上一年增长12.7％。分析其增长原因，主要来自于第二、三产业的收入。农民积极转移投入，发展第二、第三产业，来自于第二、三产业的收入占总收入的88.5％，比上一年增长10.7％。从经营形式上来看，农民家庭经营仍然占主导地位，占总收入的81.5％，比上一年增长7.8％。

二、农业生产现状

近年来，全区各级各部门坚持以科学发展观为统领，认真落实各项支农惠农政策，统筹协调城乡经济发展，大力发展现代农业，加快推进社会主义新农村建设，全区农业农村工作继续保持了平稳较快发展的良好态势。

（一）农业生产全面发展

2008年，全区农业总产值18.53亿元，是1995年的1.6倍。粮食总产23.5万吨，肉类总产3.57万吨，禽蛋总产1.15万吨，分别是

1995 年的 1.5 倍、0.88 倍和 0.59 倍。大力发展特色农业，蔬菜种植面积 7 960.0 hm²，杞柳面积 3 200.0 hm²，苗木花卉面积 1 066.7 hm²，分别是 1995 年的 1.98 倍、5.8 倍和 9.4 倍。形成了以优质瓜菜、杞柳种植、苗木花卉为特色的高效经济作物产业带。新建、完善农田林网 2 960.0 hm²，全民义务植树 40 万株，完成绿化示范村建设 30 个。完成畜牧业产值 7.5 亿元，全区生猪存栏 13.43 万头、出栏 28.65 万头，家禽存栏 237.70 万只、出栏 848.30 万只，特种毛皮动物存养量 45 万只。

（二）农业产业化、标准化建设快速推进

农业产业化水平进一步提高。全区现有省级农业产业化重点龙头企业 5 家，市级农业产业化重点龙头企业 25 家，区级农业产业化重点龙头企业 28 家。2008 年河东区被评为"全省农业产业化先进县（区）"。农业标准化生产得到进一步加强，全区共有 4 个无公害农产品品牌、1 个绿色食品品牌、3 个有机农产品品牌、6 个市级名优农产品、8 处市级标准化生产基地、15 处市级标准化畜禽养殖示范小区。新发展农产品质量安全区域化管理基地 537.3 hm²，建成区级农药、兽药配送中心各 1 处，乡镇、街道农资配送中心 9 处。荣获"中国莲藕之乡"、"山东海棠之乡"和"山东木柳工艺之乡"称号。八湖镇被农业部授予"全国农产品加工业示范基地"称号。

（三）农业综合生产能力稳步提高

全区农业机械化水平快速提升，完成机耕作业面积 23 333.3 hm²，完成小麦机收面积 20 000 hm²，占全区小麦种植面积的 96.7%。累计完成农田水利基本建设投资 3 200 万元，新建工程 107 处，新修防渗渠道 11.6 千米，修复水毁工程 2 处，新建、维修配套机井 45 眼，改善灌溉面积 10 000 hm²。临沂同德农业科技开发有限公司 333.3 hm² 有机农产品基地建设项目被列为国家 2008 年农业综合开发土地治理与产业化经营结合试点项目；刘店子乡 666.7 hm² 中低产田改造和山东省赛博特食品有限公司 500 吨低温低糖有机果蔬深加工扩建项目正在开展，两个项目已完成投资 690 余万元。

（四）农村基础设施和农村社会事业快速发展

2008 年，新增村村通硬化路 61 千米、户用沼气池 1 614 个，新增村村通自来水村庄 52 个、村村通自来水率达 91%，完成 4 个乡镇（街道）128 个村高标准电气化建设和 2 座 110 kV 变电站建设。实施"万村千乡"市场工程，建成较大型日用品直营店 10 处、日用品便民店 369 处、农资农家店 344 处。新农合受益面进一步扩大，参合农民 45.18 万人，参合率 98.57%。新发展有线电视用户 1.4 万户，建成 9 个乡镇（街道）综合文化站，创建区级文明生态村 40 个。

（五）强农惠农政策落实到位

兑现各类支农惠农财政补贴资金 3 525 万元。其中粮食直补资金 467 万元、农机购置补贴资金 121 万元、农资综合补贴 2425 万元、良种补贴 512 万元。严格执行农民负担监督管理"一票否决"量化考核办法，坚决制止面向农民的"三乱"问题。大力开展农村耕地经营权流转工作，新增流转面积 1 733.3 hm^2，土地流转的典型经验和好的做法得到省、市政府的充分肯定并分别在省政府《决策参阅》、市政府《政务信息》上刊发。规范完善农村财务代理中心制，搞好"四监管"，积极做好涉农信访工作，全年共受理涉农信访案件 62 起，结案率达 99%，切实维护了农村和谐稳定的良好发展环境。

第三节　农业基础设施情况

一、农田水利建设情况

（一）水资源概况

河东区属淮河流域沂沭河水系。沂河、沭河为河东区边境河流，区内共有大小内河 17 条。沂河水系中有支流李公河，区内流域面积 111.1 km^2；沭河水系中有支流汤河、黑墩河、黄白河等，区内流域面积分别为 460.2 km^2、67.83 km^2、173.6 km^2。李公河流域多年平均降水量 868.7 mm,年降水总量 1.39 亿 m³,多年平均径流深 332.1 mm,年径流量 0.5313 亿 m³。汤河流域多年平均降水量 863.6 mm,年降水总量 3.1953 亿 m³,多年平均径流深 309.5 mm,年径流量 1.1452 亿 m³。黑墩河流域多年平均降水量 856 mm,年径流量 0.2077 亿 m³。黄白河流域多年平均降水量 857.7 mm,年降水总量 1.1322 亿 m³,多年平均径流深 304.6 mm,年径流量 0.4021 亿 m³。区域地下水大致可分为三个类型:一是第四系松散岩孔隙水。主要赋存于沙砾层中,分布在沂河、沭两河沿岸,面积 612 km²,沙层厚度为 4～10 m,局部大于 10 m,该区域单井涌水量多在 500～1000 m³/d。二是碎屑岩类裂隙水。主要由白垩系的沙砾层、震旦系的沙页岩组成,分布于汤头中部、西北部、重沟西部、芝麻墩以东地区,含水量少,主要为风化裂隙水,单井涌水量多小于 500 m³/d。三是变质岩裂隙水。主要分布在沂水—汤头断裂带以东,面积 103 km²,该区域裂隙水分布极不均匀,主要受地质条件和裂隙的控制,单井涌水量 100 m³/d 左右。河东区水资源总量 27 800 万 m³,多年平均地表水资源量 22 800 万 m³,地下水资源量 17 400 万 m³。全区地下水可开采量 13 200 万 m³,地下水开采量 6 700 万 m³。根据《河东区地下水资源优化开发利用研究》成果,河东区多年平均地下水资源量 17 400 万 m³,模数为 28.3 万 m³/km²年,平均地下水可开采量 13 200 万 m³,可开采模数 18.1 万 m³/km²年。2006 年地下水开采量 6 700 万 m³,平均开采模数为 9.1 万 m³/km²年。

(二)农业灌溉情况

2008 年,全区农业灌溉以葛沟灌区、石拉渊灌区引库水灌溉为主,部分农田提取河道、渠道、大口井和地下水灌溉,农田灌溉保证率 85% 左右。其中两处灌区控制灌溉面积 31 573.3 hm²,有效灌溉面积 17 733.3 hm²;小型提水灌区 305 处,总装机容量 4 575 kW,有效灌溉面积 7 933.3 hm²。

葛沟灌区为国家大型引沂河水自流灌区,担负着河东区中西部的汤头、刘店子、八湖、太平、相公、九曲、凤凰岭 7 个乡镇、街道办事处

254 个自然村的灌溉、防汛、排涝、抗旱等任务，设计灌溉面积 16 166.7 hm²，有效灌溉面积 9 333.3 hm²。石拉渊灌区为国家中型引沭河水自流灌区，控制灌溉河东区东部刘店子、郑旺、相公、汤河、凤凰岭、重沟 6 个乡镇、街道办事处 160 个自然村，设计灌溉面积 10 666.7 hm²，有效灌溉面积 5 733.3 hm²。

二、农业机械化情况

近年来，河东区农业机械化保持了良好的发展势头，目前，全区农机总动力 61.83 万 kW。各类拖拉机 10 473 台，其中大中型拖拉机 1708 台；联合收割机 402 台；各类配套农机具 12 728 万台（套）。其中大中型拖拉机配套的旋耕机 1126 台；玉米联合收割机 39 台。机耕面积 40 320 hm²，机收面积 31 980 hm²，机播面积 30 280.0 hm²。农机经营服务总收入 5 000 万元。

第二章

土壤与耕地资源状况

第一节　土壤类型与分布

一、土壤分类标准

十壤和其他历史自然体一样，有其自身发生发展的规律，不同的成土因素的组合，使土壤类型复杂多样，属性不一。土壤分类就是根据土壤发生发展的规律，在系统识别土壤的基础上，将外部形态和内在性质相同或近似的土壤个体并入相应的分类单元，纳入一定的分类系统，以正确反应土壤之间以及土壤与环境之间在发生学上的联系，反应它们的肥力特征和利用价值，为合理利用土壤、改良土壤和提高土壤肥力提供依据。

（一）土壤分类的原则

项目按照《全国第二次土壤普查土壤工作分类暂行办法》和《山东省第二次土壤普查土壤工作分类暂行办法》，结合河东区实际情况划分。具体的分类原则是：

1. 综合考虑成土条件、成土过程和土壤属性，广泛联系实际，力求使土壤分类具有科学性、生产性。通过土壤分类，能使群众更好地掌握用土、改土等措施，便于测土配方施肥等项目的推广和应用。

2. 采用土类、亚类、土属、土种四级分类制，将全区土壤分为 4 个土类、7 个亚类、8 个土属、38 个土种。

3. 把自然土壤与耕作土壤作为一个整体，进行统一的分类命名，以体现分类的科学性、系统性和实践性。

4. 土壤分类系统是以发生学和诊断层作为理论基础和依据，把成土条件、成土过程和土壤属性三者结合起来作为土壤分类的综合依据。

（二）土壤分类的依据

1. 土类

土类是土壤高级分类中的基本单元，每一土类都具有一定的成土条件、成土过程和土壤属性，具有可鉴别的发生层次，土类之间有质的区别。划分的主要依据是：

（1）土壤发生类型与当地生物气候条件吻合。

（2）在自然因素和人为因素的影响下具有一定的成土过程。

（3）每一土类具有相同的剖面形态特征和土壤属性。

（4）同一土类具有相似的肥力特征、改良利用方向和途径。

（5）同一土类具有一个可供鉴别的诊断层次。

2. 亚类

亚类是在土类范围内和土类之间的过渡类型。在主要的成土过程以外，还有一个附加的成土过程，使土壤属性起了很大的变化，如棕壤土类的潮棕壤亚类就是在棕壤淋溶淀积过程的基础上附加了潮化过程。亚类划分的依据是：

（1）同一土类的不同发育阶段，在附加成土过程和剖面形态特征上互有差异。

（2）不同土类之间相互过渡。

3. 土属

土属在土壤发生和土类上具有承上启下的作用，它既有亚类的续分，又是土种的归纳，是同一亚类在区域地质因素的影响下，使综合的成土因素产生了区域性的变异。划分主要依据是：

（1）成土母质类型。成土母质类型的区别是本区土属划分的主要依据，根据质地、岩性、沉积类型和水分状况，全区共划分为 8 个土属。

（2）区域水文地质条件及潜水化学成分。

（3）历史成土过程遗迹，如红土母质。

4. 土种

土种是土壤基层分类的基本单元，处于一定的景观部位，是剖面形态特征在数量上基本一致的土壤实体，河东区共有 38 个土种。划分的依据是：

（1）景观特征相同。即小地形部位水、热条件以及植被情况基本一致。

（2）土体构型基本相同。所谓的土体构型即剖面中各层次的排列状况。在划分时考虑 1 m 以内的土层排列状况。

（3）表层质地一致。表层质地即表层土壤沙粒大小和多少。划分时把土壤质地分为六级。

（4）土壤肥力基本一致，特别是表层有机质含量基本相同。

土种划分依据的具体指标如下：

质地分级：

1）山丘地区深厚土层和平原地区分为沙土、沙壤、轻壤、中壤、重壤和黏土六级。分级标准按照卡庆斯基分类标准，只是把松沙和紧沙加以合并为沙土。

2）山丘地区薄层石渣土。从便于生产应用，区分为砾质土和砾石土，砾质土的砾石含量＜30％，砾石土的砾石含量＞30％。同时，根据细粒部分的质地状况，细分为砾质沙土、砾质壤土、砾质黏土、砾质砾石土、壤质砾石土、黏质砾石土。

土层厚度（限于山地土壤）：

分为积薄层＜15 cm、薄层 15～30 cm、中层 30～60 cm，并根据下部母质（基）岩的坚硬程度细分为：极薄层酥石棚、薄层酥石棚、中层酥石棚、极薄层硬石底、薄层硬石底、中层硬石底。

层位的划分：

根据群众的习惯叫法，分为"表"、"心"、"腰"、"底"四个层位。"表"为 0～20 cm、"心"为 20～60 cm、"腰"为 60～100 cm、"底"为 >100 cm。

障碍层的划分：

沙层、黏层：薄层 10～30 cm，厚层大于 30 cm。砾石层、砂姜层、铁盘层：薄层 5～10 cm，厚层大于 10 cm。

二、土壤分类

根据以上划分标准，我区现有棕壤、潮土、砂姜黑土和水稻土 4 种土类，共 30 986.7 hm²。其中棕壤有 3 个亚类、3 个土属、11 个土种，共 4 933.3 hm²；潮土包括 2 个亚类、2 个土属、15 个土种，共 15 200.0 hm²；砂姜黑土有 1 个亚类、1 个土属、4 个土种，共 5 586.7 hm²；水稻土有 1 个亚类、1 个土属、8 个土种，共 5 266.7 hm²。土种分类系统见表 2-1，土壤表层质地和土体构型代码见表 2-2。

我们对测土配方施肥项目中所取的 4 137 个土样进行养分化验，分析总结了河东区不同土壤类型的分布、面积和主要化学性状。各类土壤的分布特征如下：

（一）棕壤土类

棕壤又名棕色森林土，成土母质以花岗岩和花岗片麻岩等酸性岩类风化物为主，其次是普通沙页岩、片岩、正长岩等风化物。根据成土过程、土壤属性的差异，分为棕壤、白浆化棕壤、潮棕壤和棕壤性土等。河东区棕壤有 3 个亚类、3 个土属、11 个土种，共 4 933.3 hm²。

1. 棕壤性土亚类

由于基岩为花岗岩和花岗片麻岩等酸性岩，因此，这类土壤含不易风化的石英较多。其主要障碍因素有：土体发育不完全，土层较薄，土壤表层沙砾较多，土壤结构不良，潜水层较深，排灌条件差，易旱易涝。河东区棕壤性土亚类中共有 2 个土属、6 个土种，除石渣薄层酥石棚非石灰沙页岩棕壤性土属于非石灰性沙页岩类土属之外，其他 5 个土种均属于酸性岩类土属。

表 2 - 1 土壤分类系统表

土类		亚类		土属		土种		县代码	面积（hm²）	占可利用（%）
名称	代号	名称	代号	名称	代号	名称	代号			
棕壤	A	棕壤性土	A_s	酸性盐类（花岗岩、片麻岩）	A_{a1}	粗沙薄层酥石棚酸性岩棕壤性土	$A_{a1}\frac{1}{5}$	01010101	619.7	2.00
						石渣薄层酥石棚酸性岩棕壤性土	$A_{a1}\frac{3}{5}$	01010102	750.9	2.42
						粗沙中层酥石棚酸性岩棕壤性土	$A_{a1}\frac{1}{6}$	01010103	477.3	1.54
						石渣中层酥石棚酸性岩棕壤性土	$A_{a1}\frac{3}{6}$	01010104	84.2	0.27
						壤质中层酥石棚酸性岩棕壤性土	$A_{a1}\frac{5}{6}$	01010105	2 084	6.73
						小计			4 016.1	12.96
				非石灰性沙页岩	A_{a4}	石渣薄层酥页岩棕壤性土	$A_{a4}\frac{3}{5}$	01010201	321.7	1.04
						小计			321.7	1.04
		棕壤	A_c	洪积冲积物	A_{c3}	紧沙均质洪积冲积棕壤	$A_{c3}\frac{2}{1}$	01020101	111.3	0.36
						小计			111.3	0.36
		潮棕壤	A_c	洪积冲积物	A_{c3}	轻壤厚心洪积冲积潮棕壤	$A_{c3}\frac{3}{1}$	01030101	44.3	0.14
						沙壤均质洪积冲积潮棕壤	$A_{c3}\frac{2}{1}$	01030102	377.5	1.22
						紧沙均质洪积冲积潮棕壤	$A_{c3}\frac{3}{3}$	01030103	17.5	0.06
						沙壤厚心洪积冲积潮棕壤	$A_{c3}\frac{4}{3}$	01030104	44.9	0.14
						小计			484.2	1.56
						合计			4 933.3	15.92

（续表）

土类 名称	代号	亚类 名称	代号	土属 名称	代号	土种 名称	代号	县代码	面积（hm²）	占可利用（%）
潮土	C	潮土	C_b	河潮土	C_{b4}	松沙厚沙心河潮土	$C_{b4}\frac{1}{2}$	02010101	255.3	0.82
						沙壤厚沙心河潮土	$C_{b4}\frac{3}{2}$	02010102	871.9	2.81
						轻壤厚沙心河潮土	$C_{b4}\frac{4}{4}$	02010103	1 041.3	3.36
						轻壤厚沙腰河潮土	$C_{b4}\frac{1}{8}$	02010104	3 452.5	11.14
						轻壤厚黏心河潮土	$C_{b4}\frac{4}{14}$	02010105	1 731.7	5.59
						中壤厚黏心河潮土	$C_{b4}\frac{4}{14}$	02010106	379.5	1.22
						重壤厚黏心河潮土	$C_{b4}\frac{6}{14}$	02010107	58.0	0.19
						松沙厚壤心河潮土	$C_{b4}\frac{4}{16}$	02010108	831.1	11.14
						中壤厚壤腰河潮土	$C_{b4}\frac{5}{16}$	02010109	501.3	1.62
						沙壤均质河潮土	$C_{b4}\frac{3}{19}$	02010110	48.7	0.16
						轻壤均质河潮土	$C_{b4}\frac{5}{19}$	02010111	5 402.1	17.46
						小计			14 582.3	47.05
		湿潮土	C_e	冲积黑潮土	C_{e8}	轻壤厚黏心冲积黑潮土	$C_{e8}\frac{3}{14}$	02020101	299.2	0.97
						中壤厚黏心冲积黑潮土	$C_{e8}\frac{4}{14}$	02020102	247.3	0.80
						沙壤厚黏心冲积黑潮土	$C_{e8}\frac{5}{14}$	02020103	25.7	0.08
						重壤均质冲积黑潮土	$C_{e8}\frac{6}{19}$	02020104	45.5	0.15
						小计			617.7	2.00
						合计			15 200	49.05

土类 名称	代号	亚类 名称	代号	土属 名称	代号	土种 名称	代号	县代码	面积（hm²）	占可利用（%）
水稻土	F	幼年水稻土	F_b	幼年水稻土	F_{b1}	轻壤厚黏心冲积新水稻土	$F_{b1}\frac{4}{14}$	03010101	378.0	1.22
						中壤厚黏心冲积新水稻土	$F_{b1}\frac{5}{14}$	03010102	1 015.3	3.28
						重壤厚黏心冲积新水稻土	$F_{b1}\frac{6}{14}$	03010103	897.0	2.89
						轻壤厚黏腰冲积新水稻土	$F_{b1}\frac{4}{16}$	03010104	159.3	0.51
						中壤厚黏腰冲积新水稻土	$F_{b1}\frac{5}{16}$	03010105	1 078.3	3.48
						轻壤均质冲积新水稻土	$F_{b1}\frac{4}{19}$	03010106	106.7	0.34
						中壤均质冲积新水稻土	$F_{b1}\frac{5}{19}$	03010107	616.4	1.99
						重壤均质冲积新水稻土	$F_{b1}\frac{6}{19}$	03010108	1 015.7	3.28
						合计			5 266.7	16.99
砂姜黑土	G	砂姜黑土	G_a	黑土裸露	G_{a1}	重壤厚黑土裸露砂姜黑土	$G_{a1}\frac{6}{1}$	04010101	5 170.5	16.69
						轻壤厚黑土心黑土裸露砂姜黑土	$G_{a1}\frac{4}{3}$	04010102	275.0	0.89
						中厚厚黑土心黑土裸露砂姜黑土	$G_{a1}\frac{5}{3}$	04010103	120.1	0.39
						中壤厚黑土腰黑土裸露砂姜黑土	$G_{a1}\frac{5}{5}$	04010104	21.1	0.07
						合计			5 586.7	18.04
总计									30 986.7	100

表 2－2　土壤表层质地及土体构型代码表

土类	亚类	土属	土种	
			土体构型（分母）	土壤质地（分子）
棕壤（A）	棕壤性土（Aa）	按母岩分： 1 酸性岩类（花岗岩、片麻岩等） 4 非石灰性沙页岩	按土体原质与基底性质分： 1 极薄层硬石底 2 薄层硬石底 3 中层硬石底 5 薄层酥石棚 6 中层酥石棚	1 粗沙土 3 石渣土 5 壤质土
	棕壤（Ac）	按母质成因类型分： 1 坡积洪积物 3 洪积冲积物	按土体结构分： 1 均质 以下按沙、黏、砂姜等层次出现部位厚度分： 3 厚心 5 厚腰	1 松沙土 2 紧沙土 3 砂壤土 4 轻壤土
	潮棕壤（Ae）			
潮土（C）	潮土（Cb）	按母质沉积类分： 4 河潮土	按土体结构分： 1 薄沙心 2 厚沙心 3 薄沙腰 4 厚沙腰 5 薄沙底	1 松沙土 2 紧沙土
	湿潮土（Ce）	8 冲积黑潮土		
水稻土（F）	新水稻土（Fb）	1 冲积物	6 厚沙底 8 厚壤心 13 薄黏心 14 厚黏心 16 厚黏腰 18 厚黏底 19 均质	3 砂壤土 4 轻壤土 5 中壤土 6 重壤土
砂姜黑土（G）	砂姜黑土（Ga）	1 洼地（黑土裸露）	1 黑土裸露 3 厚黑土心 5 厚黑土腰	

（1）粗沙薄层酥石棚酸性岩棕壤性土

面积与分布：全区现有粗沙薄层酥石棚酸性岩类棕壤土 619.7 hm²，分布于八湖镇窦家岭村、铜佛官庄村；刘店子乡王十二湖村、沂自庄村。

耕层土壤养分状况：有机质含量在 8.2～25.3 g/kg 之间，平均值为 18.8 g/kg；土壤 pH 值在 4.44～7.63 之间，平均值为 6.10；碱解氮含量在 34～133 mg/kg 之间，平均值为 85 mg/kg；全氮含量在 0.48～1.59 g/kg 之间，平均值为 1.00 g/kg；有效磷含量在 30.3～184.3 mg/kg 之间，平均值为 72.6 mg/kg；速效钾含量在 43～280 mg/kg 之间，平均值为 106 mg/kg；缓效钾含量在 113～1017 mg/kg 之间，平均值为 425 mg/kg。

(2) 石渣薄层酥石棚酸性岩棕壤性土

面积与分布：河东区现有石渣薄层酥石棚酸性岩类棕壤土 750.9 hm² ，分布于汤头街道董官庄村、沟南村、红埠岭村、莘沂庄村、前湖崖村、东北村、西北村、东南村、东山东村、西南村、西山东村、后湖崖村、后篆注村、前篆注村、隆沂庄村。

耕层土壤养分状况：有机质含量在 4.9～24.9 g/kg 之间，平均值为 15.8 g/kg；土壤 pH 值在 4.86～7.75 之间，平均值为 6.17；碱解氮含量在 28～176 mg/kg 之间，平均值为 89 mg/kg；全氮含量在 0.25～1.85 g/kg 之间，平均值为 0.93 g/kg；有效磷含量在 12.7～93.3 mg/kg 之间，平均值为 54.0 mg/kg；速效钾含量在 45～250 mg/kg 之间，平均值为 108 mg/kg；缓效钾含量在 132～868 mg/kg 之间，平均值为 481 mg/kg。

(3) 粗沙中层酥石棚酸性岩棕壤性土

面积与分布：河东区现有粗沙中层酥石棚酸性岩类棕壤土 477.3 hm² ，分布于八湖镇边圪墩村、窦家岭村、高柴河村、管仲河村、郭圪墩村、蒋庄村、邵八湖村、铜佛官庄村、小新庄村、张八湖村，汤头街道薛店子村、贾官庄村、前林子村、西大沟村。

耕层土壤养分状况：有机质含量在 9.9～32.2 g/kg 之间，平均值为 20.2 g/kg；土壤 pH 值在 4.61～6.84 之间，平均值为 5.57；碱解氮含量在 47～142 mg/kg 之间，平均值为 91 mg/kg；全氮含量在 0.47～

1.80 g/kg 之间，平均值为 1.16 g/kg；有效磷含量在 28～201.7 mg/kg 之间，平均值为 109.7 mg/kg；速效钾含量在 38～685 mg/kg 之间，平均值为 168 mg/kg；缓效钾含量在 88～654 mg/kg 之间，平均值为 330 mg/kg。

（4）石渣中层酥石棚酸性岩棕壤性土

面积与分布：河东区现有石渣薄层酥石棚酸性岩类棕壤土 84.2 hm²，分布于八湖魏位林村、铜佛官庄村、窦家岭村。

耕层土壤养分状况：有机质含量在 7.1～23.2 g/kg 之间，平均值为 16.2 g/kg；土壤 pH 值在 4.73～7.68 之间，平均值为 6.13；碱解氮含量在 40～156 mg/kg 之间，平均值为 86 mg/kg；全氮含量在 0.21～1.90 g/kg 之间，平均值为 0.98 g/kg；有效磷含量在 20～89.3 mg/kg 之间，平均值为 57.2 mg/kg；速效钾含量在 60～231 mg/kg 之间，平均值为 112 mg/kg；缓效钾含量在 132～886 mg/kg 之间，平均值为 497 mg/kg。

（5）壤质中层酥石棚酸性岩棕壤性土

面积与分布：河东区现有壤质中层酥石棚酸性岩类棕壤土 2 084 hm²，分布于刘店子乡丰家赤草坡村、付家赤草坡村、刘店子村、史宅子村、宋十二湖村、王疃村、吴十二湖村，汤头街道后林子村、泉沂庄村、上郑庄村、泉上屯村、集沂庄村。

耕层土壤养分状况：有机质含量在 1.8～24.2 g/kg 之间，平均值为 12.7 g/kg；土壤 pH 值在 4.18～7.50 之间，平均值为 5.56；碱解氮含量在 38～170 mg/kg 之间，平均值为 83 mg/kg；全氮含量在 0.13～1.4 g/kg 之间，平均值为 0.79 g/kg；有效磷含量在 5.5～300.8 mg/kg 之间，平均值为 69.3 mg/kg；速效钾含量在 41～228 mg/kg 之间，平均值为 83 mg/kg；缓效钾含量在 197～1867 mg/kg 之间，平均值为 548 mg/kg。

（6）石渣薄层酥石棚非石灰沙页岩棕壤性土

面积与分布：河东区现有石渣薄层酥石棚非石灰沙页岩类棕壤土

321.7 hm²，分布于汤头街道后湖崖村、前湖崖村、沟南村、坊沂庄村、前西沂村、董官庄村、西山东村、东山东村、西南村。

耕层土壤养分状况：有机质含量在 5.7～26.2 g/kg 之间，平均值为 15.7 g/kg；土壤 pH 值在 4.20～7.63 之间，平均值为 6.07；碱解氮含量在 40～182 mg/kg 之间，平均值为 88 mg/kg；全氮含量在 0.13～1.43 g/kg 之间，平均值为 0.81 g/kg；有效磷含量在 15～131.2 mg/kg 之间，平均值为 70.2 mg/kg；速效钾含量在 60～207 mg/kg 之间，平均值为 92 mg/kg；缓效钾含量在 223～926 mg/kg 之间，平均值为621 mg/kg。

2. 棕壤亚类

棕壤亚类成土母质主要有坡积物和洪积物两种。与棕壤性土亚类相比，棕壤亚类土壤土体发育较完全，土层较厚，心土层一般有淋溶积淀黏化层。土壤保肥保水能力差和水土易流失是此类土壤的主要障碍因素。河东区棕壤亚类中仅有紧沙均质坡积洪积物棕壤土 1 个土种，属于沙泥质棕壤土土属，面积为 111.3 hm²，主要集中在八湖镇邵八湖村。

耕层土壤养分状况：有机质含量在 14.2～27.1 g/kg 之间，平均值为 20.1 g/kg；土壤 pH 值在 6.03～6.39 之间，平均值为 6.22；碱解氮含量在 60～110 mg/kg 之间，平均值为 92 mg/kg；全氮含量在 0.82～1.49 g/kg 之间，平均值为 1.17 g/kg；有效磷含量在 42.4～191.7 mg/kg 之间，平均值为 89.8 mg/kg；速效钾含量在 51～138 mg/kg 之间，平均值为 100 mg/kg；缓效钾含量在 162～566 mg/kg 之间，平均值为410 mg/kg。

3. 潮棕壤亚类

潮棕壤发育在洪积扇的下部平地，土体发育完全，土层深厚。该土质便于耕作，保水保肥性能良好，无明显障碍因素。河东区潮棕壤亚类中共有 4 个土种，均属于冲积物土属。

（1）轻壤厚心洪积冲积潮棕壤土

面积与分布：河东区现有轻壤厚心洪积冲积潮棕壤土 44.3 hm²，

分布于八湖镇李位林村、田位林村、魏位林村。

耕层土壤养分状况：有机质含量在 11.1～19.3 g/kg 之间，平均值为 15.6 g/kg；土壤 pH 值在 6.80～7.04 之间，平均值为 6.89；碱解氮含量在 60～72 mg/kg 之间，平均值为 66 mg/kg；全氮含量在 0.45～1.12 g/kg 之间，平均值为 0.88 g/kg；有效磷含量在 90.4～112.4 mg/kg 之间，平均值为 98.9 mg/kg；速效钾含量在 74～106 mg/kg 之间，平均值为 91 mg/kg；缓效钾含量在 278～361 mg/kg 之间，平均值为 330 mg/kg。

（2）沙壤均质洪积冲积潮棕壤土

面积与分布：河东区现有沙壤均质洪积冲积潮棕壤土 377.5 hm²，分布于八湖镇大张五湖村、田位林村、王圪墩村、解位林村、李位林村，刘店子乡树沂庄村，汤头街道杜家岭村。

耕层土壤养分状况：有机质含量在 5.8～27.5 g/kg 之间，平均值为 15.7 g/kg；土壤 pH 值在 4.62～6.80 之间，平均值为 6.0；碱解氮含量在 34～194 mg/kg 之间，平均值为 87 mg/kg；全氮含量在 0.34～1.58 g/kg 之间，平均值为 0.91 g/kg；有效磷含量在 22.3～248.2 mg/kg 之间，平均值为 80.5 mg/kg；速效钾含量在 40～351 mg/kg 之间，平均值为 102 mg/kg；缓效钾含量在 262～1675 mg/kg 之间，平均值为 606 mg/kg。

（3）紧沙均质洪积冲积潮棕壤土

面积与分布：河东区现有沙壤均质洪积冲积潮棕壤土 17.5 hm²，分布于汤头街道东南村。

耕层土壤养分状况：有机质含量在 6.2～26.4 g/kg 之间，平均值为 16.3 g/kg；土壤 pH 值在 5.62～7.02 之间，平均值为 6.05；碱解氮含量在 46～172 mg/kg 之间，平均值为 72 mg/kg；全氮含量在 0.41～1.63 g/kg 之间，平均值为 0.94 g/kg；有效磷含量在 20～162 mg/kg 之间，平均值为 77.3 mg/kg；速效钾含量在 41～268 mg/kg 之间，平均值为 98 mg/kg；缓效钾含量在 281～1572 mg/kg 之间，平均值为621 mg/kg。

（4）沙壤厚心洪积冲积潮棕壤土

面积与分布：河东区现有沙壤厚心洪积冲积潮棕壤土 44.9 hm²，分布于汤头街道西北村，刘店子乡沂自庄村。

耕层土壤养分状况：有机质含量在 5.7～24.2 g/kg 之间，平均值为 13.2 g/kg；土壤 pH 值在 5.91～6.72 之间，平均值为 6.11；碱解氮含量在 42～172 mg/kg 之间，平均值为 89 mg/kg；全氮含量在 0.31～1.42 g/kg 之间，平均值为 0.81 g/kg；有效磷含量在 29.3～152.1 mg/kg 之间，平均值为 72.9 mg/kg；速效钾含量在 63～257 mg/kg 之间，平均值为 94 mg/kg；缓效钾含量在 269～1326 mg/kg 之间，平均值为 670 mg/kg。

（二）潮土土类

潮土又叫夜潮土，是在河流沉积物上发育的土壤，成土年龄短，沉积层理明显，地下水位一般 3～4 米。随地下水的升降，土壤剖面产生氧化还原交替过程，底部有大量的锈纹锈斑，或蓝灰色潜育层。潮土质地适中，养分含量高，适宜种植小麦、玉米、棉花等作物。土壤湿凉、易板结是潮土类土壤普遍存在的障碍因素。通过科学管理、配方施肥等有效措施，可以显著改善土壤状况，减轻土壤障碍引起的危害，起到改善作物品质、增加作物产量的效果。河东区境内的潮土共有 15 200 hm²。其中包括 2 个亚类、2 个土属、15 个土种。

1. 潮土亚类

河东区潮土亚类中只有一个河潮土土属、11 个土种。

（1）松沙厚沙心河潮土

面积与分布：河东区松沙厚沙心河潮土面积为 255.3 hm²，分布于汤头街道车庄村，太平街道大太平村、东王庄村、沙岭子村、谢庄村、新兴村，郑旺镇后新庄村。

耕层土壤养分状况：有机质含量在 3.6～22.0 g/kg 之间，平均值为 19.2 g/kg；土壤 pH 值在 5.04～7.00 之间，平均值为 5.75；碱解氮含量在 16～162 mg/kg 之间，平均值为 75 mg/kg；全氮含量在 0.14～1.42 g/kg 之间，平均值为 0.82 g/kg；有效磷含量在 22.1～274.5 mg/kg 之间，平均值为 88.1 mg/kg；速效钾含量在 42～190 mg/kg 之间，平均值为 78 mg/kg；缓效钾含量在 352～808 mg/kg 之间，平均值为 508 mg/kg。

（2）沙壤厚沙心河潮土

面积与分布：河东区现有沙壤厚沙心河潮土 871.9 hm²，分布于太平街道大太平村、东王庄村、郭街村、郭太平村、沙岭子村、申太平村、王太平村、徐太平村。

耕层土壤养分状况：有机质含量在 3.2～27.3 g/kg 之间，平均值为 16.5 g/kg；土壤 pH 值在 4.22～7.48 之间，平均值为 6.09；碱解氮含量在 26～165 mg/kg 之间，平均值为 83 mg/kg；全氮含量在 0.24～2.16 g/kg 之间，平均值为 0.98 g/kg；有效磷含量在 10.3～290.4 mg/kg 之间，平均值为 100 mg/kg；速效钾含量在 38～639 mg/kg 之间，平均值为 105 mg/kg；缓效钾含量在 303～924 mg/kg 之间，平均值为 620 mg/kg。

（3）轻壤厚沙腰河潮土

面积与分布：河东区轻壤厚沙腰河潮土面积为 1 041.3 hm²，分布于汤河镇桥头村、西治沟村、东治沟村、小南庄村、前张庄村、曲坊村、朱楼子村、后麯庄村、周家官庄村、前西庄村、前张庄村、后张庄村、大南庄村、于屋村、中治沟村、前东庄村、后东庄村、后麯庄村、王故县村、赵故县村、周故县村。

耕层土壤养分状况：有机质含量在 5.9～28.7 g/kg 之间，平均值为 15.3 g/kg；土壤 pH 值在 4.64～7.50 之间，平均值为 5.50；碱解氮含量在 43～183 mg/kg 之间，平均值为 96.5 mg/kg；全氮含量在 0.21～1.72 g/kg 之间，平均值为 0.91 g/kg；有效磷含量在 8.4～235.8 mg/kg 之间，平均值为 73.7 mg/kg；速效钾含量在 42～359 mg/kg 之间，平均值为 113 mg/kg；缓效钾含量在 296～1 665 mg/kg 之间，平均值为

668 mg/kg。

（4）轻壤厚黏腰河潮土

面积与分布：河东区轻壤厚黏腰河潮土面积为 3 452.5 hm²，分布于汤河镇于屋村、李湖村、曲坊村，郑旺镇朱家庙村、小梁家村、宋庄村、段家村、石汪崖村、后洪瑞村、大沟崖村、高洪瑞村、双胜村、赵庄子村、杨家郑旺村、何家戈村、小尤家村、大尤家村、郇郑旺村、石汪崖村、贾家宅村、林家郑旺村、东张岭村、大赵家村、仁里村、小梁家村、扈家戈村、谭庄村、墩子村、芦沟崖村、王家戈村、躲水庄村、朱家郑旺村、桑家村、常旺街村、大王家村、沭河村、石汪崖村、谭庄村、薛家村、向阳村、大巩家村、小王家村。

耕层土壤养分状况：有机质含量在 2.5～26.9 g/kg 之间，平均值为 16.5 g/kg；土壤 pH 值在 4.53～8.05 之间，平均值为 6.02；碱解氮含量在 22～179 mg/kg 之间，平均值为 85 mg/kg；全氮含量在 0.13～1.64 g/kg 之间，平均值为 0.97 g/kg；有效磷含量在 3.1～254.7 mg/kg 之间，平均值为 64.5 mg/kg；速效钾含量在 22～446 mg/kg 之间，平均值为 91 mg/kg；缓效钾含量在 138～1536 mg/kg 之间，平均值为 330 mg/kg。

（5）轻壤厚黏心河潮土

面积与分布：河东区轻壤厚黏心河潮土面积为 1 731.7 hm²，分布于重沟镇北重沟村、官路村、后相庄村、埝上村，相公街道青墩寺村，郑旺镇林家湾沟北村、前新庄村、久沂庄村、北官庄村、芦沟崖村、前新庄村、大巩家村、小巩家村，刘店子乡前石拉渊村、西石拉渊村、东石拉渊村、大梁家村、新莲村，汤头街道沟南村、逯长沟村、西岭村、观音堂子村、龙王堂子村、小碾子村、石梁崖村。

耕层土壤养分状况：有机质含量在 1.6～25.5 g/kg 之间，平均值为 14.8 g/kg；土壤 pH 值在 4.72～7.21 之间，平均值为 6.09；碱解氮含量在 31～180 mg/kg 之间，平均值为 79 mg/kg；全氮含量在 0.18～1.64 g/kg 之间，平均值为 0.87 g/kg；有效磷含量在 4.7～273.7 mg/kg

之间，平均值为 58.9 mg/kg；速效钾含量在 37～303 mg/kg 之间，平均值为 92 mg/kg；缓效钾含量在 223～1 214 mg/kg 之间，平均值为477 mg/kg。

（6）中壤厚黏心河潮土

面积与分布：河东区中壤厚黏心河潮土面积为 379.5 hm²，分布于太平街道毛官庄村、光沂庄村，汤河镇张故县村、周家官庄村，刘店子乡东石拉渊村，汤头街道逯长沟村、观音堂子村。

耕层土壤养分状况：有机质含量在 11.1～25.8 g/kg 之间，平均值为 16.7 g/kg；土壤 pH 值在 4.33～7.00 之间，平均值为 6.00；碱解氮含量在 41～154 mg/kg 之间，平均值为 98 mg/kg；全氮含量在 0.64～1.45 g/kg 之间，平均值为 1.01 g/kg；有效磷含量在 29.2～285.3 mg/kg 之间，平均值为 89.2 mg/kg；速效钾含量在 64～368 mg/kg 之间，平均值为 116 mg/kg；缓效钾含量在 335～957 mg/kg 之间，平均值为586 mg/kg。

（7）重壤厚黏心河潮土

面积与分布：河东区现有重壤厚黏心河潮土 58.0 hm²，集中于郑旺镇赵庄子村。

耕层土壤养分状况：有机质含量在 12.66～27.26 g/kg 之间，平均值为 19.80 g/kg；土壤 pH 值在 5.93～7.03 之间，平均值为 6.42；碱解氮含量在 53～97 mg/kg 之间，平均值为 75 mg/kg；全氮含量在 0.73～1.54 g/kg 之间，平均值为 1.15 g/kg；有效磷含量在 45.6～167.4 mg/kg 之间，平均值为 87.8 mg/kg；速效钾含量在 81～191 mg/kg 之间，平均值为 124 mg/kg；缓效钾含量在 463～549 mg/kg 之间，平均值为488 mg/kg。

（8）松沙厚壤心河潮土

面积与分布：河东区松沙厚壤心河潮土面积为 831.1 hm²，分布于汤头街道车庄村、东大沟村、后西沂庄村、前西沂庄村、塔桥村、汤坊崖村、袁庄子村、官庄子村，太平街道沙岭子村、新兴村、东王庄村。

耕层土壤养分状况：有机质含量在 5.5～25.9 g/kg 之间，平均值为 15.1 g/kg；土壤 pH 值在 4.49～7.40 之间，平均值为 6.04；碱解氮含量在 42～180 mg/kg 之间，平均值为 96 mg/kg；全氮含量在 0.37～1.50 g/kg 之间，平均值为 0.89 g/kg；有效磷含量在 13.8～267.8 mg/kg 之间，平均值为 90.5 mg/kg；速效钾含量在 36～672 mg/kg 之间，平均值为 97 mg/kg；缓效钾含量在 250～1 518 mg/kg 之间，平均值为 627 mg/kg。

（9）中壤厚黏腰河潮土

面积与分布：河东区中壤厚黏腰河潮土面积为 501.3 hm²，分布于汤河镇旦彰街村、前楚庄村、小南庄村、张故县村、沟崖村，凤凰岭街道马宅村、王岭村、周庄村。

耕层土壤养分状况：有机质含量在 4.4～32.1 g/kg 之间，平均值为 17.4 g/kg；土壤 pH 值在 4.54～7.53 之间，平均值为 5.89；碱解氮含量在 47～198 mg/kg 之间，平均值为 112 mg/kg；全氮含量在 0.25～1.86 g/kg 之间，平均值为 1.03 g/kg；有效磷含量在 14.6～180.6 mg/kg 之间，平均值为 69.7 mg/kg；速效钾含量在 38～282 mg/kg 之间，平均值为 117 mg/kg；缓效钾含量在 279～992 mg/kg 之间，平均值为 601 mg/kg。

（10）沙壤均质河潮土

面积与分布：河东区现有砂壤均质河潮土 48.7 hm²，分布于相公街道东冷庄村、小范庄村，太平街道亭子头村。

耕层土壤养分状况：有机质含量在 10.2～28.3 g/kg 之间，平均值为 16.9 g/kg；土壤 pH 值在 5.37～7.53 之间，平均值为 6.08；碱解氮含量在 37～107 mg/kg 之间，平均值为 66 mg/kg；全氮含量在 0.6～1.41 g/kg 之间，平均值为 1.01 g/kg；有效磷含量在 17.4～158 mg/kg 之间，平均值为 84.8 mg/kg；速效钾含量在 66～177 mg/kg 之间，平均值为 91 mg/kg；缓效钾含量在 435～769 mg/kg 之间，平均值为 664 mg/kg。

（11）轻壤均质河潮土

面积与分布：河东区共有轻壤均质河潮土 5 402.1 hm²，分布于太平街道白塔街村、大刘寨村、郭寨村、大徐寨村、大姚庄村、大张寨村、东张屯村、光沂庄村、郭街村、罗官庄村、毛官庄村、解庄村、前姚庄村、沙岭官庄村、亭子头村、王太平村、小刘寨村、小徐寨村、徐太平村、尹寨村、重沟镇陈家村、东相庄村、秋干园村、三官庙村、东重沟村、伏庄村、高黄庙村、后相庄村、后黄庙村、刘黄庙村、密家村、埝上村、前黄庙村、前相庄村、石家村、石桥头村、天齐庙村、王家坊头村、吴家坊头村、玉皇庙村、张家坊头村、中相庄村、重沟园艺场、西重沟村、新集子村，相公街道小茅茨村、付屯村、郭团村、东朱团村、东南旺二村、大范庄村、大茅茨村、黄家屯村、西岭村、西南旺村、西朱团村、相二村、相三村、相一村、李沙兰二村、李沙兰一村、石碑屯村、平墩湖村、南寺村、李团村、宅子村、张沙兰村、郑寨子村、徐沙兰村，汤河镇后坊坞村、小朱团村、大坊坞村、沟崖村、后西庄村、西南坊坞村，郑旺镇久沂庄村、王洪瑞村。

耕层土壤养分状况：有机质含量在 1.7～31.8 g/kg 之间，平均值为 17.1 g/kg；土壤 pH 值在 4.25～7.62 之间，平均值为 6.08；碱解氮含量在 22～201 mg/kg 之间，平均值为 86 mg/kg；全氮含量在 0.11～1.84 g/kg 之间，平均值为 1.01 g/kg；有效磷含量在 9.7～280.5 mg/kg 之间，平均值为 64.8 mg/kg；速效钾含量在 34～320 mg/kg 之间，平均值为 94 mg/kg；缓效钾含量在 42～1 559 mg/kg 之间，平均值为 550 mg/kg。

2. 湿潮土亚类

河东区土壤湿潮土亚类中共有 4 个土种，属于冲积黑潮土土属。

（1）轻壤厚黏心冲积黑潮土

面积与分布：河东区现有轻壤厚黏心冲积黑潮土 299.2 hm²，分布于凤凰岭街道郭黑墩村、后兴旺村、刘黑墩村、前兴旺村、许黑墩村。

耕层土壤养分状况：有机质含量在 10.4～23.8 g/kg 之间，平均值为 18.5 g/kg；土壤 pH 值在 4.43～7.31 之间，平均值为 6.07；碱解氮含量在 63～186 mg/kg 之间，平均值为 109 mg/kg；全氮含量在 0.6～1.65 g/kg 之间，平均值为 1.12 g/kg；有效磷含量在 14.7～83.5 mg/kg 之间，平均值为 41.8 mg/kg；速效钾含量在 51～137 mg/kg 之间，平均值为 106 mg/kg；缓效钾含量在 296～831 mg/kg 之间，平均值为542 mg/kg。

（2）中壤厚黏心冲积黑潮土

面积与分布：河东区现有中壤厚黏心冲积黑潮土 247.3 hm²，分布于重沟镇刘田庄村、前田庄村、前相庄村、王田庄村、文官庄村、郑田庄村、中田庄村，凤凰岭街道司庄村。

耕层土壤养分状况：有机质含量在 10.5～32.4 g/kg 之间，平均值为 19.4 g/kg；土壤 pH 值在 4.92～7.10 之间，平均值为 5.81；碱解氮含量在 70～172 mg/kg 之间，平均值为 122 mg/kg；全氮含量在 0.61～1.86 g/kg 之间，平均值为 1.16 g/kg；有效磷含量在 29.6～119.4 mg/kg 之间，平均值为 61.6 mg/kg；速效钾含量在 42～643 mg/kg 之间，平均值为 114 mg/kg；缓效钾含量在 303～1 399 mg/kg 之间，平均值为444 mg/kg。

（3）沙壤厚黏心冲积黑潮土

面积与分布：河东区现有沙壤厚黏心冲积黑潮土 25.7 hm²，分布于重沟镇刘田庄村。

耕层土壤养分状况：有机质含量在 7.2～26.7 g/kg 之间，平均值为 15.2 g/kg；土壤 pH 值在 5.11～7.02 之间，平均值为 6.03；碱解氮含量在 76～163 mg/kg 之间，平均值为 106 mg/kg；全氮含量在 0.63～1.81 g/kg 之间，平均值为 1.05 g/kg；有效磷含量在 24.1～121.3 mg/kg 之间，平均值为 67.2 mg/kg；速效钾含量在 46～480 mg/kg 之间，平均值为 127 mg/kg；缓效钾含量在 352～1 432 mg/kg 之间，平均值为472 mg/kg。

（4）重壤均质冲积黑潮土

面积与分布：河东区现有重壤均质冲积黑潮土 45.5 hm²，分布于凤凰岭街道义和岭村，相公街道小茅茨村、泗沂村。

耕层土壤养分状况：有机质含量在 9.2～26.7 g/kg 之间，平均值为 18.0 g/kg；土壤 pH 值在 5.12～6.93 之间，平均值为 5.92；碱解氮含量在 80～175 mg/kg 之间，平均值为 125 mg/kg；全氮含量在 0.81～1.73 g/kg 之间，平均值为 1.13 g/kg；有效磷含量在 27.2～122.6 mg/kg 之间，平均值为 62.1 mg/kg；速效钾含量在 46～621 mg/kg 之间，平均值为 108 mg/kg；缓效钾含量在 323～1 276 mg/kg 之间，平均值为 423 mg/kg。

（三）水稻土土类

水稻土是水稻田在淹水条件下，经过人为活动和自然因素的双重作用而产生水耕熟化和氧化还原交替过程所形成的具有特殊剖面特征的土壤。河东区水稻土起源于湿潮土、河潮土和盐化潮土，属幼年水稻土亚类。表面土壤颜色灰蓝，夹有锈纹和锈斑，耕层下部土壤的特征与原来的母质土壤类似。河东区水稻土存在的障碍因素主要有以下两个：一是土壤耕层较浅，影响根系发展。河东区水稻土平均耕层 10～15 cm，较厚的耕作层也仅有 20 cm。二是土壤本身潜在肥力不高，易损失。

河东区水稻土的 8 个土种都属于新水稻土亚类中的冲积物土属，共 5 266.7 hm²。

（1）轻壤厚黏心冲积新水稻土

面积与分布：河东区现有轻壤厚黏心冲积新水稻土 378 hm²，分布于郑旺镇北官庄村、季家楼村、沭河村，相公街道东冷庄村、东沈杨村、东一村、石碑屯村、西冷庄村、西南旺村、西沈杨村、学田村、周庄村，太平街道葛寨村。

耕层土壤养分状况：有机质含量在 12.1～28.6 g/kg 之间，平均值为 19.8 g/kg；土壤 pH 值在 5.41～7.76 之间，平均值为 6.58；碱解氮含量在 61～140 mg/kg 之间，平均值为 93.4 mg/kg；全氮含量在 0.7～1.58 g/kg 之间，平均值为 1.44 g/kg；有效磷含量在 12.1～183.4 mg/kg 之间，平均值为 73.6 mg/kg；速效钾含量在 72～328 mg/kg 之间，平

均值为 133 mg/kg；缓效钾含量在 124～987 mg/kg 之间，平均值为581 mg/kg。

（2）中壤厚黏心冲积新水稻土

面积与分布：河东区现有中壤厚黏心冲积新水稻土 1 015.3 hm²，分布于太平街道大刘寨村、大徐寨村、东水湖村、葛寨村、光沂庄村、西水湖村、小徐寨村，八湖镇郭圪墩村，重沟镇后相庄村，汤河镇李湖村，凤凰岭街道潘湖村。

耕层土壤养分状况：有机质含量在 5.7～29.7 g/kg 之间，平均值为 16.8 g/kg；土壤 pH 值在 4.54～7.23 之间，平均值为 6.21；碱解氮含量在 22～169 mg/kg 之间，平均值为 81 mg/kg；全氮含量在 0.117～1.75 g/kg 之间，平均值为 0.96 g/kg；有效磷含量在 23.1～260.9 mg/kg 之间，平均值为 61.9 mg/kg；速效钾含量在 48～256 mg/kg 之间，平均值为 89 mg/kg；缓效钾含量在 192～1468 mg/kg 之间，平均值为580 mg/kg。

（3）重壤厚黏心冲积新水稻土

面积与分布：河东区现有重壤厚黏心冲积新水稻土 897.0 hm²，分布于郑旺镇大官庄村、郭家湾村、何家湾村、解家湖村、刘官庄村、门庄村、邱官庄村、邵家湾村、张家湾村、杨家湾村、郑旺新村。

耕层土壤养分状况：有机质含量在 9.1～27.4 g/kg 之间，平均值为 17.9 g/kg；土壤 pH 值在 4.86～7.45 之间，平均值为 6.06；碱解氮含量在 50～154 mg/kg 之间，平均值为 85 mg/kg；全氮含量在 0.53～1.64 g/kg 之间，平均值为 1.05 g/kg；有效磷含量在 12.1～222.9 mg/kg 之间，平均值为 70.3 mg/kg；速效钾含量在 48～209 mg/kg 之间，平均值为 103 mg/kg；缓效钾含量在 251～920 mg/kg 之间，平均值为466 mg/kg。

（4）轻壤厚黏腰冲积新水稻土

面积与分布：河东区现有轻壤厚黏腰冲积新水稻土 159.3 hm²，集中于汤河镇管岭村。

耕层土壤养分状况：有机质含量在 12.5～25.3 g/kg 之间，平均值为 18.5 g/kg；土壤 pH 值在 4.56～6.64 之间，平均值为 5.75；碱解氮含量在 77～117 mg/kg 之间，平均值为 96 mg/kg；全氮含量在 0.77～1.79 g/kg 之间，平均值为 1.11 g/kg；有效磷含量在 47.8～210.9 mg/kg 之间，平均值为 92.3 mg/kg；速效钾含量在 78～183 mg/kg 之间，平均值为 114 mg/kg；缓效钾含量在 441～1 742 mg/kg 之间，平均值为 832 mg/kg。

（5）中壤厚黏腰冲积新水稻土

面积与分布：河东区现有中壤厚黏腰冲积新水稻土 1 078.3 hm²，分布于汤河镇大程子河村、东岭村、管岭村、后朱寺村、南新庄村、西北坊坞村、西岭村、小程子河村，相公街道高团村、刘团村、孙旺村。

耕层土壤养分状况：有机质含量在 5.6～29.1 g/kg 之间，平均值为 18.3 g/kg；土壤 pH 值在 4.29～7.56 之间，平均值为 6.03；碱解氮含量在 27～194 mg/kg 之间，平均值为 94.5 mg/kg，全氮含量在 0.38～1.68 g/kg 之间，平均值为 1.46 g/kg；有效磷含量在 9.9～255.8 mg/kg 之间，平均值为 60.3 mg/kg；速效钾含量在 60～486 mg/kg 之间，平均值为 108 mg/kg；缓效钾含量在 259～1 691 mg/kg 之间，平均值为 582 mg/kg。

（6）轻壤均质冲积新水稻土

面积与分布：河东区现有轻壤均质冲积新水稻土 106.7 hm²，分布于相公街道泗沂村、相一村、新城村、学田村。

耕层土壤养分状况：有机质含量在 10.8～26.5 g/kg 之间，平均值为 21.9 g/kg；土壤 pH 值在 5.08～6.64 之间，平均值为 5.89；碱解氮含量在 42～110 mg/kg 之间，平均值为 91 mg/kg；全氮含量在 0.62～1.58 g/kg 之间，平均值为 1.20 g/kg；有效磷含量在 32.9～116.9 mg/kg 之间，平均值为 55.9 mg/kg；速效钾含量在 80～124 mg/kg 之间，平均值为 98 mg/kg；缓效钾含量在 389～751 mg/kg 之间，平均值为 494 mg/kg。

（7）中壤均质冲积新水稻土

面积与分布：河东区现有中壤均质冲积新水稻土 616.4 hm²，分布于相公街道曹店村、洪岭埠村、胡店村、平墩湖村、张岭村。

耕层土壤养分状况：有机质含量在 12.3～25.3 g/kg 之间，平均值为 19.0 g/kg；土壤 pH 值在 5.98～7.24 之间，平均值为 6.56；碱解氮含量在 50～124 mg/kg 之间，平均值为 80 mg/kg；全氮含量在 0.71～1.69 g/kg 之间，平均值为 1.21 g/kg；有效磷含量在 13.3～110 mg/kg 之间，平均值为 44.5 mg/kg；速效钾含量在 52～192 mg/kg 之间，平均值为 109 mg/kg；缓效钾含量在 350～907 mg/kg 之间，平均值为 614 mg/kg。

（8）重壤均质冲积新水稻土

面积与分布：河东区现有重壤均质冲积新水稻土 1 015.7 hm²，分布于太平街道八间屋村、八湖镇边圪墩村、窦家岭村、窦柴河村、高柴河村、古沂庄村、蒲沂庄村、苏呈旺村、王圪墩村、西北场村、小新庄村、谢圪墩村、徐八湖村、张柴河村、张圪墩村、岳柴河村。

耕层土壤养分状况：有机质含量在 2.0～31.4 g/kg 之间，平均值为 18.5 g/kg；土壤 pH 值在 4.67～7.13 之间，平均值为 6.37；碱解氮含量在 21～136 mg/kg 之间，平均值为 82 mg/kg；全氮含量在 0.14～1.82 g/kg 之间，平均值为 1.07 g/kg；有效磷含量在 11.3～250.1 mg/kg 之间，平均值为 68.8 mg/kg；速效钾含量在 50～236 mg/kg 之间，平均值为 106 mg/kg；缓效钾含量在 208～1 132 mg/kg 之间，平均值为 510 mg/kg。

（四）砂姜黑土土类

砂姜黑土是一种具有"黑土层"和"砂姜层"的暗黑土壤。主要分布于河流冲积平原、涝洼平原和山体洪积扇缘的低洼地带。成土母质为第四纪以来的浅湖沼沉积物，由草甸潜育土经脱潜育过程而发育成的，具有旱耕熟化特点的土壤类型。砂姜黑土所处地形平坦低洼，地下水位浅，通常在 1～2 米。此类土壤主要的障碍因素有：土质黏重、土壤湿凉、地下水排泄不畅、地表常有积水、土层结构差。此外，砂姜黑土土层中有砂姜，不利于耕作和作物根系生长发育。

河东区砂姜黑土共有 4 个土种，都属于砂姜黑土亚类中的洼地土属，其面积为 5 586.7 hm²。

(1) 重壤黑土裸露砂姜黑土

面积与分布：河东区现有重壤黑土裸露砂姜黑土 5 170.5 hm²，分布于相公街道安子林村、李黑墩村、西冷庄村、宅子村，凤凰岭街道白庄村、常庄村、褚黑墩村、大店子村、赵黑墩村、中李埠村、西李埠村、西许庄村、谢庄村、许黑墩村、义和岭村、郁黑墩村、刘黑墩村、马宅村、潘湖村、前涝墩村、前兴旺村、前宅店村、田黑墩村、东李埠村、董庄村、郭黑墩村、李公庄村、王黑墩村，刘店子乡大十六湖村、小十六湖村、新莲村、星移庄村、坊上村，汤头街道大徐五湖村、朱五湖村、小张五湖村、薛店村、盖五湖村、刘五湖村、王五湖村、下郑庄村、北尤庄村、坊沂庄村、李五湖村、石五湖村，八湖镇大张五湖村、驻马滩村、东南角村、河北崖村、苏呈旺村、张圪墩村、朱呈旺村、小徐五湖村，重沟镇东孙家庄村、李家湖村、庙前村、万家湖村、玉皇庙村，郑旺镇古墩庄村、宋家场村、后兰埠村、林家湾沟南村、芦沟崖村、前兰埠村，汤河镇邢湖村、张埠子村。

耕层土壤养分状况：有机质含量在 5.2～31.1 g/kg 之间，平均值为 18.8 g/kg；土壤 pH 值在 4.35～7.77 之间，平均值为 6.32；碱解氮含量在 25～201 mg/kg 之间，平均值为 97 mg/kg；全氮含量在 0.17～2.07 g/kg 之间，平均值为 1.10 g/kg；有效磷含量在 7.6～299.2 mg/kg 之间，平均值为 73.0 mg/kg；速效钾含量在 32～651 mg/kg 之间，平均值为 123 mg/kg；缓效钾含量在 177～1 486 mg/kg 之间，平均值为 548 mg/kg。

(2) 轻壤厚黑土心黑土裸露砂姜黑土

面积与分布：河东区现有轻壤厚黑土心黑土裸露砂姜黑土 275.0 hm²，分布于汤头街道公安岭村、浅塘子村、许长沟村、乔庄村、小王庄村、尹寨村。

耕层土壤养分状况：有机质含量在 12.1～23.5 g/kg 之间，平均值为 16.6 g/kg；土壤 pH 值在 5.25～7.64 之间，平均值为 6.34；碱解氮含量在 71～178 mg/kg 之间，平均值为 116 mg/kg；全氮含量在 0.7～1.54 g/kg 之间，平均值为 1.03 g/kg；有效磷含量在 18.8～213.2 mg/kg 之间，平均值为 90.9 mg/kg；速效钾含量在 85～412 mg/kg 之间，平均值为 161.5 mg/kg；缓效钾含量在 418～1 148 mg/kg 之间，平均值为 634 mg/kg。

　　(3) 中壤厚黑土心黑土裸露砂姜黑土

　　面积与分布：河东区现有中壤厚黑土心黑土裸露砂姜黑土 120.1 hm²，分布于重沟镇李家湖村、万家湖村。

　　耕层土壤养分状况：有机质含量在 9.7～20.9 g/kg 之间，平均值为 15.3 g/kg；土壤 pH 值在 6.21～7.71 之间，平均值为 6.76；碱解氮含量在 32～77 mg/kg 之间，平均值为 55 mg/kg；全氮含量在 0.64～1.38 g/kg 之间，平均值为 0.99 g/kg；有效磷含量在 8～54.7 mg/kg 之间，平均值为 22.9 mg/kg；速效钾含量在 82～544 mg/kg 之间，平均值为 122 mg/kg；缓效钾含量在 264～658 mg/kg 之间，平均值为 454 mg/kg。

　　(4) 中壤厚黑土腰黑土裸露砂姜黑土

　　面积与分布：河东区现有中壤厚黑土腰黑土裸露砂姜黑土 21.1 hm²，分布于汤头街道泉沂庄村。

　　耕层土壤养分状况：有机质含量在 8.2～21.3 g/kg 之间，平均值为 14.9 g/kg；土壤 pH 值在 6.26～7.62 之间，平均值为 6.81；碱解氮含量在 40～128 mg/kg 之间，平均值为 67 mg/kg；全氮含量在 0.71～1.46 g/kg 之间，平均值为 1.01 g/kg；有效磷含量在 20～102.3 mg/kg 之间，平均值为 54.7 mg/kg；速效钾含量在 89～504 mg/kg 之间，平均值为 109 mg/kg；缓效钾含量在 272～708 mg/kg 之间，平均值为 472 mg/kg。

　　土种归属对比情况见表 2-3。

表 2 – 3 土种归属对比表

国际·土类代码	国际·土类名称	国际·亚类代码	国际·亚类名称	国际·土属代码	国际·土属名称	省·土类名称	省·亚类代码	省·亚类名称	省·土属代码	省·土属名称	县·土类代码	县·土类名称	县·亚类代码	县·亚类名称	县·土属代码	县·土属名称
G25	粗骨土	G251	酸性粗骨土	G25111	麻砂质酸性粗骨土	粗骨土	14	酸性粗骨土	141	酸性岩类酸性粗骨土	A	棕壤	a	棕壤性土	1	酸性岩类（花岗岩、片麻岩等）
G26	石质土	G262	中性石质土	G26215	砂泥质中性石质土	石质土	12	中性石质土	122	砂页岩类中性石质土					4	非石灰性沙页岩
B21	棕壤	B211	棕壤	B21112	泥砂质棕壤	棕壤	01	棕壤	014	洪积棕壤			c	棕壤	3	洪积冲击物
		B213	潮棕壤	B21312	泥砂质潮棕壤		03	潮棕壤	031	洪积潮棕壤			e	潮棕壤	3	洪积冲击物
H21	潮土	H211	潮土	H21112	潮壤土	潮土	20	潮土	205	非石灰性河潮土	C	潮土	b	潮土	4	河潮土
		H214	湿潮土	H21412	湿潮壤土		22	湿潮土	221	壤质湿潮土			c	湿潮土	8	冲积黑潮土
				H21413	湿潮黏土				222	黏质湿潮土						
									223	黏质潮湿土						
L11	水稻土	L112	淹育水稻土	L11211	浅潮泥田	水稻土	31	淹育水稻土	312	湿潮土型淹育水稻土	F	水稻土	b	新水稻土	1	冲积物
H22	砂姜黑土	H221	砂姜黑土	H22112	黄姜土	砂姜黑土	17	砂姜黑土	171	砂姜黑土	G	砂姜黑土	a	砂姜黑土	1	连地（黑土裸露）

第二节 土地利用状况

一、河东区土地利用现状

表 2-4 土地利用现状分类

一级分类	二级分类	三级分类	面积（hm²）	一级分类	二级分类	三级分类	面积（hm²）
农用地	耕地	灌溉水田	13 417.9	建设用地	居民点工矿用地	城市用地	1 465.4
		水浇地	5 224.0			建制镇用地	1 177.7
		旱地	10 287.0			农村居民点	6 811.4
		菜地	1 760.4			独立工矿	2 252.3
		小计	30 689.3			特殊用地	158.1
	园地	果园	3 021.6			小计	11 864.9
		桑园	1.3		交通运输用地	铁路用地	258.4
		其他园地	35.2			公路用地	489.2
		小计	3 058			民用机场	100.9
	林地	有林地	5 199.2			小计	848.5
		疏林地	17.0		水利设施用地	水库水面	0.0
		未成林地	202.9			水工建筑用地	333.4
		苗圃	890.3			小计	333.4
		小计	6 309.4	未利用地	未利用土地	荒草地	213.0
	其他农用地	饲禽养殖基地	356.0			裸岩地	14.0
		设施农用地	0.0			小计	227
		农村道路	2 129.7		其他未利用土地	河流水面	2 243.1
		坑塘水面	576.6			苇地	61.0
		养殖水面	850.9			滩涂	409.6
		农田水利用地	629.6			湖泊水面	0.0
		田坎	11.9			小计	2 713.7
		晒谷场等用地	106.1				
		小计	4 660.8				

2006 年，河东区土地总面积为 60 716.9 hm²。其中农用地 44 721.3 hm²，占土地总面积的 73.66%；建设用地 13 046.8 hm²，占土地总面积的 21.49%；未利用土地面积为 2 948.7 hm²，占土地总面积的 4.85%。

农用地主要由耕地、园地、林地和其他农用地组成。其中耕地为 30 689.3 hm²，占区土地总面积的 50.54%；园地为 3 058.0 hm²，占土地总面积 5.04%；林地为 6 309.4 hm²，占土地总面积 10.39%；其他农用地 4 660.7 hm²，占土地总面积 7.68%。建设用地由居民点及工矿用地、交通运输用地、水利设施用地构成。其中居民点及工矿用地为 11 864.9 hm²，占土地总面积 19.54%；交通用地为 848.4 hm²，占土地总面积 1.40%；水利建设用地为 333.3 hm²，占土地总面积 0.55%。未利用地面积为 2 940.6 hm²，主要有未利用土地和其他土地组成，共占总土地面积的 4.47%。

（一）耕地

2006 年全区耕地面积为 30 689.3 hm²。由灌溉水田、水浇地、旱地、菜地构成。其中灌溉水田 13 417.9 hm²，占全区耕地面积的 43.72%，主要分布于郑旺镇、太平街道、八湖镇、汤河镇；水浇地面积为 5 224.0 hm²，占全区耕地面积的 17.02%，主要在刘店子乡、郑旺镇、重沟镇、汤头街道；旱地面积为 10 287 hm²，占耕地的 33.51%，主要在汤头街道、重沟镇；菜地为 1 760.4 hm²，占耕地的 5.74%，菜地分布较为平均，各个乡镇都有种植。

（二）园地

2006 年全区园地面积为 3 058.0 hm²。果园是园地的最主要组成部分，面积 3 021.6 hm²，占园地总面积的 98.81%；桑园面积为 1.3 hm²，占园地总面积的 0.04%；其他园地 35.2 hm²，占园地的 1.15%。果园以桃树为主，其次为板栗、苹果、梨。

太平、汤头和九曲街道果园面积较大，分别占全区果园总面积的 21.24%、17.38%、13.27%。

（三）林地

全区共有林地 6 309.4 hm²。林地中，有林地 5 199.2 hm²，占林地面积的 82.40%，郑旺镇、汤头街道、重沟镇面积较大，分别占有林地面积的 16.34 %、13.11%、12.78%；疏林地 17.0 hm²，占林地 0.27%，仅分布于相公街道、凤凰岭街道和郑旺镇；未成林造林地 202.9 hm²，占林地 3.22%；苗圃 890.3 hm²，占林地 14.11%，汤河镇、九曲街道面积较大，分别占苗圃面积的 51.39%、23.22%。

（四）其他农用地

全区共有其他农用地 4 660.7 hm²。主要有饲禽养殖基地、设施农用地、农村道路、坑塘水面、养殖水面、农田水利用地、田坎、晒谷场等用地。其中农村道路、养殖水面、农田水利用地面积较大，分别占其他农用面积的 45.70%、18.26%、13.51%。

（五）居民点及工矿用地

本区居民点及工矿用地面积为 11 864.9 hm²。其中城镇用地 2 643.1 hm²，占居民点及工矿用地的 22.28%；农村居民点用地 6 811.4 hm²，占 57.41%；独立工矿用地 2 252.3 hm²，占 18.98%；特殊用地 158.1 hm²，占 1.3%。

城镇居民点用地主要分布于城区和建制镇，城市用地仅分布于九曲街道，建制镇用地分布于各个乡镇街道驻地。相公街道、汤头街道、郑旺镇面积较大，分别占居民点及工矿用地面积的 26.28%、20.31%、14.96%。

（六）交通用地

全区交通用地面积为 848.4 hm²。交通用地主要由铁路、公路、民用机场用地三部分构成。其中铁路占地 258.3 hm²，占全区交通用地的 30.45%；公路占地 489.2 hm²，占 57.66%；民用机场 100.9 hm²，占 11.89%。

（七）水利设施

水利设施用地面积为 333.3 hm²。主要是水工建筑用地。

（八）未利用土地

未利用土地面积为227 hm²。在未利用土地中，荒草地为213.0 hm²，占未利用土地的93.83％；裸岩石砾地为14.0 hm²，占6.13％；

（九）其他未利用土地

其他未利用土地2 713.7 hm²。其中河流水面2 243.1 hm²、苇地61.0 hm²、滩涂409.6 hm²。

二、土地资源利用的特点及存在的问题

河东区土地开发历史悠久，土地垦殖率较高。新中国成立前对土地的开垦多为无组织的自发开垦，土地利用上存在许多问题。新中国成立后，在党和国家的领导下，对河东区的土地进行了几次大规模的开垦整治，取得了巨大的成就。但由于历史的诸多原因和自然条件的影响，河东区各地域土地类型较为复杂，各种类型土地的开发利用程度不一，加之对土地的利用又缺乏统一的规划和有效的控制，在土地利用方面形成了许多特点，造成了许多问题。主要如下：

1. 土地承载重，人地矛盾日益突出

全区人均耕地较少，并且土地质量较差，用养失调。随着近年来经济建设潮的兴起和开发区热，大量的耕地被占用，加之人口的急剧增长，人地矛盾日益突出。

2. 开发利用程度不一

由于地域的差异，土地类型的不同，土地的利用率也不同。在交通条件较好的平原地带，土地的利用率已近100％。但是在经济最发达的个别地方，由于经济因素，农民对农田缺乏田间管理，农田虽被种植，但达不到应有产量。而在交通及水利条件不好的山丘，土地的利用率又较低，开发程度不够。

3. 未利用土地面积大，但耕地后备资源不足

到2005年，全区仍有未利用地12.3 hm²。多数未利用土地属于河流水面和滩涂沼泽，开发难度较大。

4. 土地利用布局不尽合理

全区地类齐全，具有全面综合发展的土地资源优势，但由于受传统农业和生产条件的影响，致使土地利用结构特别是农业内部结构不够合理，种植业占绝对优势，林、果、牧、渔业和农村商品经济发展较差，商品率低。

5. 城镇村土地利用率偏低

城镇存量土地还未得到盘活利用。临沂市中心城市建设区内尚有未开发建设用地，应是今后城市建设的首选用地。全市大部分建制镇和农村居民点用地利用率低，改造潜力大。

第三节　耕地利用和管理

一、耕地利用现状

根据临沂市国土资源局河东分局 2006 年统计资料，河东区耕地面积 33 693.1 hm^2。其中灌溉水田 14 731.2 hm^2，占耕地面积的 43.72%；水浇地 5 735.3 hm^2，占耕地面积的 17.02%；旱田 11 293.9 hm^2，占耕地面积的 33.52%；菜地 1932.7 hm^2，占耕地面积的 5.74%。从表 2－6 可以看出，汤头街道、郑旺镇、相公街道、太平街道耕地面积较大，分别占耕地面积 16.37%、14.90%、11.29%、10.84%。九曲街道耕地面积较少，仅占 5.44%。

表 2-7　河东区各乡镇、街道耕地分布　　（单位：hm^2）

乡镇（街道）	耕地				小计
	灌溉水田	水浇地	旱地	菜地	
汤头街道	760.6	644.4	3 995.1	115.4	5 515.6
太平街道	2 695.4	134.2	258.2	564.4	3 652.2
相公街道	2 816.2	572.2	175.1	239.5	3 803.0
凤凰岭街道	527.2	240.6	1 438.4	126.2	2 332.4
九曲街道	635.0	38.6	1 057.8	103.1	1 834.3

（续表）

乡镇（街道）	耕地				小计
	灌溉水田	水浇地	旱地	菜地	
汤河镇	1 877.6	548.7	212.5	50.9	2 689.8
重沟镇	178.2	874.6	2 018.4	257.2	3 328.4
八湖镇	1 636.3	262.1	650.9	120.8	2 670.2
郑旺镇	3 268.2	1 050.9	477.7	223.2	5 020.0
刘店子乡	336.4	1 369.2	1 009.8	131.9	2 847.2
合计	14 731.2	5 735.3	11 293.9	1 932.7	33 693.1

二、河东区耕地存在的主要障碍

（一）耕地障碍因素

1. 棕壤质地粗、易旱、水土流失严重。主要在汤头街道、八湖镇和刘店子乡岭地上，坡度大、土层薄，生产潜力低。

2. 质地黏重、耕作困难的砂姜黑土、湿潮土及其发育形成的新水稻土共 9 880.5 hm^2，主要分布于各乡镇的涝洼地区。

3. 厚沙心、厚沙腰的河潮土，面积 2 400.9 hm^2，占可利用面积的 8%，主要分布于沂河、沭河沿岸地。

4. 腰部有砂姜夹层是制约砂姜黑土生产力的主要障碍因素。

表 2-8　河东区耕地土壤养分状况

养分 含量	有效磷 （mg/kg）	速效钾 （mg/kg）	全氮 （g/kg）	碱解氮 （mg/kg）	缓效钾 （mg/kg）
平均	69.4	106	1.00	89	543
最大	452.6	958	2.16	201	1 867
最小	3.1	22	0.11	16	42

（二）农民在施肥中存在的问题

1. 重施氮、磷肥，轻钾肥和微量元素肥料

从全区化肥施用情况和土壤检测结果看，河东区农民存在偏施氮、磷的习惯，全区土壤有效磷平均含量达到 69.4 mg/kg，最高达到

452.6 mg/kg。

2. 重化肥轻有机肥

有机肥不仅养分全面，而且能够增加土壤有机质，改善土壤物理性状，调节土壤 pH 值，提高养分的利用率。据调查，河东区大田作物有机肥施用量偏少。

3. 重高产田、轻低产田

有些农民认为高产田产量高，多施肥可以增加产量和效益，而对于产量低、土壤贫瘠的低产田不是很重视。但事实上，目前高产田的施肥量已经超出合理施肥的上限，施肥增加产量效果不显著，多施用的肥料不但造成了浪费，而且会造成污染。而低产地块可以通过测土配方施肥、增施有机肥等有效措施，使其肥力提高，达到很好的增产增收效果。

4. 施肥方法不科学

部分农户追肥习惯为地表撒施，这样不但降低了肥料的利用率，而且还伤害作物的茎叶。

第三章

样品的采集与分析

第一节 土壤样品布点与采集

一、采样点布设

在采样前，综合土壤图、土地利用现状图和行政区划图，并参考第二次土壤普查资料确定采样点位。土样样品采样点在全区范围内均匀布设。

2006 年完成全部耕地地力评价的土样采样工作，共采集土样 4 137 个。其中潮土取样 2 119 个，棕壤土取样 538 个，水稻土取样 713 个，砂姜黑土取样 767 个。

二、土壤样品的采集

（一）采样单元

根据土壤类型、土地利用、耕作制度、产量水平等因素，将全区 30 986.7 hm² 耕地划分为 4 137 个采样单元，共采集土样 4 137 个。其中粮田 21 476.9 hm²，共采集土壤样品 2 724 个；菜田 3 533.3 hm²，采集土样 641 个；果园 3 437.1 hm²，取样 136 个；苗木花卉等 2 539.3 hm²，取样 636 个。

（二）采样时间

大田作物在秋季收获后、施肥前采集。设施蔬菜在晾棚期采集。果园在果品采摘后、第一次施肥前采集；幼树及未挂果果园，在清园扩穴施肥前采集。

（三）采样深度

大田采样深度为 0～20 cm；果园采样深度一般为 0～20 cm、20～40 cm 两层分别采集；菜园采样深度为 0～25 cm。

（四）采样数量

要保证足够的采样点，使之能代表采样单元的土壤特性。采样多点混合，每个样品取 15～20 个样点。

（五）采样路线

采用"S"形布点采样。避开路边、田埂、沟边、肥堆等特殊部位。蔬菜地混合样点的样品采集根据沟、垄面积的比例确定沟、垄采样点数量。果园采样以树干为圆点向外延伸到树冠边缘的 2/3 处采集，每株对角采 2 点。

（六）采样方法

每个采样点的取土深度及采样量均匀一致，土样上层与下层的比例相同。取样器应垂直于地面入土，深度相同。所有样品均采用不锈钢取土器采样。

（七）样品量

耕地地力评价和试验地土样取土 2 kg 左右，样品量较大时，采取四分法将多余的土壤弃去。方法是将采集的土壤样品放在盘子里或塑料布上，弄碎、混匀，铺成正方形，画对角线将土样分成四份，把对角的两份分别合并成一份，保留一份，弃去一份。如果所得的样品依然很多，再用四分法处理，直至所需数量为止。

（八）样品标记

采集的样品放入统一的样品袋，用铅笔写好标签，内外各一张采样标签。

第二节 土壤样品制备

铵态氮等在风干过程中会发生显著变化，用新鲜样品进行分析。新鲜样品及时送回室内进行处理分析，用粗玻璃棒或塑料棒将样品混匀后迅速称样测定。

一、样品风干

从野外采回的土壤样品及时放在样品盘上，摊成薄薄一层，置于干净整洁的室内通风处自然风干，严禁暴晒，并注意防止酸、碱等气体及灰尘的污染。风干过程中，经常翻动土样并将大土块捏碎以加速干燥，同时剔除侵入体。

风干后的土样按照不同的分析要求研磨过筛，充分混匀后，装入样品瓶中备用。瓶内外各放标签一张，写明编号、采样地点、土壤名称、采样深度、样品粒径、采样日期、采样人及制样时间、制样人等项目。制备好的样品要妥善贮存，避免日晒、高温、潮湿和酸碱等气体的污染。全部分析工作结束，分析数据核实无误后，保存 3～12 个月，以备查询。"3414"等试验中有价值、需要长期保存的样品，保存于广口瓶中，用蜡封好瓶口。

二、试样分析

（一）一般化学分析试样

将风干后的样品平铺在制样板上，用木棍或塑料棍碾压，并将植物残体、石块等侵入体和新生体剔除干净。细小已断的植物须根，采用静电吸附的方法清除。压碎的土样用 2 mm 孔径筛过筛，未通过的土粒重新碾压，直至全部样品通过 2 mm 孔径筛为止。通过 2 mm 孔径筛的土样可供 pH、盐分、交换性能及有效养分等项目的测定。

将通过 2 mm 孔径筛的土样用四分法取出一部分继续碾磨，使之全部通过 0.25 mm 孔径筛，供有机质、全氮、碳酸钙等项目的测定。

（二）微量元素分析试样

用于微量元素分析的土样，其处理方法同一般化学分析样品，但在采样、风干、研磨、过筛、运输、贮存等环节，不要接触容易造成样品污染的铁、铜等金属器具。在采样、制样中推荐使用不锈钢、木、竹或塑料工具，在过筛时使用尼龙网筛等。通过2 mm孔径尼龙筛的样品可用于测定土壤有效态微量元素。

第三节　植株样品采集与制备

一、样品采集

（一）粮食作物

由于粮食作物生长的不均一性，采用多点取样，避开田边2 m，按"梅花"形（适用于采样单元面积小的情况）或"S"形采样法采样。在采样区内采取10个样点的样品组成一个混合样。采样量根据检测项目而定，籽实样品一般1 kg左右，装入纸袋或布袋。要采集完整植株样品可以稍多些，2 kg左右。

（二）水果样品

果园采样时，采用对角线法布点采样，由采样区的一角向另一角引一对角线，在此线上等距离布设采样点。采样点多少根据采样区域面积、地形及检测目的确定。对于树型较大的果树，采样时在果树的上、中、下、内、外部及果实着生方位（东南西北）均匀采摘果实。将各点采摘的果品进行充分混合，按四分法缩分，根据检验项目要求，最后分取所需份数，每份1 kg左右，分别装入袋内，粘贴标签，扎紧袋口。水果样品采摘时要注意树龄、长势、载果数量等。

（三）蔬菜样品

菜地采样可按对角线或"S"形法布点，采样点10个。采样量根据样本个体大小确定，一般每个点的采样量不少于1 kg。从多个点采集的蔬菜样，按四分法进行缩分。其中个体大的样本，如大白菜等可采用纵向对称切成 4 份或 8 份，取其 2 份的方法进行缩分，最后分取 3 份，每份约 1 kg，分别装入塑料袋，粘贴标签，扎紧袋口。

需用鲜样进行测定的，采样时连根带土一起挖出，用湿布或塑料袋装，防止萎蔫。采集根部样品时，在抖落泥土或洗净泥土过程中尽量保持根系的完整。

二、植株样品的处理与保存

（一）标签内容

包括采样序号、采样地点、样品名称、采样人、采集时间和样品处理号等。

（二）采样点调查内容

包括作物品种、土壤名称（或当地俗称）、成土母质、地形地势、耕作制度、前茬作物及产量、化肥农药施用情况、灌溉水源、采样点地理位置简图。果树要记载树龄、长势、载果数量等。

（三）植株样品处理与保存

粮食籽实样品应及时晒干脱粒，充分混匀后用四分法缩分至所需量。需要洗涤时，注意时间不宜过长并及时风干。为了防止样品变质、虫咬，需要定期进行风干处理。使用不污染样品的工具将籽实粉碎，用 0.5 mm 筛子过筛制成待测样品。带壳类粮食如稻谷应去壳制成糙米，再进行粉碎过筛。

完整的植株样品先洗干净，根据作物生物学特性差异，采用能反映特征的植株部位，用不污染待测元素的工具剪碎样品，充分混匀用四分法缩分至所需的量，制成鲜样或于 60℃ 烘箱中烘干后粉碎备用。

第四节　样品分析和质量控制

一、土壤样品分析测试与方法

河东区所有土壤样品，均严格按照测土配方施肥技术规范规定的方法测定。具体的测试方法和测试技术见表 3-1：

表 3-1 土样养分测试方法汇总

测试项目	样品水分要求	测试称样量 (g)	样品细度	测试方法	方法适应范围	备注
pH值	风干土	20 g	2 mm 孔径筛（1 mm 筛）	pH玻璃电极（电位法）	各类土壤	土水比例 1:1
有机质	烘干土	0.5 g	0.25 mm 筛	$K_2Cr_2O_7-H_2SO_4$溶液油浴法	有机质<15%的土壤	除去土壤中 Cl^-、Fe^{2+}、Mn^{2+}
全氮	烘干土	0.5~1 g	0.25 mm 筛	$H_2SO_4-K_2SO_4-CuSO_4-Se$半微量开氏法	硝态N含量低的土壤	测定结果不含硝态N
碱解氮	风干土	2 g	0.25 mm（60目）筛	碱解扩散法	各类土壤	旱田与水稻田有区别
有效磷	风干土	5 g	0.84 mm 筛	$NaHCO_3$浸提-钼锑抗比色法	各类土壤	
速效钾	风干土	5 g	1 mm 筛	NH_4OAc浸提-火焰光度法	各类土壤	
缓效钾	风干土	5 g	1 mm 筛	HNO_3浸提-火焰光度法	各类土壤	
水溶性硼	风干土	10 g	2 mm 尼龙筛	姜黄素/甲亚胺-H比色法	各类土壤	
Fe、Mn、Cu、Zn	风干土	10 g	2 mm 尼龙筛	DTPA浸提-AAS法	各类土壤	
有效硫	风干土	10 g	2 mm（10号）筛	$BaSO_4$比浊法（磷酸盐$[Ca(H_2PO_4)_2]/CaCl_2$浸提）	各类土壤	酸性土壤与石灰性土壤有区别
有效钼	风干土	25 g	2 mm 尼龙筛	草酸-草酸铵浸提极谱法	各类土壤	酸性土壤与碱性土壤处理有区别
全硒	烘干土	0.5~1 g	0.25 mm 筛	$H_2SO_4-K_2SO_4-CuSO_4-Se+KMnO_4-Fe$开氏法	硝态N含量富的土壤	测定结果含硝态N、亚硝态N
交换性 Ca^{2+}、Mg^{2+}	风干土	4~6 g	1 mm 筛	NH_4OAc淋洗-EDTA容量法或 AAS法	中性、酸性土壤	AAS法时使用 $SrCl_2$作抗干扰剂

二、分析质量控制

(一) 实验室建设总体情况

自 2006 年河东区实施国家测土配方施肥项目以来，河东区严格按《山东省测土配方施肥项目工作规范》规定的实验室建设标准，加大投入，规范管理，加强人员培训。使得实验室配套设施齐全、功能完善，实验人员熟练上岗，实验室运行良好。目前，河东区土肥站实验室配有实验人员 7 人。其中专职 4 人、兼职 3 人，全部具有本科以上学历。其中研究生 2 人，3 人为高级农艺师、4 人为农艺师。实验人员皆长期从事土肥科研和技术推广工作，具有扎实的理论基础和丰富的实践经验。全区各乡镇（街道）农技站均配有 2 名以上专职土肥技术人员，能独立开展土肥技术推广工作。土肥站现有土壤、肥料综合实验室一处，面积 200 m²，资产 89 万余元。其中仪器设备 46 万元，固定设施 43 万元。具备土壤、肥料、植株常规分析化验能力。全年检测能力：土壤样品 8 000 个、肥料样品 1 000 个、植株样品 1 000 个、水样品 500 个；参数检测能力中，常规五项每年检测40 000次，中微量元素检测 12 000 次。

实验室主要仪器设备有：TAS－986F/15－986－01－141 型原子吸收分光光度计 1 台（套）、600 型恒温水槽 1 台、极谱分析仪 1 台（套）、KDY－9830 凯式定氮仪 1 台、消煮炉 1 个、AL204 型万分之一电子分析天平 1 台、HZQ－QX 型全温振荡器 1 台、G628A 型分析天平（1 mg）1 架、TG328B 型光电分析天平（0.1 mg）1 架、6400－A 型火焰光度计 1 台、722 型光栅分光光度计 1 台、800 型离心沉淀器 1 台、303－1A 型恒温箱 1 台、pHS－3 型精密数字式酸度计 1 台、101－1 型电热鼓风干燥箱 1 台、万用四联电炉 2 台、蒸馏设备 1 套及电脑等信息设备。

(二) 土壤样品完成情况

2006 年采集土壤和植株样品 4 342 个。其中土壤基础样品 4 137 个，土壤容重样品 117 个，定位观测点样品 40 个，试验基础样 20 个，植株样品 28 个。

项目共化验土壤、植株 36 026 项次。其中 pH 值、有机质、有效磷、速效钾、全氮各化验 4 137 项次，缓效钾 2 069 项次，碱解氮 2 033 项次，微量元素硼、锌、铁、铜、锰各 2 031 项次，交换性镁、钙各 100 项次，有效钼 400 项次，有效硫 200 项次，植株样品 84 项次，定位观察点 200 项次。

（三）质量控制

从田间采回的土壤样品，经样品管理员核查标签，编上统一的室内检验编号，并进行样品登记后及时送至专门的土壤样品风干室进行风干处理。方法是将土壤样品平铺在专用晾土盘上，风干后的土样放到样品制备室进行磨细过筛处理。处理过的土样装入样品袋，并标上样品检验编号、粒径及分析项目，放入样品橱等待检验员领取。分析质量受试样、方法、试剂、仪器、环境及分析人员素质等多方面因素制约，影响结果的准确度和精密度。

为保证化验结果的可靠性，必须采取严格的质量控制措施。为确保检测结果准确可靠，对分析质量体系进行了严格控制审核，对参加检验的人员进行了集中培训，分配了检验任务，每 2 人为一组承担一个检验项目并对结果负责。编制了统一的原始记录表格，制定了如下质量控制措施：

1. 人力资源的控制

按照计量认证的要求，配备相应的专业技术人员，定期培训、定期考核，确保人员素质。

2. 仪器设备及标准物质控制

实验室计量器具主要有仪器设备、玻璃量器、标准物质等三类。

（1）仪器设备

全部购买项目统一招标厂家生产的产品。对检测准确性和有效性有影响的仪器设备，应制定周期校核、检定计划。属强制性检定的，应定期送法定机构检定；属非强制性检定但有检定规程的，一般应定期送检或自检，但自检应建标并考核合格；属非强制性检定又无检定规程的或不属计量器具但对检测准确性和有效性有影响的，应定期组织自校或验证。自检和验证常用的方法应使用有证标准物质和组织实验室间比对等。

（2）玻璃量器

全部购买项目统一招标厂家的产品。玻璃量器应按周期进行检定。其中与标准溶液配制、标定有关的，定期送法定机构检定，其余的由本单位具有检定员资格的人员按有关规定自检。

（3）标准物质

全部购买项目统一招标厂家并由国务院有关业务主管部门批准、并授权生产，附有标准物质证书且在有效期内的产品。实验室的参比样品、工作标准溶液等应溯源到国家有证标准物质。

3. 所用化学试剂严格验收程序，保证试剂的质量

对用于检测工作中的外部支持服务和外购物品实行有效控制，以确保外部支持服务和供应的质量，使其符合检验工作的要求，保证检验结果的可靠性。

4. 化验分析方法严格执行国家或行业标准

为使测量结果能真实反映测量对象的特性，需对检验方法的采用做出统一规定，确保对检验过程进行有效控制。所用检验方法必须由技术负责人确认，保证采用的检验方法为现行有效版本。

5. 利用回收率试验对部分项目测试结果进行准确度控制

在控制样中投加一定量含有分析成分的标准物质后再进行分析测试，测定值与原有值之差占投加值的百分率就是回收率。对控制样进行 $15\sim20$ 次回收率试验，求出回收率平均值 $(\bar{a})$ 及标准差 (S)。在分析土样时每批都利用控制样进行回收率测定，如果回收率测试结果在区间 $(\bar{a}-2S, \bar{a}+2S)$ 之内，确认该批测试结果有效，否则该批样品测试结果报废，分析原因后进行重新测定。回收率实测值一般在 $95\%\sim105\%$ 之间。

6. 应用控制样对精密度实行置信区间控制

每批样品加入参比样作为控制样品，将参比样在不同日期按照与土

样相同的测试方法进行测定，每次平行测定两份。对测定结果的相对相差（$\mid x_1-x_2\mid/\bar{x}\times100\%$，式中 $\bar{x}$ 是 2 次测试结果平均值）符合要求者保留，否则报废重做。对多次重复测试结果（15 次以上）进行统计分析，计算均值（$\bar{x}$）及样本标准差（S）。在分析土样时每批加入一个参比样同时测试，如果参比样测试结果在区间（$\bar{x}-2S$，$\bar{x}+2S$）之内，确认该批测试结果有效，否则该批测试结果无效，分析原因后再行重新测定。

7. 坚持双人双检，严格校核、签字及记录修改制度

检验人员负责检验原始记录、仪器设备、标准物质（含标准溶液）使用记录的填写。各种质量记录应客观、规范、准确和及时地直接填写在规定格式的原始记录纸上。原始记录必须由检验者在现场亲自填写，不得事后追记。一项检验有两人或两人以上操作时，应指定一人担当记录。校核人要对记录的规范性和计算的准确性进行审核，检查无误后签字。原始记录不允许随意更改和删减，数据必须更改时，用两条平行线将错误数据划掉，将正确数据写在其正上方，并在错误数据上由更改人签字。

8. 全程序空白值测定

全程序空白值是指用某一方法测定某物质时，除样品中不含该测定物质外，整个分析过程的全部因素引起的测定信号值或相应浓度值。每次测定两个平行样，用于校正仪器零点或检查是否在允许范围。

9. 利用内参样掺插控制测试准确度

省站制作的参比样品分发至各地通过计量认证的检验室，采用统一方法进行检测，经整理统计后，其平均值和标准差即作为日常分析工作的参比值。

10. 实行标准曲线控制

为消除温度或其他因素影响，每批样品均需作标准曲线，与样品同条件操作。标准系列设置 6 个以上的浓度点，根据浓度和吸光值绘制标准曲线，建立回归方程。一般标准曲线的相关系数的绝对值大于

0.999，则该标准曲线可判断为合格。

11. 实行平行试验控制

每批测定样品控制在 30～60 个，随机抽取 10％～20％的样品进行平行双样测定。当平行双样测定的偏差不符合要求时，除对不合格者重新做平行双样测定外，应再增加 l0％～20％的平行双样，直至允许误差符合要求。

12. 检测结果的判断

检测结果的合理性判断，是质量控制的辅助手段，其依据主要来源于有关专业知识。以土壤测试为例，其合理性判断的主要依据是：

土壤元素（养分含量）的空间分布规律，主要是不同类型、不同区域的土壤背景值和土壤养分含量范围；

土壤元素（养分含量）的垂直分布规律，主要是土壤元素（养分含量）在不同海拔高度或不同剖面层次的分布规律；

土壤元素（养分含量）与成土母质的关系；

土壤元素（养分含量）与地形地貌的关系；

土壤元素（养分含量）与利用状况的关系；

各检测项目之间的相互关系。

第四章

土壤理化性状及评价

近年来，随着化肥施用量逐年增加，农田养分状况发生了很大变化，但部分农民对土壤养分现状和作物需肥特性不了解，选肥不当，用量过多，施用方法不合理。为摸清全区耕地土壤物理化学性状，准确进行耕地地力评价，依据山东省土壤养分分级标准，结合河东区实际，按照不同种植制度和不同土壤类型划分，对全区土样理化性状进行统计和评价。

第一节 土壤 pH 和有机质状况

一、土壤 pH 状况

土壤 pH 值即土壤酸碱度，它虽然不属于土壤养分范畴，但作为判断土壤状况的一个重要指标，能直接影响作物的生长和发育。绝大多数作物只有在一定的土壤 pH 范围内才能正常生长、发育。此外，土壤

pH 状况还影响土壤氮、磷、钾、钙等元素的矿化、固定和吸收。

目前，改良酸化土壤，减缓土壤退化的研究已经成为一个国际性的课题，所以全面了解河东区土壤 pH 现状和变化趋势对土壤肥力评价和今后的施肥指导意义重大。

（一）土壤 pH 总体状况

表 4 - 1　土壤 pH 总体分布状况

级别	范围	样品个数 （个）	代表面积 （hm²）	占总耕地比例 （%）
1	>8.5	0	0.0	0.0
2	7.5～8.5	48	359.5	1.2
3	6.5～7.5	1 075	8 051.9	26.0
4	5.5～6.5	2 162	16 193.7	52.2
5	4.5～5.5	827	6 194.3	20.0
6	<4.5	25	187.3	0.6
合计		4 137	30 986.7	100.0

统计结果显示，全区土壤 pH 平均值为 6.08，标准差 0.66，置信区间（$P=0.863$）为 5.42～6.74，变异系数为 10.9%。土壤 pH 呈微酸性（5.5～6.5）耕地占总耕地面积的 52.3%，中性（6.5～7.5）耕地占 26.0%，酸性（4.5～5.5）耕地占 20.0%。以上结果表明，全区土壤 pH 总体上呈中性偏酸，酸化耕地（酸性和强酸性）占 20% 以上，土壤有酸化趋势。

（二）不同种植类型下土壤 pH 状况

土壤测试统计结果显示（表 4 - 2），果园 pH 较低，平均值为 5.72；粮田 pH 较高，平均值为 6.14；菜田和苗木花卉的 pH 分别为 6.07 和 5.90。不同种植制度土壤 pH 的置信区间（$P=0.683$，下同）和变异系数见表 4 - 2。

表 4-2　不同种植制度下土壤 pH 值状况

	粮田	菜田	果园	苗木花卉
平均值	6.14	6.07	5.72	5.90
样本数量	2 724	641	136	636
置信区间	5.52~6.76	5.45~6.68	5.08~6.36	5.07~6.73
变异系数（%）	10.1	10.1	11.2	14.1

注：置信区间 $P=0.683$，下同。

由表 4-3 可知，耕地 pH 多集中在 5.5~6.5 和 4.5~5.5。果园中有 48.5% pH 在 5.5~6.5，41.2% 在 4.5~5.5；苗木花卉 pH 分布状况和果园类似；粮田和菜田耕地 pH 多集中在 6.5~7.5 和 5.5~6.5。

表 4-3　不同种植制度下土壤 pH 值分布状况

级别	范围	粮田 面积 (hm²)	比例 (%)	菜田 面积 (hm²)	比例 (%)	果园 面积 (hm²)	比例 (%)	苗木花卉 面积 (hm²)	比例 (%)
1	>8.5	0.0	0.0	0.0	0.0	0.0	0.0	0.0	0.0
2	7.5~8.5	161.9	0.8	14.1	0.5	25.3	0.7	90.7	3.6
3	6.5~7.5	5 707.6	28.4	791.3	24.0	328.5	9.6	544.2	21.1
4	5.5~6.5	11 174.3	53.5	2 155.0	58.3	1 668.0	48.5	1 055.3	41.7
5	4.5~5.5	4 302.3	16.9	568.3	17.0	1 415.3	41.2	806.0	31.9
6	<4.5	130.8	0.5	4.7	0.2	0.0	0.0	43.1	1.7
合计		21 476.9	100.0	3 533.3	100.0	3 437.1	100.0	2 539.3	100.0

（三）不同土壤类型下土壤 pH 状况

土壤测试结果显示（见表 4-4），棕壤 pH 较低，平均值为 5.80；水稻土和砂姜黑土 pH 较高，平均值分别为 6.23 和 6.33；潮土 pH 为 6.01。置信区间和变异系数见表 4-4。

表 4 - 4　不同土壤类型下土壤 pH 值状况

	潮土	棕壤	水稻土	砂姜黑土
平均值	6.01	5.80	6.23	6.33
样本数量	2 119	538	713	767
置信区间	5.37~6.65	5.03~6.57	5.65~6.80	5.72~6.94
变异系数（%）	10.7	13.3	9.2	9.6

不同土壤类型的土壤 pH 分布状况明显不同（见表 4 - 5）。砂姜黑土土壤 pH 多集中分布在 6.5~7.5 和 5.5~6.5 两个级别，两个级别耕地分别占砂姜黑土总面积的 39.4% 和 47.6%；水稻土 pH 分布状况和砂姜黑土的类似；棕壤耕地 pH 较低，中性耕地占 20.1%，微酸性耕地占 38.7%，酸性耕地占 38.8%；潮土耕地 pH 分布状况和棕壤类似。

表 4 - 5　不同土壤类型土壤 pH 分布状况

级别	范围	潮土 面积 (hm²)	比例 (%)	棕壤 面积 (hm²)	比例 (%)	水稻土 面积 (hm²)	比例 (%)	砂姜黑土 面积 (hm²)	比例 (%)
1	>8.5	0.0	0.0	0.0	0.0	0.0	0.0	0.0	0.0
2	7.5~8.5	179.5	1.2	55.1	1.1	44.3	0.8	80.1	1.4
3	6.5~7.5	3 158.2	20.8	990.7	20.1	1 659.1	31.6	2 198.6	39.4
4	5.5~6.5	8 484.1	55.8	1 908.1	38.7	3 001.2	57.1	2 657.3	47.6
5	4.5~5.5	3 330.1	21.9	1 917.3	38.8	486.7	9.3	640.7	11.5
6	<4.5	57.4	0.4	64.2	1.3	66.3	1.3	7.3	0.1
合计		15 209.7	100.0	4 935.7	100.0	5 257.7	100.0	5 583.9	100.0

（四）造成耕地土壤酸化的主要原因

酸化是土壤风化成土的重要方面。它受成土自然条件和人为因素两个方面影响。成土自然条件主要有五大自然成土因素，即成土母质、气候、生物、地形和时间因素。自然条件下的土壤酸化通常是非常缓慢的过程，而且自然界本身可以通过自身的物质能量循环和缓冲能力不断对酸化过程进行调节。人为因素是指人类的活动对土壤酸化的影响。

近几十年来，由于人为活动的影响，土壤的酸化进程加快。影响土壤酸化的人为因素主要有两个方面：一是由于大气环境污染导致酸沉降的增加，使受酸沉降影响地区的土壤酸化速度加快。另一个重要的人为因素是不当的农业措施：一是豆科作物种植，这些豆科植物通过生物固氮增加了土壤的有机氮水平，有机氮的矿化、硝化及随后的 NO_3－淋溶导致土壤酸化；二是通过动植物产品的收获从土壤中移走碱性物质；三是化学肥料的施用，特别是铵态氮肥的施用，也是加速土壤酸化的一个重要原因。

（五）土壤酸化改良对策

1. 大力推广测土配方施肥

长时间过量施用高浓度的复合肥，不但造成了巨大的浪费，而且还造成环境污染、土壤酸化等一系列问题。测土配方施肥是在土壤化验和田间试验的基础上，根据作物需肥规律、土壤供肥性能和肥料效应，合理配肥施肥。有研究表明，配方肥使用可以减少肥料用量、减少污染、保护农业生态环境，此外，配方肥施用可以提高作物产量和品质、达到节本增效的目的。推广测土配方施肥技术，合理施用配方肥，可以提高土壤 pH 值，有效改良土壤理化性状。

2. 增施有机肥

增施有机肥可提高土壤中有机物的分解利用率，这不仅可增加土壤有效养分、改善土壤结构、促进土壤有益微生物发展和抑制病害发生，而且还能提高土壤对 pH 值下降的缓冲能力。

3. 施入生石灰

生石灰施入土壤可中和酸性，提高土壤 pH 值，直接改变土壤的酸化状况，并且能为作物补充大量的钙。施用方法：将生石灰粉碎，使之大部分通过 100 目筛，于播种前，将生石灰和有机肥分别撒施于田块，然后通过耕耙，使生石灰和有机肥与土壤尽可能混匀。施用量：pH 值 5.0～5.4，用生石灰 120 kg/667 m²；pH 值 5.5～5.9，用生石灰 60 kg/667 m²；pH 值 6.0～6.4，用生石灰 30 kg/667 m²。

4. 改变轮作方式

目前，全区种植模式相对单一，尤其是蔬菜地，连作现象严重。合理轮作可有效改良土壤状况。有研究表明，水旱轮作可以提高土壤有机质、速效养分和 pH 值。近年来，河东区通过大力推广设施蔬菜—水稻轮作模式，使土壤盐渍化状况明显改善，土壤酸化程度不断减轻。2008年，全区共推广设施蔬菜—水稻轮作田达 210 hm²。

二、土壤有机质含量状况

土壤有机质是耕层土壤的重要组成部分，它是土壤养分的重要来源。较高的土壤有机质能够改善土壤物理性质，提高土壤的保肥能力和缓冲性能，促进土壤结构形成。此外，有机质中的腐殖质具有生理活性，能促进作物生长发育，消除土壤的污染。很多研究表明，提高土壤有机质含量能够明显提高种植作物的品质，增加经济效益。因此在土壤肥力评价中，土壤有机质含量状况是一个必不可少的指标。

土壤有机质的含量受气候、地理位置和耕作模式等多种因素影响。农田有机质主要来源于死亡的动植物、微生物残体的分解和外源有机肥的施入。秸秆还田和增施有机肥是提高土壤有机质含量的有效途径。

（一）土壤有机质含量状况与分级

全区土壤有机质的平均含量为 17.0 g/kg，标准差为 4.7 g/kg，置信区间为 12.3～21.6 g/kg，变异系数为 27.5%。由表 4-6 可知，全区耕地土壤有机质处在较高水平，有机质含量＞20 g/kg 耕地占 24.2%，含量在 15～20 g/kg 的耕地占 43.0%，含量在 12～15 g/kg 的耕地占 18.8%。

表 4-6　土壤有机质含量分布状况

级别	范围（g/kg）	样品个数（个）	代表面积（hm²）	占总耕地比例（%）
1	＞20	1001	7 497.6	24.2
2	15～20	1 779	13 324.9	43.0
3	12～15	778	5 827.3	18.8
4	10～12	292	2 187.1	7.1

级别	范围 （g/kg）	样品个数 （个）	代表面积 （hm²）	占总耕地比例 （%）
5	8～12	164	1 228.4	4.0
6	6～8	77	576.7	1.9
7	6<	46	344.5	1.1
合计		4137	30 986.7	100.0

（二）不同种植类型下土壤有机质含量状况

表4-7　不同种植制度下土壤有机质含量状况

	粮田	菜田	果园	苗木花卉
平均值（g/kg）	17.9	15.8	11.0	15.6
样本数量	2 724	641	136	636
置信区间	13.4～22.4	11.4～20.2	7.0～15.0	11.4～19.9
变异系数（%）	25.1	27.7	36.5	27.2

表4-7统计结果显示，不同种植制度下土壤有机质的含量状况不同。粮田有机质平均含量最高，平均值为17.9 g/kg；果园最低，平均值为11.0 g/kg；菜田和苗木花卉有机质含量居中。

表4-8　不同种植制度下土壤有机质含量分布状况

级别	范围 （g/kg）	粮田 面积 （hm²）	粮田 比例 （%）	菜田 面积 （hm²）	菜田 比例 （%）	果园 面积 （hm²）	果园 比例 （%）	苗木花卉 面积 （hm²）	苗木花卉 比例 （%）
1	>20	6 337.5	31.1	419.2	12.8	25.3	0.7	284.7	11.3
2	15～20	8 946.7	42.4	1 603.7	45.9	606.5	17.6	1 214.6	48.0
3	12～15	3 684.0	16.2	864.2	23.6	631.8	18.4	641.4	25.2
4	10～12	1 329.1	5.7	384.4	10.9	732.9	21.3	156.3	6.1
5	8～12	796.2	3.2	155.2	4.1	606.5	17.6	114.2	4.4
6	6～8	312.1	1.2	62.7	1.7	505.5	14.7	55.7	2.2
7	6<	73.9	0.3	43.9	1.1	328.5	9.6	72.5	2.8
合计		2 1476.9	100.0	3 533.3	100.0	3 437.1	100.0	2 539.3	100.0

粮田耕地有机质含量多集中分布在大于 20 g/kg 和 15～20 g/kg 两个级别。其中有机质含量大于 20 g/kg 的耕地占 31.1％，含量在 15～20 g/kg 级别的占 42.4％；菜田和苗木花卉耕地有机质含量多集中在 15～20 g/kg 和 12～15 g/kg 两个级别；果园耕地有机质含量较低，分布较为分散。

（三）不同土壤类型下土壤有机质含量状况

不同土壤类型耕地有机质含量状况存在明显的差异。砂姜黑土和水稻土土壤有机质含量较高，棕壤和潮土土壤有机质较低。置信区间和变异系数见表 4-9。

表 4-9　不同土壤类型土壤有机质含量状况

	潮土	棕壤	水稻土	砂姜黑土
平均值（g/kg）	16.4	15.4	18.3	18.5
样本数量	2 119	538	713	767
置信区间	11.9～20.9	10.2～20.5	13.8～22.7	14.3～22.8
变异系数（％）	27.4	33.4	24.4	22.9

不同土壤类型耕地有机质含量分布状况不同，水稻土和砂姜黑土有机质含量大于 20 g/kg 和 15～20 g/kg 两个级别的耕地所占比例高；潮土 84.3％耕地有机质含量在大于 20 g/kg、15～20 g/kg 和 12～15 g/kg 三个级别；棕壤有机质含量较低，含量低于 12 g/kg（4、5、6 和 7 级别）的耕地占棕壤总面积的 27％。

表 4-10　不同土壤类型土壤有机质含量分布状况

级别	范围 (g/kg)	潮土 面积 (hm²)	比例 (％)	棕壤 面积 (hm²)	比例 (％)	水稻土 面积 (hm²)	比例 (％)	砂姜黑土 面积 (hm²)	比例 (％)
1	＞20	3 007.5	19.8	825.7	16.7	1 755.0	33.4	1 849.1	33.1
2	15～20	6 517.4	42.9	1 651.3	33.5	2 396.5	45.6	2 664.5	47.7
3	12～15	3 287.4	21.6	1 128.4	22.9	685.8	13.0	757.1	13.6
4	10～12	1 284.8	8.4	541.3	11.0	206.5	3.9	189.3	3.4

级别	范围(g/kg)	潮土		棕壤		水稻土		砂姜黑土	
		面积(hm²)	比例(%)	面积(hm²)	比例(%)	面积(hm²)	比例(%)	面积(hm²)	比例(%)
5	8~10	610.1	4.0	522.9	10.6	95.9	1.8	65.5	1.2
6	6~8	301.5	2.0	192.7	3.9	81.1	1.5	21.9	0.4
7	<6	201.0	1.3	73.4	1.5	36.9	0.7	36.4	0.7
合计		15 209.7	100.0	4 935.5	100.0	5 257.7	100.0	5 583.9	100.0

（四）增加有机质含量的途径

1. 实行秸秆还田

秸秆含有丰富的有机质和矿物营养元素，若秸秆不还田，有机质和矿物质损失不能归还土壤，长期持续下去，会造成土壤有机质、矿物质匮乏，影响作物生长。

2. 增施有机肥

有机肥有机质含量高，养分含量全面，除能够供给植物所需的氮、磷、钾之外，还能提供多种微量元素。此外，增施有机肥还能有效改善土壤理化性状。

3. 种植绿肥

种植翻压绿肥可为土壤提供丰富的有机质和氮素、改善农业生态环境及土壤的理化性状。主要绿肥种类有苜蓿、紫云英、绿豆、田菁等。

第二节　土壤大量元素状况

一、土壤氮素含量状况

氮是植物所必需的营养元素之一。土壤氮素含量高低决定作物长势好坏和产量高低。它包括有机氮和无机氮两种形态。土壤中的氮素主要以有机态存在，约占土壤全氮的90%，而这些含量的土壤氮素主要以大分子化合物的形式存在于土壤有机质中，作物很难吸收利用，属迟效性氮。其余部分则以小分子态或者铵态、硝态和亚硝态氮等形式存在，一般占土壤全氮的 10％以下，可以被植物吸收利用。

（一）土壤全氮含量状况

1. 耕层土壤全氮含量总体状况

表 4－11　土壤全氮含量分布状况

级别	范围 （g/kg）	样品个数 （个）	代表面积 （hm²）	占总耕地比例 （%）
1	＞1.5	139	1 041.1	3.4
2	1.2～1.5	777	5 819.8	18.8
3	1.0～1.2	1 133	8 486.3	27.4
4	0.75～1.0	1 299	9 729.7	31.4
5	0.5～0.75	642	4 808.7	15.5
6	0.3～0.5	118	883.9	2.9
7	＜0.3	29	217.2	0.7
合计		4 137	30 986.7	100.0

全区耕地土壤全氮含量平均值为 1.00 g/kg，标准差为 0.28 g/kg，置信区间为 0.72～1.28 g/kg，变异系数为 27.9％。表 4－11 统计结果显示，全氮含量集中在 0.75～1.0 g/kg 和 1.0～1.2 g/kg 两个级别，分别为 31.4％和 27.4％。大于 1.5 g/kg 和低于 0.5 g/kg（6、7 级别）耕地占比例较小，分别占 3.4％和 3.6％。

2. 不同种植类型下耕层土壤全氮含量状况

由表 4－12 可知，粮田的土壤全氮平均含量为 1.01 g/kg，略高于全区平均值 1.00 g/kg；菜田和苗木花卉次之，果园含量为 0.66 g/kg，较全区平均值低 34％。置信区间和变异系数见表 4－12。

表 4-12 不同种植制度下土壤全氮含量状况

	粮田	菜田	果园	苗木花卉
平均值（g/kg）	1.01	0.94	0.66	0.93
样本数量	2 724	641	136	636
置信区间	0.78~1.31	0.68~1.21	0.42~0.89	0.66~1.19
变异系数（%）	25.6	28.2	35.9	28.6

由表 4-13 可知，不同种植制度全氮含量分布状况不同，粮田全氮含量多集中分布在 1.2~1.5 g/kg、1.0~1.2 g/kg 和 0.75~1.0 g/kg 三个级别；菜田和苗木花卉全氮含量多集中分布在 1.0~1.2 g/kg 和 0.75~1.0 g/kg 两个级别；果园全氮含量多集中分布在 0.75~1.0 g/kg 和 0.5~0.75 g/kg 两个级别。

表 4-13 不同种植制度下土壤全氮含量分布状况

级别	范围（g/kg）	粮田 面积（hm²）	比例（%）	菜田 面积（hm²）	比例（%）	果园 面积（hm²）	比例（%）	苗木花卉 面积（hm²）	比例（%）
1	>1.5	859.9	4.0	84.9	2.8	0.0	0.0	43.4	1.7
2	1.2~1.5	4 840.8	23.7	359.4	10.5	25.3	0.7	254.0	10.1
3	1.0~1.2	5 953.2	28.8	825.7	24.8	202.2	5.9	716.5	28.3
4	0.75~1.0	6 270.8	28.5	1 419.4	38.7	985.6	28.7	934.9	36.8
5	0.5~0.75	3 122.3	13.3	698.1	19.5	1 314.2	38.2	413.7	16.2
6	0.3~0.5	406.3	1.6	126.9	3.1	657.1	19.1	128.4	5.0
7	<0.3	23.6	0.1	18.9	0.6	252.7	7.4	48.5	1.9
合计		2 1476.9	100.0	3 533.3	100.0	3 437.1	100.0	2 539.3	100.0

3. 不同土壤类型下耕层土壤全氮含量状况

不同土壤类型土壤全氮的统计结果显示（表 4-14），水稻土和砂姜黑土土壤全氮含量较棕壤和潮土高，平均值分别为 1.06 g/kg 和 1.09 g/kg，潮土和棕壤稍低，平均值分别为 0.96 g/kg 和 0.91 g/kg。

表4-14　不同土壤类型土壤全氮含量状况

	潮土	棕壤	水稻土	砂姜黑土
平均值（g/kg）	0.96	0.91	1.06	1.09
样本数量	2 119	538	713	767
置信区间	0.69～1.23	0.62～1.21	0.80～1.33	0.83～1.35
变异系数（%）	28.1	32.4	24.8	24.0

由表4-15可知，水稻土和砂姜黑土土壤全氮含量集中在1.2～1.5 g/kg、1.0～1.2 g/kg和0.75～1.0 g/kg三个级别；棕壤全氮含量较其他土类低，平均值为0.91 g/kg，全氮含量处在0.75～1.0 g/kg和0.5～0.75 g/kg两个级别的耕地占比重高，分别为31.0%和27.7%；潮土土壤全氮分布状况和棕壤类似。

表4-15　不同土壤类型土壤全氮含量分布状况

级别	范围(g/kg)	潮土 面积(hm²)	比例(%)	棕壤 面积(hm²)	比例(%)	水稻土 面积(hm²)	比例(%)	砂姜黑土 面积(hm²)	比例(%)
1	>1.5	337.3	2.2	165.1	3.3	228.6	4.3	313.1	5.6
2	1.2～1.5	2 383.0	15.7	614.7	12.5	1 290.5	24.5	1 477.9	26.5
3	1.0～1.2	4 005.2	26.3	972.4	19.7	1 696.0	32.3	1 732.7	31.0
4	0.75～1.0	5 175.1	34.0	1 532.0	31.0	1 452.7	27.6	1 543.4	27.6
5	0.5～0.75	2 677.3	17.6	1 366.9	27.7	449.8	8.6	429.5	7.7
6	0.3～0.5	473.7	3.1	266.1	5.4	110.6	2.1	80.1	1.4
7	<0.3	157.9	1.0	18.3	0.4	29.5	0.6	7.3	0.1
合计		15 209.7	100.0	4 935.5	100.0	5 257.7	100.0	5 583.9	100.0

（二）土壤碱解氮含量状况

1. 耕层土壤碱解氮含量总体状况

土壤碱解氮是可被作物直接吸收利用的氮素，其含量是反映土壤供氮水平的重要指标。土壤碱解氮含量和土壤全氮有一定相关性，但它受人为施肥影响较大。2006年我们共测定2 033个土样，土样检测结果表明，全区的土壤碱解氮平均含量为 89 mg/kg，标准差为 29 mg/kg，置信区间 61~118 mg/kg，变异系数为 32.0%。含量集中在 90~120 mg/kg、75~90 mg/kg 和 60~75 mg/kg 三个级别，分别占总耕地总面积的 32.50%、23.3% 和 18.4%。

表 4-16　土壤碱解氮含量分布状况

级别	范围 （mg/kg）	样品个数 （个）	代表面积 （hm²）	占总耕地比例 （%）
1	＞150	69	1 051.7	3.4
2	120~150	176	2 682.5	8.7
3	90~120	660	10 059.6	32.5
4	75~90	473	7 209.4	23.3
5	60~75	375	5 715.7	18.4
6	45~60	190	2 895.9	9.3
7	30~45	78	1 188.9	3.8
8	＜30	12	182.9	0.6
合计		2 033	30 986.7	100.0

2. 不同种植类型下耕层土壤碱解氮含量状况

统计结果显示，蔬菜田土壤碱解氮含量较其他种植制度高，平均值为 95 mg/kg；粮田和苗木花卉含量居中；果园最低，平均含量为 64 mg/kg。置信区间和变异系数见表 4-17。

表 4-17　不同种植制度下土壤碱解氮含量状况

	粮田	菜田	果园	苗木花卉
平均值（mg/kg）	89	95	64	90
样本容量	1 338	312	67	316
置信区间	61~117	67~123	42~86	59~121
变异系数（%）	31.1	37.9	34.8	34.5

由表 4-18 可知，菜田土壤碱解氮含量集中在 90~120 mg/kg，占菜田总面积的 41.7%；粮田和苗木花卉土壤碱解氮多集中在 90~

120 mg/kg 和 75～90 mg/kg 两个级别；果园碱解氮含量多集中 60～75 mg/kg 和 45～60 mg/kg 两个级别，分别占果园总面积的 26.9% 和 28.4%。

表 4-18　不同种植制度下土壤碱解氮含量分布状况

| 级别 | 范围 (mg/kg) | 粮田 | | 菜田 | | 果园 | | 苗木花卉 | |
		面积 (hm²)	比例 (%)	面积 (hm²)	比例 (%)	面积 (hm²)	比例 (%)	面积 (hm²)	比例 (%)
1	>150	853.7	3.5	117.1	3.2	0.0	0.0	94.5	3.8
2	120～150	1 765.9	7.5	488.2	12.2	0.0	0.0	293.0	11.7
3	90～120	6 791.1	31.2	1 542.4	41.7	359.1	10.4	815.7	32.6
4	75～90	5 527.9	26.5	566.0	17.3	513.0	14.9	467.4	18.4
5	60～75	3 937.7	19.0	487.9	15.4	923.4	26.9	440.1	17.1
6	45～60	1 766.1	8.5	253.7	7.7	974.7	28.4	273.7	10.4
7	30～45	759.1	3.4	68.3	2.2	513.0	14.9	131.3	5.1
8	<30	75.5	0.4	9.7	0.3	153.9	4.5	23.5	0.9
合计		21 476.9	100.0	3 533.3	100.0	3 437.1	100.0	2 539.3	100.0

3. 不同土壤类型下耕层土壤碱解氮含量状况

砂姜黑土土壤碱解氮含量较其他土类高，平均值为 97 mg/kg，潮土、水稻土、棕壤平均含量相差不大。置信区间和变异系数见表 4-19。

表 4-19　不同土壤类型土壤碱解氮含量状况

	潮土	棕壤	水稻土	砂姜黑土
平均值（mg/kg）	88	86	87	97
样本容量	1 044	250	357	382
置信区间	59～118	61～111	60～114	68～126
变异系数（%）	33.2	29.4	30.9	29.9

砂姜黑土土壤碱解氮含量集中在 90～120 mg/kg 级别，占砂姜黑土

总面积的 41.1%；棕壤、水稻土和潮土土壤碱解氮含量多集中在 75～90 mg/kg、90～120 mg/kg 两个级别。

表 4-20　不同土壤类型土壤碱解氮含量分布状况

级别	范围 (mg/kg)	潮土		棕壤		水稻土		砂姜黑土	
		面积 (hm²)	比例 (%)	面积 (hm²)	比例 (%)	面积 (hm²)	比例 (%)	面积 (hm²)	比例 (%)
1	>150	582.7	3.8	79.0	1.6	132.5	2.5	233.9	4.2
2	120～150	1 296.6	8.5	296.1	6.0	382.9	7.3	672.4	12.0
3	90～120	4 501.7	29.6	1638.6	33.2	1 634.7	31.1	2 294.9	41.1
4	75～90	3 496.5	23.0	1 184.5	24.0	1 399.1	26.6	1 140.1	20.4
5	60～75	2 986.6	19.6	967.3	19.6	1 016.2	19.3	745.5	13.4
6	45～60	1 602.5	10.5	572.5	11.6	456.5	8.7	292.3	5.2
7	30～45	655.6	4.3	177.7	3.6	191.5	3.6	175.4	3.1
8	<30	87.4	0.6	19.7	0.4	44.2	0.8	29.3	0.5
合计		15 209.7	100.0	4 935.5	100.0	5 257.7	100.0	5 583.9	100.0

二、土壤有效磷含量状况

（一）土壤有效磷含量状况

磷是作物必需的三大营养元素之一，土壤磷素与作物产量密切相关。常用来衡量土壤磷素含量状况的指标是土壤有效磷含量，包括土壤溶液中易溶性磷酸盐、土壤胶体吸附的磷酸根离子和易矿化的有机磷，它主要来源于土壤自身的矿化和外源磷肥的施入。

1. 耕层土壤有效磷含量总体状况

河东区耕地土壤有效磷的平均含量为 69.4 mg/kg，标准差为 46.5 mg/kg，置信区间为 22.8～115.7 mg/kg，变异系数为 67.1%。全区耕地土壤有效磷含量大于 30 mg/kg（1～4 级别）的耕地占 87.6%，低于 30 mg/kg（5～9 级别）耕地占 12.4%。

表 4-21　土壤有效磷含量状况

级别	范围 (mg/kg)	样品个数 (个)	代表面积 (hm²)	占总耕地比例 (%)
1	>120	599	4 486.6	14.5
2	80~120	555	4 157.0	13.4
3	50~80	1 141	8 546.3	27.6
4	30~50	1 326	9 931.9	32.1
5	20~30	357	2 674.0	8.6
6	15~20	76	569.3	1.8
7	10~15	63	471.9	1.5
8	5~10	18	134.8	0.4
9	<5	2	15.0	0.0
合计		4137	30 986.7	100.0

2. 不同种植类型下耕层土壤有效磷含量状况

菜田有效磷含量较高，平均值为 123.5 mg/kg；粮田最低，平均含量为 56.4 mg/kg；果园和苗木花卉含量居中。置信区间和变异系数见表 4-22。

表 4-22　不同种植制度下土壤有效磷含量状况

	粮田	菜田	果园	苗木花卉
平均值（mg/kg）	56.4	123.5	60.2	71.4
样本容量	2 724	641	136	636
置信区间	24.2~88.6	65.4~181.6	18.7~101.8	25.1~117.8
变异系数（%）	57.1	47.1	69.0	64.9

表 4-23 的统计结果显示，菜田中有效磷含量大于 120 mg/kg 的耕地占 54.6%；粮田和果园有效磷含量多集中在 50~80 mg/kg 和 30~50 mg/kg两个级别；苗木花卉有效磷含量集中在 80~120 mg/kg、50~80 mg/kg 和 30~50 mg/kg 三个级别。

表 4-23　不同种植制度下土壤有效磷含量分布状况

级别	范围 (mg/kg)	粮田		菜田		果园		苗木花卉	
		面积 (hm²)	比例 (%)	面积 (hm²)	比例 (%)	面积 (hm²)	比例 (%)	面积 (hm²)	比例 (%)
1	>120	1 148.4	5.1	1 922.1	54.6	328.5	9.6	377.7	14.8
2	80~120	2 265.1	10.4	610.7	18.4	404.3	11.8	559.6	22.0
3	50~80	6 880.9	31.9	553.5	14.4	834.0	24.3	605.2	23.9
4	30~50	8 307.3	39.3	357.6	9.7	1 112.0	32.4	572.4	22.6
5	20~30	2 127.3	9.9	56.5	1.9	429.7	12.5	235.1	9.3
6	15~20	380.7	1.7	18.9	0.6	176.9	5.1	92.9	3.6
7	10~15	289.8	1.3	9.4	0.3	50.5	1.5	72.3	2.8
8	5~10	77.4	0.3	4.7	0.2	75.8	2.2	20.3	0.8
9	<5	0.0	0.0	0.0	0.0	25.3	0.7	3.9	0.2
合计		21 476.9	100.0	3 533.3	100.0	3 437.1	100.0	2 539.3	100.0

3. 不同土壤类型下耕层土壤有效磷含量状况

不同土壤类型土壤有效磷含量相差不大，置信区间和变异系数见表 4-24。

表 4-24　不同土壤类型土壤有效磷含量状况

	潮土	棕壤	水稻土	砂姜黑土
平均值（mg/kg）	68.9	73.8	63.4	72.3
样本容量	2 119	538	713	767
置信区间	21.5~116.4	30.0~117.6	22.3~104.6	22.7~121.9
变异系数（%）	68.8	59.4	64.9	68.6

由表 4-25 可知，不同土壤类型耕地土壤有效磷含量分布状况类似，四种土类有效磷含量均集中在 50~80 mg/kg 和 30~50 mg/kg 两个级别。棕壤土壤有效磷平均含量较其他土类高，土壤有效磷含量在

50~80 mg/kg 和 30~50 mg/kg 两个级别的耕地占棕壤总面积的 32.7％和 27.3％。

表 4-25　不同土壤类型土壤有效磷含量分布状况

级别	范围 (mg/kg)	潮土		棕壤		水稻土		砂姜黑土	
		面积 (hm²)	比例 (％)	面积 (hm²)	比例 (％)	面积 (hm²)	比例 (％)	面积 (hm²)	比例 (％)
1	>120	2 225.1	14.6	725.1	14.7	501.4	9.5	706.2	12.6
2	80~120	1 959.5	12.9	871.9	17.7	663.7	12.6	1 033.8	18.5
3	50~80	4 091.3	26.9	1615.4	32.7	1 504.3	28.6	1 390.5	24.9
4	30~50	4 859.3	31.9	1 349.3	27.3	2042.6	38.8	1 638.0	29.3
5	20~30	1 370.9	9.0	302.9	6.1	412.9	7.9	560.6	10.0
6	15~20	294.3	1.9	18.3	0.4	81.1	1.5	160.1	2.9
7	10~15	315.8	2.1	36.7	0.7	44.3	0.8	65.5	1.2
8	5~10	78.9	0.5	18.3	0.4	7.4	0.1	29.1	0.5
9	<5	14.3	0.1	0.0	0.0	0.0	0.0	0.0	0.0
合计		15 209.7	100.0	4 938.1	100.0	5 257.7	100.0	5 583.9	100.0

三、土壤钾素含量状况

（一）土壤缓效钾含量状况

钾能够显著提高光合作用的强度，促进作物体内淀粉和糖的积累，增强作物的抗逆性和抗病能力，增强作物对氮素的吸收能力。此外，钾在改善作物品质方面起着重要的作用，是公认的"品质元素"。充足的土壤钾素是作物产量和品质的保证。

1. 耕层土壤缓效钾含量总体状况

全区耕地土壤缓效钾平均值为 543 mg/kg，标准差为 199 mg/kg，置信区间为 345~743 mg/kg，变异系数为 36.6％。全区耕地土壤缓效钾含量集中在 500~750 mg/kg 和 300~500 mg/kg 两个水平。全区 41.6％耕地土壤缓效钾含量在 500~750 mg/kg，40.1％耕地土壤缓效钾含量在 300~500 mg/kg。

表 4-26 土壤缓效钾含量分布状况

级别	范围 （mg/kg）	样品个数 （个）	代表面积 （hm²）	占总耕地面积 （%）
1	>1 200	25	374.4	1.2
2	900～1 200	59	883.6	2.9
3	750～900	180	2 695.8	8.7
4	500～750	860	12 879.9	41.6
5	300～500	830	12 430.6	40.1
6	<300	115	1 722.3	5.6
合计		2 069	30 986.7	100.0

2. 不同种植类型下耕层土壤缓效钾含量状况

由表 4-27 可知，粮田土壤缓效钾含量较其他种植制度低，平均含量为 535 mg/kg，菜田、果园和苗木花卉土壤缓效钾含量相差不大。

表 4-27　不同种植制度下土壤缓效钾含量状况

	粮田	菜田	果园	苗木花卉
平均值（mg/kg）	535	563	569	560
样本容量	1 360	314	68	318
置信区间	348～720	350～777	367～772	329～792
变异系数（%）	34.9	37.9	34.8	41.3

由表 4-28 可知，四种不同种植制度土壤缓效钾含量分布状况类似，含量多集中在 500～750 mg/kg 和 300～500 mg/kg 两个水平。

表 4-28　不同种植制度下土壤缓效钾含量分布状况

级别	范围 （mg/kg）	粮田 面积 （hm²）	比例 （%）	菜田 面积 （hm²）	比例 （%）	果园 面积 （hm²）	比例 （%）	苗木花卉 面积 （hm²）	比例 （%）
1	>1 200	292.1	1.2	9.7	0.3	0.0	0.0	71.4	2.8
2	900～1 200	460.7	2.1	155.0	5.1	252.7	7.4	78.3	3.1
3	750～900	1 534.7	7.4	533.9	15.0	353.8	10.3	210.0	8.2

级别	范围 （mg/kg）	粮田 面积 （hm²）	比例 （%）	菜田 面积 （hm²）	比例 （%）	果园 面积 （hm²）	比例 （%）	苗木花卉 面积 （hm²）	比例 （%）
4	500～750	8 888.8	42.9	1 398.7	37.6	1 465.8	42.6	980.9	39.0
5	300～500	9 031.5	41.3	1 184.1	33.8	1 112.0	32.4	1 072.2	42.1
6	<300	1 269.1	5.3	251.9	8.3	252.7	7.4	126.5	4.7
合计		21 476.9	100.0	3 533.3	100.0	3 437.1	100.0	2 539.3	100.0

3. 不同土壤类型下耕层土壤缓效钾含量状况

不同土壤类型的土壤缓效钾的含量状况不同。砂姜黑土、潮土和水稻土土壤缓效钾含量较棕壤高，其平均含量分别为 533 mg/kg、556 mg/kg 和 564 mg/kg；棕壤土壤缓效钾含量较低，平均值为 484 mg/kg。置信区间和变异系数见表 4-29。

表 4-29　不同土壤类型下土壤缓效钾含量状况

	潮土	棕壤	水稻土	砂姜黑土
平均值（mg/kg）	556	484	564	533
样本容量	1 052	270	358	389
置信区间	369～743	229～738	366～762	353～714
变异系数（%）	33.6	52.6	35.1	33.9

不同土壤类型土壤缓效钾的含量状况类似，其耕地土壤缓效钾含量集中在 500～750 mg/kg 和 300～500 mg/kg 两个水平。

表 4-30　不同土壤类型土壤缓效钾含量分布状况

级别	范围 （mg/kg）	潮土 面积 （hm²）	比例 （%）	棕壤 面积 （hm²）	比例 （%）	水稻土 面积 （hm²）	比例 （%）	砂姜黑土 面积 （hm²）	比例 （%）
1	>1 200	187.9	1.2	109.7	2.2	73.4	1.4	28.7	0.5
2	900～1 200	419.3	2.8	164.5	3.3	146.9	2.8	172.3	3.1
3	750～900	1 402.4	9.2	237.7	4.8	558.1	10.6	473.7	8.5

| 级别 | 范围 | 潮土 | | 棕壤 | | 水稻土 | | 砂姜黑土 | |
| | | 面积 | 比例 | 面积 | 比例 | 面积 | 比例 | 面积 | 比例 |
	(g/kg)	(hm²)	(%)	(hm²)	(%)	(hm²)	(%)	(hm²)	(%)
4	500～750	6 881.9	45.2	1 279.5	25.9	2 276.3	43.3	2 268.0	40.6
5	300～500	5 884.3	38.7	2 138.7	43.3	2 056.1	39.1	2 311.1	41.4
6	<300	433.7	2.9	1 005.4	20.4	146.9	2.8	330.1	5.9
合计		15 209.7	100.0	4 935.5	100.0	5 257.7	100.0	5 583.9	100.0

（二）土壤速效钾含量状况

1. 耕层土壤速效钾含量总体状况

河东区耕地土壤速效钾平均含量为 106 mg/kg，标准差为 50 mg/kg，置信区间为 56～156 mg/kg，变异系数为 27.9%。由表 4-31 统计结果可知，全区多数耕地土壤速效钾含量低于 150 mg/kg，含量在 120～150 mg/kg级别的耕地占全区耕地总面积的 17.9%，含量在 100～120 mg/kg级别的占 17.7%，含量在 75～100 mg/kg 级别的占 30.8%，含量在 50～75 mg/kg 级别的占 20.0%，低于 50 mg/kg 的占 3.1%。

表 4-31 土壤速效钾含量状况

| 级别 | 范围 | 样品个数 | 代表面积 | 百分率 |
	(mg/kg)	(个)	(hm²)	(%)
1	>300	32	239.7	0.8
2	200～300	96	719.1	2.3
3	150～200	304	2 277.0	7.3
4	120～150	740	5 542.7	17.9
5	100～120	734	5 497.7	17.7
6	75～100	1 274	9 542.4	30.8
7	50～75	828	6 201.8	20.0
8	<50	129	966.2	3.1
合计		4 137	30 986.7	100.0

2. 不同种植制度下耕层土壤速效钾含量状况

表 4 - 32　不同种植制度下土壤速效钾含量状况

	粮田	菜田	果园	苗木花卉
平均值（mg/kg）	99	136	89	107
样本容量	2 724	641	136	636
置信区间	64～135	65～207	4～174	53～161
变异系数（%）	35.8	52.1	90.3	50.2

不同种植制度下土壤速效钾含量不同。菜田土壤速效钾含量较高，平均值为 136 mg/kg；果园速效钾含量较低，平均值为 89 mg/kg；粮田和苗木花卉含量居中。不同种植制度置信区间和变异系数见表 4 - 32。

表 4 - 33　不同种植制度下土壤速效钾含量分布状况

级别	范围（mg/kg）	粮田		菜田		果园		苗木花卉	
		面积（hm²）	比例（%）	面积（hm²）	比例（%）	面积（hm²）	比例（%）	面积（hm²）	比例（%）
1	>300	63.9	0.3	81.6	2.3	0.0	0.0	28.2	1.1
2	200～300	242.4	1.1	341.7	8.4	75.8	2.2	52.7	2.0
3	150～200	1 183.2	5.5	585.7	17.9	101.1	2.9	143.1	5.7
4	120～150	3 350.7	16.1	954.1	27.6	126.3	3.7	373.6	14.8
5	100～120	4 006.7	18.9	685.5	18.7	303.3	8.8	575.7	22.6
6	75～100	7 097.1	33.0	519.0	13.6	1 010.9	29.4	859.3	33.8
7	50～75	4 826.3	22.1	309.3	9.5	1 516.3	44.1	412.6	16.4
8	<50	706.6	3.0	56.5	1.9	303.3	8.8	94.1	3.6
合计		21 476.9	100.0	3 533.3	100.0	3 437.1	100.0	2 539.3	100.0

蔬菜田土壤速效钾含量较其他种植制度高，含量集中分布在 150～200 mg/kg、120～150 mg/kg 和 100～120 mg/kg 三个级别，分别占菜田的 17.9%、27.6% 和 18.7%；粮田和苗木花卉速效钾含量多集中在 75～100 mg/kg 级别；果园速效钾含量较低，其含量多集中在 50～

75 mg/kg级别，占果园总面积的44.1%。

3. 不同土壤类型下耕层土壤速效钾含量状况

砂姜黑土土壤速效钾含量较其他土类高，平均值为125 mg/kg；潮土最低，含量为99 mg/kg；棕壤和水稻土居中。四种不同土类土壤速效钾含量的置信区间和变异系数见表4-34。

表4-34 不同土壤类型土壤速效钾含量状况

	潮土	棕壤	水稻土	砂姜黑土
平均值（mg/kg）	99	102	109	125
样本容量	2 119	538	713	767
置信区间	53～145	46～159	64～154	71～179
变异系数（%）	46.5	55.4	41.3	43.0

砂姜黑土土壤速效钾含量较其他土类高，含量多集中在120～150 mg/kg、100～120 mg/kg和75～100 mg/kg三个级别；水稻土土壤速效钾含量多集中在100～120 mg/kg和75～100 mg/kg两个级别；潮土和棕壤土壤速效钾含量多集中在75～100 mg/kg和50～75 mg/kg两个级别。

表4-35 不同土壤类型土壤速效钾含量分布状况

级别	范围（mg/kg）	潮土 面积（hm²）	比例（%）	棕壤 面积（hm²）	比例（%）	水稻土 面积（hm²）	比例（%）	砂姜黑土 面积（hm²）	比例（%）
1	＞300	86.1	0.6	55.1	1.1	22.1	0.4	80.1	1.4
2	200～300	251.2	1.7	174.3	3.5	81.1	1.5	225.7	4.0
3	150～200	653.2	4.3	366.9	7.4	405.6	7.7	859.1	15.4
4	120～150	2 375.9	15.6	761.4	15.4	1 017.6	19.4	1 157.5	20.7
5	100～120	2 404.5	15.8	651.3	13.2	1 246.2	23.7	1 368.7	24.5
6	75～100	5 096.2	33.5	1 192.6	24.2	1 681.3	32.0	1 499.7	26.9
7	50～75	3 775.5	24.8	1 357.7	27.5	774.3	14.7	356.7	6.4
8	＜50	567.1	3.7	376.1	7.6	29.5	0.6	36.4	0.7
合计		15 209.7	100.0	4 935.5	100.0	5 257.7	100.0	5 583.9	100.0

第三节　土壤中量元素状况

一、土壤交换性钙

(一) 钙的营养作用及作物缺钙的症状

1. 钙的营养作用

钙是植物体细胞壁和细胞间层的主要组成成分，使植株的器官和个体具有一定的机械强度；钙是植物体内一些酶的组分和活化剂，对氮和碳水化合物的代谢有一定的影响；钙具有消除植物体内某些有机酸的作用，降低有机酸对植物体产生的毒害；钙还有利于促进植物对钾离子的吸收。

2. 作物缺钙的症状

作物缺钙可引发多种因缺钙造成的生理病害。如番茄、甜椒脐腐病，芹菜、白菜、甘蓝心腐病，甘薯烂芽病，苹果苦痘病、水心病，梨果肉石细胞硬化、果皮表面凹凸不平等，都是由于植株缺钙而引起。

造成植物缺钙的原因：一是土壤 pH 值偏高，土壤中的钙离子被结合形成了难溶或不溶的碳酸钙、重碳酸钙、磷酸钙、硫酸钙等形式的钙盐，无法被植物吸收。二是土壤中氮素过多，特别是氨态氮，造成氮、钙比例失调，也会抑制植物对钙的吸收。三是夏季高温，土壤干燥，植物对钙的吸收能力降低，不能满足快速生长对钙的高需求。

(二) 土壤交换性钙的含量状况

表 4 - 36　土壤交换性钙含量状况

级别	范围 (mg/kg)	样品个数 (个)	代表面积 (hm²)	百分率 (%)
1	＞6 000	1	309.9	1.00
2	4 000～6 000	14	4 338.1	14.00
3	3 000～4 000	20	6 197.3	20.00
4	2 500～3 000	12	3718.4	12.00
5	2 000～2 500	13	4 028.3	13.00

级别	范围 （mg/kg）	样品个数 （个）	代表面积 （hm^2）	百分率 （%）
6	1 500～2 000	15	4 648.0	15.00
7	1 000～1 500	16	4 957.9	16.00
8	500～1 000	8	2 478.9	8.00
9	<500	1	309.9	1.00
合计		100	30 986.7	100.00

2006 年，我们共测定土壤交换性钙 100 个样品。检测结果显示全区耕地土壤交换性钙平均含量为 2 480 mg/kg，标准差为 1 338 mg/kg，置信区间为 1 142～3 819 mg/kg，变异系数为 54.0%。其含量状况见表 4-36。

二、土壤交换性镁

（一）镁的营养作用和作物缺镁的症状

1. 镁的营养作用

镁在叶绿素合成和光合作用中起重要作用；镁能保证核糖体稳定的结构，为蛋白质的合成提供场所。此外，植物体中一系列的酶促反应都需要镁或依赖于镁进行调节。镁在 ATP 或 ADP 的焦磷酸盐结构和酶分子之间形成一个桥梁，大多数 ATP 酶的底物是 Mg-ATP。

2. 作物缺镁症状

当植物缺镁时，其突出表现是叶绿素含量下降，并出现失绿症。缺镁时，植株矮小，生长缓慢。双子叶植物缺镁时叶脉间失绿，并逐渐由淡绿色转变为黄色或白色，还会出现大小不一的褐色或紫红色斑点或条纹；严重缺镁时，整个叶片出现坏死现象。禾本植物缺镁时，叶基部叶绿素积累出现暗绿色斑点，其余部分呈淡黄色；严重缺镁时，叶片退色而有条纹，特别典型的是在叶尖出现坏死斑点。

在沙质土壤、酸性土壤、K^+ 和 NH_4^+ 含量较高的土壤中容易出现缺镁现象。沙土不仅镁本身含量不高，而且淋失比较严重；而酸性土壤除了淋失以外，H^+、Al_3^+ 等离子的拮抗作用也是造成缺镁的原因之一；

高浓度 K^+ 和 NH_4^+ 对 Mg^{2+} 的吸收有很强的拮抗作用。因此，增施镁肥、改良土壤、平衡施肥是矫正缺镁现象所必需的。

（二）土壤交换性镁的含量状况

表 4-37　土壤交换性镁含量状况

级别	范围 （mg/kg）	样品个数 （个）	代表面积 （hm²）	百分率 （%）
1	＞600	0	0.0	0.00
2	400～600	7	2 169.1	7.00
3	300～400	16	4 957.9	16.00
4	250～300	24	7 436.8	24.00
5	200～250	20	6 197.3	20.00
6	150～200	29	8 986.1	29.00
7	＜150	4	1 239.5	4.00
合计		100	30 986.7	100.00

2006 年，我们共测定土壤交换性镁 100 个样品。土壤样品的检测结果显示，全区耕地土壤交换性镁的平均含量为 261 mg/kg，标准差为 127 mg/kg，置信区间为 133～388 mg/kg，变异系数为 49%。其含量状况见表 4-37。

三、土壤有效硫

（一）硫的营养作用及作物缺硫的症状

1. 硫的营养作用

硫是构成蛋白质的重要元素，含硫的有机物参与氧化还原过程；硫素是一些氨基酶的组成部分，它是植物蛋白质形成所需的物质，有助于酶和维生素形成；它能促进豆科作物根瘤（用于固定空气中的氮素）的形成，并有助于籽粒生产；硫是叶绿素形成所必需的，硫素能促进农作物光合作用和植物蛋白质的形成，增强豆科作物的固氮作用。

2. 作物缺硫的症状

植株体内的硫移动性较小，不易被再利用，缺硫症状常表现在幼嫩部位。农作物缺硫时生长受阻，尤其是营养生长，症状类似缺氮。植株矮小、分枝、分蘖少，全株体色褪绿，呈浅绿色或黄绿色；叶片失绿或黄化，褪绿均匀，幼叶较老叶明显，叶小而薄，向上卷曲，变硬、易碎，脱落提早，茎生长受阻，植株矮、僵直。

缺硫土壤常见于有机质含量低、降雨量偏高的沙质土壤区。近年，随着作物产量的提升，土壤对硫的需求不断增加，而土壤有机质比较低，会造成土壤的供硫能力减弱，进而表现为土壤硫的相对缺乏。在天气寒冷潮湿时（如越冬作物和早春作物）会降低硫的有效性

（二）土壤有效硫的含量状况

表 4-38　土壤有效硫含量状况

级别	范围 （mg/kg）	样品个数 （个）	代表面积 （hm²）	百分率 （%）
1	＞100	5	774.7	2.50
2	75～100	9	1 394.4	4.50
3	60～75	18	2 788.8	9.00
4	45～60	29	4 493.1	14.50
5	30～45	45	6 972.0	22.50
6	15～30	82	12 704.5	41.00
7	＜15	12	1 859.2	6.00
合计		200	30 986.7	100.00

2006 年，我们共测定土壤有效硫 200 个样品。检测结果显示，测定土样中，土壤有效硫平均含量为 38.6 mg/kg，标准差 23.8 mg/kg，置信区间为 14.8～62.4 mg/kg，变异系数为 61.7%。41%土样有效硫含量在 15～30 mg/kg，6%土样有效硫含量低于 15 mg/kg，其含量状况见表 4-38。

第四节　土壤微量元素状况

一、土壤有效铁

（一）土壤有效铁的营养作用及作物缺铁的症状

1. 铁的营养作用

铁是一些重要的氧化—还原酶催化部分的组分；铁虽然不是叶绿素

的组成成分，但铁参与叶绿素的形成；铁在植物体内以各种形式与蛋白质结合，作为重要的电子传递体或催化剂，参与许多生命活动。

2. 作物缺铁的症状

在我国北方，多年生木本和草本植物以及农作物的缺铁症状极为常见。由于铁在植物体内难以移动，又是叶绿素形成所必需的元素，所以最常见的缺铁症状是幼叶失绿。失绿症开始时，叶片颜色变淡，新叶脉间失绿而黄化，但叶脉仍保持绿色。当缺铁严重时，整个叶尖失绿，极度缺乏时，叶色完全变白并可出现坏死斑点。缺铁失绿可导致生长停滞，严重时可导致植株死亡。

（二）土壤有效铁含量状况

1. 耕层土壤有效铁含量总体状况

表 4 - 39　土壤有效铁含量状况

级别	范围 （mg/kg）	样品个数 （个）	代表面积 （hm²）	占总耕地比例 （%）
1	>20	2 004	30 574.7	98.7
2	10～20	25	381.4	1.2
3	4.5～10	2	30.5	0.1
4	2.5～4.5	0	0.0	0.0
5	<2.5	0	0.0	0.0
合计		2 031	30 986.7	100.0

河东区耕地土壤有效铁含量平均值为 71.38 mg/kg，标准差为 25.49 mg/kg，置信区间为 45.89～96.86 mg/kg。从表 4 - 39 可以看出，全区有 98.7% 耕地土壤有效铁含量在 20 mg/kg 以上，低于 20 mg/kg 的耕地仅占 1.3%。这说明全区土壤有效铁含量较丰富。

2. 不同种植类型下耕层土壤有效铁含量状况

由表 4 - 40 可知，不同种植类型土壤有效铁含量相差不大，菜田土壤有效铁含量相对较低，平均含量为 68.34 mg/kg；苗木花卉有效铁含量稍高，平均含量为 76.59 mg/kg。四种不同种植制度耕地土壤有效铁含量的置信区间和变异系数见下表 4 - 40。

表 4-40　不同种植制度下土壤有效铁含量状况

	粮田	菜田	果园	苗木花卉
平均值（mg/kg）	70.73	68.34	73.74	76.59
样本容量	1 337	312	68	315
置信区间	45.94~95.52	44.32~92.37	43.19~104.29	48.74~104.44
变异系数（%）	35.0	35.2	41.4	36.4

不同种植类型土壤有效铁含量分布状况类似，土壤有效铁含量均集中在大于 20 mg/kg 级别。

表 4-41　不同种植制度下土壤有效铁含量分布状况

		粮田		菜田		果园		苗木花卉	
级别	范围	面积	比例	面积	比例	面积	比例	面积	比例
	(mg/kg)	(hm²)	(%)	(hm²)	(%)	(hm²)	(%)	(hm²)	(%)
1	>20	21 081.4	98.4	3 523.6	99.7	3 437.1	100.0	2 506.3	98.7
2	10~20	360.9	1.5	9.7	0.3	0.0	0.0	33.0	1.3
3	4.5~10	34.6	0.1	0.0	0.0	0.0	0.0	0.0	0.0
4	2.5~4.5	0.0	0.0	0.0	0.0	0.0	0.0	0.0	0.0
5	<2.5	0.0	0.0	0.0	0.0	0.0	0.0	0.0	0.0
合计		21 476.9	100.0	3 533.3	100.0	3 437.1	100.0	2 539.3	100.0

3. 不同土壤类型下耕层土壤有效铁含量状况

潮土土壤有效铁含量最高，平均值为 76.10 mg/kg；砂姜黑土最低，平均值为 61.53 mg/kg；棕壤平均值为 67.96 mg/kg；水稻土平均值为 70.43 mg/kg。其置信区间和变异系数见表 4-42。

表 4-42　不同土壤类型土壤有效铁含量状况

	潮土	棕壤	水稻土	砂姜黑土
平均值（mg/kg）	76.10	67.96	70.43	61.53
样本容量	1 043	250	356	383
置信区间	50.14~102.06	42.92~93.00	46.51~94.35	39~84.05
变异系数（%）	34.1	36.8	34.0	36.6

四种土壤类型土壤有效铁含量均比较充足，含量均集中在大于20 mg/kg级别。

表4-43　不同土壤类型土壤有效铁含量分布状况

级别	范围 （mg/kg）	潮土 面积 （hm²）	比例 （%）	棕壤 面积 （hm²）	比例 （%）	水稻土 面积 （hm²）	比例 （%）	砂姜黑土 面积 （hm²）	比例 （%）
1	＞20	15 020.1	98.8	4 915.7	99.6	5 198.6	98.9	5 452.7	97.7
2	10～20	175.0	1.2	19.7	0.4	59.1	1.1	116.7	2.1
3	4.5～10	14.6	0.1	0.0	0.0	0.0	0.0	14.6	0.3
4	2.5～4.5	0.0	0.0	0.0	0.0	0.0	0.0	0.0	0.0
5	＜2.5	0.0	0.0	0.0	0.0	0.0	0.0	0.0	0.0
合计		15 209.7	100.0	4 935.5	100.0	5 257.7	100.0	5 583.9	100.0

二、土壤有效锰含量状况

（一）锰的营养作用和作物缺锰的症状

1. 锰的营养作用

锰在植物中是一个重要的氧化－还原剂，它控制着植物体内的许多氧化－还原体系；锰对维持叶绿体结构是必需的；锰还以结合态直接参加光合作用的放氧过程；锰作为羟胺还原酶的组成成分，参与硝酸还原过程。

2. 作物缺锰的症状

缺锰植物叶片的叶脉间失绿或呈淡绿色，叶脉出现深绿色条纹肋骨状，受害叶片失绿部分变为灰色并局部坏死；植株生长瘦弱，花的发育不良。典型的缺锰症有燕麦的"灰斑病"、豆类（如菜豆、蚕豆、豌豆等）的"沼泽斑点病"，甜菜的"黄斑病"，菠菜的"黄病"，薄壳山核桃的"鼠耳病"等。

（二）土壤有效锰的含量状况

1. 耕层土壤有效锰含量总体状况

河东区耕地土壤有效锰的平均含量为 59.77 mg/kg，标准差为

22.68 mg/kg，置信区间为 37.09～82.46 mg/kg，变异系数为 38.0%。全区耕地中，土壤有效锰含量大于 30 mg/kg 耕地占耕地总面积的 89.6%，有 9.2% 的耕地土壤有效锰含量在 15～30 mg/kg。以上数据说明，全区耕地土壤有效锰含量较丰富。

表 4-44　土壤有效锰含量状况

级别	范围 （mg/kg）	样品个数 （个）	代表面积 （hm²）	占总耕地比例 （%）
1	＞30	1 820	27 767.5	89.6
2	15～30	186	2 837.8	9.2
3	5～15	23	350.9	1.1
4	1～5	2	30.5	0.1
5	＜1	0	0.0	0.0
合计		2 031	30 986.7	100.0

2. 不同种植类型下耕层土壤有效锰含量状况

不同种植类型下耕层土壤有效锰含量状况不同，粮田有效锰含量相对较高，平均含量为 64.64 mg/kg；果园相对较低，平均含量为 47.13 mg/kg。不同种植制度有效锰平均含量、置信区间和变异系数见表 4-45。

表 4-45　不同种植制度下土壤有效锰含量状况

	粮田	菜田	果园	苗木花卉
平均值（mg/kg）	64.64	51.16	47.13	50.38
样本容量	1 337	312	68	315
置信区间	42.75～86.54	33.19～69.12	27.59～66.67	26.10～74.66
变异系数（%）	35.0	35.2	41.4	36.4

由表 4-46 可知，不同种植制度土壤有效锰分布状况类似，四种不同种植制度耕地土壤有效锰含量均集中在大于 30 mg/kg 级别，粮田有

93.3%的耕地在 30 mg/kg 级别，菜田有 87.2%的耕地在 30 mg/kg 级别，果园有 80.9%的耕地在 30 mg/kg 级别，苗木花卉有 78.1%的耕地在30 mg/kg级别。

表 4-46　不同种植制度下土壤有效锰含量分布状况

级别	范围 (mg/kg)	粮田		菜田		果园		苗木花卉	
		面积 (hm²)	比例 (%)	面积 (hm²)	比例 (%)	面积 (hm²)	比例 (%)	面积 (hm²)	比例 (%)
1	>30	20 050.4	93.3	3 103.9	87.2	2 780.0	80.9	1 972.7	78.1
2	15～30	1 343.7	6.3	380.6	11.2	606.5	17.6	452.9	17.5
3	5～15	82.9	0.4	48.8	1.6	50.5	1.5	97.3	3.8
4	1～5	0.0	0.0	0.0	0.0	0.0	0.0	16.5	0.6
5	<1	0.0	0.0	0.0	0.0	0.0	0.0	0.0	0.0
合计		21 476.9	100.0	3 533.3	100.0	3 437.1	100.0	2 539.3	100.0

3. 不同土壤类型下耕层土壤有效锰含量状况

表 4-47　不同土壤类型土壤有效锰含量状况

	潮土	棕壤	水稻土	砂姜黑土
平均值 (mg/kg)	59.12	54.90	62.81	61.88
样本容量	1 043	250	356	383
置信区间	35.97～82.28	34.10～75.71	40.79～84.82	39.27～84.50
变异系数 (%)	39.2	37.9	35.1	36.5

水稻土土壤有效锰含量相对较高，平均含量为 62.81 mg/kg，含量高于 30 mg/kg 的耕地占 92.4%；砂姜黑土和潮土平均含量为 61.88 mg/kg 和 59.12 mg/kg；棕壤土壤有效锰含量相对较低，其平均含量为 54.90 mg/kg，含量高于 30 mg/kg 的耕地占 85.2%。四种不同土类的置信区间和变异系数见表 4-47。

表 4-48　不同土壤类型土壤有效锰含量分布状况

级别	范围 （mg/kg）	潮土		棕壤		水稻土		砂姜黑土	
		面积 （hm²）	比例 （%）	面积 （hm²）	比例 （%）	面积 （hm²）	比例 （%）	面积 （hm²）	比例 （%）
1	>30	13 561.8	89.2	4 205.0	85.2	4 858.9	92.4	5 088.2	91.1
2	15～30	1 472.9	9.7	651.5	13.2	354.5	6.7	408.2	7.3
3	5～15	160.4	1.1	79.0	1.6	44.3	0.8	72.9	1.3
4	1～5	14.6	0.1	0.0	0.0	0.0	0.0	14.6	0.3
5	<1	0.0	0.0	0.0	0.0	0.0	0.0	0.0	0.0
合计		15 209.7	100.0	4 935.5	100.0	5 257.7	100.0	5 583.9	100.0

三、土壤有效铜

（一）铜的营养作用及作物缺铜的症状

1. 铜的营养作用

铜参与光合作用的电子传递和光合磷酸化、呼吸代谢；铜可以影响植物根、枝、花等器官的分化和发育；铜对植物器官分化的影响主要是间接的，通过影响各种酶的含量和活性来调控营养物质的吸收以及植物体内生长物质的作用，进而影响器官分化。

2. 作物缺铜的症状

禾本科作物缺铜时，新叶呈灰绿色，卷曲、发黄。老叶在叶舌处弯曲或折断，叶尖枯萎，叶鞘下部有灰白色斑点，有时扩展成条纹，并易感染霉菌性病害。麦类缺铜发生顶端黄化病，新叶黄白化，质薄、扭曲，后期上位叶子卷成纸捻状。轻度缺铜，前期症状不明显，抽穗后因花粉败育而不实——穗而不实。豆类作物缺铜新叶失绿、卷曲。豌豆花由鲜艳的红褐色变为暗淡的漂白色。果树缺铜叶片失绿畸形，嫩枝弯曲下垂，树皮上出现水泡状皮疹，严重时发生顶梢枯死，称枝枯病或夏季顶枯病。

（二）土壤有效铜的含量状况

1. 耕层土壤有效铜含量总体状况

全区耕地土壤有效铜的平均含量为 2.82 mg/kg，标准差为 1.00 mg/kg，置信区间为 1.80~3.81 mg/kg，变异系数为 35.8％。全区耕地中，土壤有效铜含量高于 1.8 mg/kg 的耕地占总耕地面积的 87.2％，有效铜含量在 1.0~1.8 mg/kg 级别的耕地占 11.3％。这说明全区土壤有效铜含量较丰富。

表 4-49　土壤有效铜含量状况

级别	范围 （mg/kg）	样品个数 （个）	代表面积 （hm²）	占总耕地比例 （％）
1	>1.8	1 772	2 7035.1	87.2
2	1.0~1.8	229	3 493.8	11.3
3	0.2~1.0	28	427.2	1.4
4	0.1~0.2	2	30.5	0.1
5	<0.1	0	0.0	0.0
合计		2 031	30 986.7	100.0

2. 不同种植类型下耕层土壤有效铜含量状况

由表 4-50 可知，蔬菜田土壤有效铜含量相对较高，平均含量为 3.08 mg/kg；苗木花卉相对较低，平均含量为 2.54 mg/kg。

表 4-50　不同种植制度下土壤有效铜含量状况

	粮田	菜田	果园	苗木花卉
平均值（mg/kg）	2.81	3.08	2.70	2.54
样本容量	1 337	312	68	315
置信区间	1.93~3.69	1.76~4.40	1.51~3.91	1.52~3.56
变异系数（％）	31.4	42.8	44.3	40.1

由表 4-51 可知，不同种植制度土壤有效铜分布状况类似，四种不同种植制度耕地土壤有效铜含量均集中在大于 1.80 mg/kg 级别，粮田有 90.0％的耕地在 1.80 mg/kg 级别，菜田有 86.5％的耕地在 1.80 mg/kg 级别，果园有 75.0％的耕地在 1.8 mg/kg 级别，苗木花卉有 79.0％的

耕地在 1.80 mg/kg 级别。

表 4-51　不同种植制度下土壤有效铜含量分布状况

级别	范围(mg/kg)	粮田 面积(hm²)	比例(%)	菜田 面积(hm²)	比例(%)	果园 面积(hm²)	比例(%)	苗木花卉 面积(hm²)	比例(%)
1	>1.8	19 069.1	90.0	3 084.4	86.5	2 577.8	75.0	2 002.3	79.0
2	1.0~1.8	2 186.5	9.1	351.3	10.9	808.7	23.5	471.9	18.4
3	0.2~1.0	221.3	1.0	87.9	2.2	50.5	1.5	57.3	2.2
4	0.1~0.2	0.0	0.0	9.7	0.3	0.0	0.0	7.8	0.3
5	<0.1	0.0	0.0	0.0	0.0	0.0	0.0	0.0	0.0
合计		21 476.9	100.0	3 533.3	100.0	3 437.1	100.0	2 539.3	100.0

3. 不同土壤类型下耕层土壤有效铜含量状况

由表 4-52 可知，潮土、砂姜黑土、水稻土土壤有效铜含量相对较高，平均含量分别为 2.81 mg/kg、2.82 mg/kg 和 2.90 mg/kg；棕壤土壤有效铜含量相对较低，平均含量为 2.64 mg/kg。四种不同土壤类型土壤有效铜的置信区间和变异系数如表 4-52。

表 4-52　不同土壤类型土壤有效铜含量状况

	潮土	棕壤	水稻土	砂姜黑土
平均值（mg/kg）	2.81	2.64	2.90	2.82
样本容量	1 043	250	356	383
置信区间	1.79~3.82	1.52~3.76	2.05~3.76	1.80~3.84
变异系数（%）	36.1	42.5	29.4	36.1

由表 4-53 可知，不同土壤类型土壤有效铜分布状况类似，四种不同种植制度耕地土壤有效铜含量均集中在大于 1.80 mg/kg 级别。

表 4-53　不同土壤类型土壤有效铜含量分布状况

级别	范围 （mg/kg）	潮土 面积 （hm²）	潮土 比例 （%）	棕壤 面积 （hm²）	棕壤 比例 （%）	水稻土 面积 （hm²）	水稻土 比例 （%）	砂姜黑土 面积 （hm²）	砂姜黑土 比例 （%）
1	>1.8	13 255.6	87.2	3 968.1	80.4	4 799.9	91.3	4 927.8	88.3
2	1.0~1.8	1 735.3	11.4	829.1	16.8	413.5	7.9	583.2	10.4
3	0.2~1.0	204.1	1.3	118.5	2.4	44.3	0.8	72.9	1.3
4	0.1~0.2	14.6	0.1	19.7	0.4	0.0	0.0	0.0	0.0
5	<0.1	0.0	0.0	0.0	0.0	0.0	0.0	0.0	0.0
合计		15 209.7	100.0	4 935.5	100.0	5 257.7	100.0	5 583.9	100.0

四、土壤有效锌

（一）土壤有效锌营养作用及作物缺锌时的症状

1. 土壤有效锌的营养作用

锌在植物体内主要是作为酶的金属活化剂。最早发现的含锌金属酶是碳酸酐酶，这种酶在植物体内分布很广，主要存在于叶绿体中。它催化二氧化碳的水合作用，促进光合作用中二氧化碳的固定，缺锌使碳酸酐酶的活性降低。因此，锌对碳水化合物的形成是重要的。锌在植物体内还参与生长素（吲哚乙酸）的合成。

2. 作物缺锌的症状

缺锌时，植物体内的生长素含量有所降低，生长发育出现停滞状态，茎节缩短，植株矮小，叶片扩展伸长受到阻滞，形成小叶，并呈叶簇状。叶脉间出现淡绿色、黄色或白色锈斑，特别在老叶上。在田间，可见植物高低不齐，成熟期推迟，果实发育不良。在我国已报道缺锌的植物有水稻的"稻缩苗"、"僵苗"、"坐蔸"，苹果等果树的"小叶病"等。

（二）土壤有效锌的含量状况

1. 耕层土壤有效锌含量总体状况

全区耕地土壤有效锌的平均含量为 1.00 mg/kg，标准差为 0.74 mg/kg，置信区间为 0.26～1.73 mg/kg，变异系数为 73.7%。全区耕地中，土壤有效锌平均含量在 1～3 mg/kg 级别的占 32.3%，在 0.5～1 mg/kg 级别的耕地占全区耕地总面积的 45.1%，低于 0.3 mg/kg 占 11.3%。

表 4－54　土壤有效锌含量状况

级别	范围 （mg/kg）	样品个数 （个）	代表面积 （hm²）	占总耕地比例 （%）
1	＞3	48	732.3	2.4
2	1～3	656	10 008.5	32.3
3	0.5～1	915	13 960.0	45.1
4	0.3～0.5	182	2 776.7	9.0
5	＜0.3	230	3 509.1	11.3
合计		2 031	30 986.7	100.0

2. 不同种植类型下耕层土壤有效锌含量状况

由表 4－55 可知，菜田土壤有效锌含量较高，平均值为 1.49 mg/kg，较全区平均值高 49%，粮田、果园、苗木花卉相对较低。四种不同种植制度土壤有效锌置信区间和变异系数见表 4－55。

表 4－55　不同种植制度下土壤有效锌含量状况

	粮田	菜田	果园	苗木花卉
平均值（mg/kg）	0.91	1.49	0.91	0.89
样本容量	1 337	312	68	315
置信区间	0.29～1.53	0.56～2.42	0.18～1.64	0.11～1.67
变异系数（%）	68.0	62.3	80.6	87.5

由表 4－56 可知，菜田土壤有效锌含量多集中在 1～3 mg/kg，占菜田的 56.1%；粮田土壤有效锌含量多集中在 0.5～1 mg/kg，占粮田的 53.2%；果园、苗木花卉土壤有效锌含量多集中在 1～3 mg/kg 和

0.5～1 mg/kg 两个级别。

表 4-56 不同种植制度下土壤有效锌含量分布状况

级别	范围 (mg/kg)	粮田		菜田		果园		苗木花卉	
		面积 (hm²)	比例 (%)	面积 (hm²)	比例 (%)	面积 (hm²)	比例 (%)	面积 (hm²)	比例 (%)
1	＞3	346.2	1.5	273.4	6.4	0.0	0.0	62.5	2.5
2	1～3	6 483.4	27.8	1 981.4	56.1	1 179.9	33.8	689.7	27.3
3	0.5～1	11 075.0	53.2	780.7	23.7	974.7	27.9	898.4	35.2
4	0.3～0.5	1 497.5	7.9	214.7	6.4	461.7	13.2	371.9	14.6
5	＜0.3	2 074.8	9.6	283.1	7.4	820.8	23.5	516.9	20.3
合计		21 476.9	100.0	3 533.4	100.0	3 437.1	98.5	2 539.3	100.0

3. 不同土壤类型下耕层土壤有效锌含量状况

砂姜黑土土壤有效锌平均含量较其他几种土类高，其平均含量为 1.12 mg/kg；棕壤和潮土平均含量为 1.10 mg/kg 和 0.99 mg/kg；水稻土有效锌含量最低，其平均含量为 0.81 mg/kg。置信区间和变异系数见表 4-57。

表 4-57 不同土壤类型土壤有效锌含量状况

	潮土	棕壤	水稻土	砂姜黑土
平均值（mg/kg）	0.99	1.10	0.81	1.12
样本容量	1 043	250	356	383
置信区间	0.20～1.78	0.36～1.84	0.31～1.31	0.39～1.85
变异系数（%）	79.4	66.9	62.0	65.3

由表 4-58 可知，62.4% 的水稻土土壤有效锌在 0.5～1 mg/kg 级别，大于 1.0 mg/kg 占 19.1%；潮土、棕壤、砂姜黑土土壤有效锌含量多集中在 1～3 mg/kg 和 0.5～1 mg/kg 两个级别。

表 4-58　不同土壤类型土壤有效锌含量状况

级别	范围 (mg/kg)	潮土		棕壤		水稻土		砂姜黑土	
		面积 (hm²)	比例 (%)	面积 (hm²)	比例 (%)	面积 (hm²)	比例 (%)	面积 (hm²)	比例 (%)
1	>3	467.1	3.1	138.2	2.8	0.0	0.0	131.2	2.3
2	1~3	4 743.9	31.2	2 112.4	42.8	1 004.3	19.1	2 274.4	40.7
3	0.5~1	6 291.1	41.4	1 895.2	38.4	3 278.7	62.4	2 420.1	43.3
4	0.3~0.5	1 620.2	10.7	276.4	5.6	516.9	9.8	291.6	5.2
5	<0.3	2 087.3	13.7	513.3	10.4	457.8	8.7	466.5	8.4
合计		15 209.7	100.0	4 935.5	100.0	5 257.7	100.0	5 583.9	100.0

五、土壤有效硼含量状况

(一) 硼的营养作用和作物缺硼的症状

1. 硼的营养作用

硼能促进植物生殖器官的生长发育；硼能促进碳水化合物的合成和运输；硼对蛋白质的合成有影响；硼对叶绿素的形成有影响。此外，硼对加强根瘤菌的固氮能力有良好的影响，如大豆喷硼肥不仅能提高产量，而且含油率也提高了，根瘤数都增加了。

2. 作物缺硼的症状

小麦缺硼时，花粉败育不能完成正常受粉；花生缺硼时植株幼茎粗短，表皮易破裂；叶缘出现锈色斑点，开花少，根粗短，根瘤虽多但无固氮作用。最明显的表现是种子"空心"，种子发育不全，两片子叶中间凹陷。大豆缺硼幼苗顶芽下卷，枯萎死亡，腋芽抽发畸形，老叶粗糙增厚。花生缺硼果针萎缩，荚果多为秕果。苹果缺硼新梢顶端萎缩，甚至枯死，细弱侧枝多量发生，类似"小叶症"，幼果表面水浸状褐斑、坏死、干缩硬化、凹陷、龟裂，称缩果病。蔬菜作物缺硼普遍，按主要症状归类：一是生长点萎缩死亡，叶片皱缩，扭曲畸形。多见于菠菜、结球白菜等。二是茎叶及叶柄开裂、粗短、硬脆。番茄叶柄及叶片主脉硬化、变脆。三是根菜类肉质根内部组织坏死变褐，木栓化，如萝卜等褐心病，也称褐色心腐病。四是果皮、果肉坏死木栓化，如黄瓜果实木栓化开裂、番茄表皮龟裂等。

（二）土壤有效硼的含量状况

1. 耕层土壤有效硼含量总体状况

土壤样品的检测结果显示，全区耕地土壤有效硼的平均含量为 0.25 mg/kg，标准差为 0.12 mg/kg，置信区间为 0.13～0.38 mg/kg，变异系数为 49.2%。全区耕地中，土壤有效硼含量低于 0.2 mg/kg 的占 38.0%，在 0.2～0.5 mg/kg 之间的占 58.9%。以上数据说明，全区土壤有效硼含量较缺乏。

表 4-59　土壤有效硼含量状况

级别	范围 （mg/kg）	样品个数 （个）	代表面积 （hm²）	占总耕地比例 （%）
1	>2.0	0	0.0	0.0
2	1.0～2.0	2	30.5	0.1
3	0.5～1.0	61	930.7	3.0
4	0.2～0.5	1 197	18 262.5	58.9
5	<0.2	771	11 763.0	38.0
合计		2 031	30 986.7	100.0

2. 不同种植类型下耕层土壤有效硼含量状况

由表 4-60 可知，不同种植类型下耕层土壤有效硼平均含量相差不大，且均有不同程度的缺乏。粮田、菜田、果园、苗木花卉有效硼平均含量分别为：0.25 mg/kg、0.26 mg/kg、0.25 mg/kg 和 0.25 mg/kg。置信区间和变异系数见表 4-60。

表 4-60　不同种植制度下土壤有效硼含量状况

	粮田	菜田	果园	苗木花卉
平均值（mg/kg）	0.25	0.26	0.26	0.25
样本容量	1 337	312	68	315
置信区间	0.13～0.38	0.14～0.38	0.15～0.37	0.11～0.40
变异系数（%）	49.0	44.8	40.5	55.7

由表 4-61 可知，不同种植类型下耕层土壤有效硼含量分布状况类似，含量均集中在 0.2～0.5 mg/kg 和小于 0.2 mg/kg 级别。

表 4-61　不同种植制度下土壤有效硼含量分布状况

级别	范围 (mg/kg)	粮田 面积 (hm²)	比例 (%)	菜田 面积 (hm²)	比例 (%)	果园 面积 (hm²)	比例 (%)	苗木花卉 面积 (hm²)	比例 (%)
1	>2.0	0.0	0.0	0.0	0.0	0.0	0.0	0.0	0.0
2	1.0～2.0	13.6	0.1	0.0	0.0	0.0	0.0	8.7	0.3
3	0.5～1.0	704.9	3.1	185.6	3.5	51.3	1.5	57.3	2.2
4	0.2～0.5	13 619.3	63.4	2 244.7	66.0	2 513.7	73.1	1 609.1	63.2
5	<0.2	7 139.0	33.4	1 103.0	30.4	872.1	25.4	864.2	34.3
合计		21 476.9	100.0	3 533.3	100.0	3 437.1	100.0	2 539.3	100.0

3. 不同土壤类型下耕层土壤有效硼含量状况

不同土壤类型下耕层土壤有效硼平均含量相差不大，砂姜黑土较其他几种土类高，平均含量为 0.26 mg/kg，棕壤、水稻土、潮土土壤有效硼含量均为 0.25 mg/kg。

表 4-62　不同土壤类型土壤有效硼含量状况

	潮土	棕壤	水稻土	砂姜黑土
平均值（mg/kg）	0.25	0.25	0.25	0.26
样本容量	1 043	250	356	383
置信区间	0.12～0.38	0.13～0.38	0.14～0.36	0.13～0.39
变异系数（%）	50.7	50.0	43.1	49.6

由表 4-63 可知，不同土壤类型下耕层土壤有效硼含量分布状况类似，含量均集中在 0.2～0.5 mg/kg 和小于 0.2 mg/kg 级别。

表 4-63 不同土壤类型土壤有效硼含量分布状况

级别	范围(mg/kg)	潮土 面积(hm²)	潮土 比例(%)	棕壤 面积(hm²)	棕壤 比例(%)	水稻土 面积(hm²)	水稻土 比例(%)	砂姜黑土 面积(hm²)	砂姜黑土 比例(%)
1	>2.0	0.0	0.0	0.0	0.0	0.0	0.0	0.0	0.0
2	1.0~2.0	29.2	0.2	0.0	0.0	0.0	0.0	0.0	0.0
3	0.5~1.0	394.1	2.6	157.9	3.2	88.6	1.7	291.6	5.2
4	0.2~0.5	9 808.9	64.5	3 198.2	64.8	3 367.3	64.0	3 499.0	62.7
5	<0.2	4 977.5	32.7	1 579.5	32.0	1 801.8	34.3	1 793.3	32.1
合计		15 209.7	100.0	4 935.5	100.0	5 257.7	100.0	5 583.9	100.0

六、土壤有效钼

（一）土壤有效钼的营养作用及作物缺钼的症状

1. 钼的营养作用

钼促进生物固氮，根瘤菌、固氮菌固定空气中的游离氮素，需要钼黄素蛋白酶参加，而钼是钼黄素蛋白酶的成分之一；钼能促进氮素代谢，钼作为作物体内硝酸还原酶的成分，参与硝酸态氮的还原过程；钼能增强光合作用，有利于提高叶绿素的含量与稳定性，保证光合作用的正常进行；钼有利于糖类的形成与转化，改善碳水化合物。此外，钼还能增强作物的抗旱、抗寒、抗病能力。

2. 作物缺钼的症状

植株缺钼所呈现的症状有两种类型：一种为脉间叶色变淡、发黄，叶片易出现斑点，边缘发生焦枯并向内卷曲，并由于组织失水而呈萎蔫。一般老叶先出现症状，新叶在相当长时间内仍表现正常。定型叶片有的尖端有灰色、褐色或坏死斑点，叶柄和叶脉干枯。另一种类型为十字花科作物，叶片瘦长畸形，螺旋状扭曲，老叶变厚、焦枯。

（二）土壤有效钼的含量状况

1. 耕层土壤有效钼含量总体状况

2006 年共测定有效钼样品 400 个。检测结果显示，全区耕地土壤有效钼的平均含量为 0.054 mg/kg，标准差为 0.042 mg/kg，置信区间为 0.012~0.106 mg/kg，变异系数为 0.77.8%。全区耕地中，土壤有效钼小于 0.1 mg/kg 的耕地占 89.5%，0.1~0.15 mg/kg 的占 8.0%。以上数据说明，河东区耕地土壤有效钼含量缺乏严重。

表 4-64　土壤有效钼含量状况

级别	范围 (mg/kg)	样品个数 (个)	代表面积 (hm²)	占总耕地比例 (%)
1	>0.3	1	77.5	0.3
2	0.2~0.3	1	77.5	0.3
3	0.15~0.2	8	619.7	2.0
4	0.1~0.15	32	2 478.9	8.0
5	<0.1	358	27 733.1	89.5
合计		400	30 986.7	100.0

第五节　土壤主要物理性状

一、土壤质地

土壤质地，也叫土壤机械组成，土壤中的各粒级土粒含量的比例，简单地说就是土壤的沙黏程度。从生产上看，表层壤质土（轻壤、中壤）质地适宜，宜耕作，保肥供肥能力都较强。河东区土壤土层质地较好，多为壤质土，黏土较少，但是沙土还有一定比例。沙土主要集中在北部汤头、刘店子。

从土壤类型来看，表层质地情况是：砂姜黑土、湿潮土较黏重；河潮土、潮棕壤质地适中，多为轻壤至中壤；棕壤性土质地较粗且有大量砾石。本区的沙土主要是水土流失造成的土壤侵蚀的结果。

从剖面上下来看，土壤质地一般是上轻下黏，这主要是土壤中细粒部分，特别是土壤黏粒淋溶淀积的结果，其中棕壤性土尤为突出。水稻土由于水耕水种，黏粒移动也十分明显，质地上轻下黏对保肥、保水有一定作用，但是若底层太黏重，也会影响作物根系下扎和水肥的上下运行。

表 4-65　不同土壤类型的主要质地类型（表层）

土壤类型	主要质地类型	土壤类型	主要质地类型
棕壤	轻壤、中壤	湿潮土	重壤、黏土
潮棕壤	中壤	砂姜黑土	重壤、黏土
棕壤性土	砾质沙土、沙质砾石土	水稻土	中壤、重壤
河潮土	轻壤、黏土		

对不良土壤质地改良，一是采取客土法，即沙掺黏、黏掺沙。对表层过沙或过黏的土壤可利用他处运来的沙石掺入黏土或黏土掺入沙土，以改变沙黏比例达到改良的目的。一般沙、黏比例 7∶3 为好，即逐年改良达到三成黏土七成沙的范围。这种方法简单有效，但必须有沙土或黏土来源、运输和人力物力条件。二是增施有机肥料。如施用堆肥、土杂肥等有机肥料，以及秸秆还田、种植绿肥等措施，增加土壤有机质，可以降低黏土的黏性，减少沙土的松散性，增加土壤良好的结构，改善其透气性，提高其保蓄性和养分含量。三是翻淤压沙、翻沙压淤。沙土表层下不深处的夹黏层，黏土表层下不深处有夹沙层的土壤，可以采取表土"大揭盖"的办法，把表土翻到一边，然后把下层的黏土或沙土翻到表层来，上下沙黏搅混掺和或采取逐年深耕的办法，达到调节土质的目的。

河东区土壤质地主要有沙土、沙壤土、轻壤土、中壤土、重壤土、黏土等六种类型。

沙土 1 138.6 hm^2，占耕地面积 3.7%。沙土主要分布在棕壤地区，主要分布在汤头街道、八湖镇和刘店子乡的岭地上。这类土壤沙石含量高、保肥保水能力差、土壤较贫瘠、不耐干旱。主要种植模式为一年一季、两年三季作物和一年两季，主要种植花生、小麦、玉米、地瓜和林果等。

沙壤土 7 917.7 hm^2，占总耕地面积的 25.5%。主要分布在汤头、刘店子、八湖等地。土壤通透性较强，但保水保肥能力弱。主要种植小麦、玉米、水稻作物。

轻壤土 10 619.3 hm²，占总耕地面积的 34.3%。轻壤面积大，分布范围较广，从北部汤头街道到南部重沟镇都有轻壤分布。轻壤耕性好，易于耕作，养分含量较高，保水保肥能力较强，小麦、玉米、水稻、大蒜、花生等作物都可以种植，产量较高。

中壤土 3 108.7 hm²，占总耕地面积的 10.0%。主要分布在中部太平街道、相公街道和南部凤凰岭街道。土壤耕性较好，保水保肥能力中，主要种植小麦、水稻、玉米、大豆等作物。

重壤土 4 509.5 hm²，占总耕地面积的 14.6%。主要分布在北部刘店子乡和南部的凤凰岭街道、相公街道也有零星分布。土壤湿、黏，不利于耕作。主要种植小麦、水稻、玉米作物。

黏土 3 692.9 hm²，占总耕地面积的 11.9%。主要分布在中部相公街道、太平街道和南部的凤凰岭街道。土质湿、黏、干、硬等，耕性较差，通透性不强，但其保水保肥能力较强，养分含量比较高。主要种植小麦、水稻、玉米、大豆作物。

表 4-66　不同质地类型耕地面积

土壤质地	样品个数（个）	耕地面积（hm²）	占总耕地百分数（%）
轻壤	1 418	10 619.3	34.3
沙壤	1 057	7 917.7	25.5
沙土	152	1 138.6	3.7
黏土	493	3 692.9	11.9
中壤	415	3 108.7	10.0
重壤	602	4 509.5	14.6
合计	4 137	30 986.7	100.0

二、土体构型

所谓土体构型就是土壤剖面中各土层的排列情况。一般以上轻下黏的土体构型对农业生产有利。上轻的表土层为壤质土，宜耕作，有利于供肥、使作物早发棵，下层的土壤稍黏重，有利于保水保肥。

剖面构型中不同部位的名称及标准："表"即表土或者耕层，指 0～20 cm 的土层；"心"即浅位，指 20～60 cm 的部位；"腰"即中位，指 60～100 cm 的部位；"底"即浅位，指大于 100 cm 的部位；"均质"即全剖面质地均一，包括表土。

土体构型中的夹层是指表土层与表土质地不同的冲夹层。对于障碍层或者夹层为沙层、黏层的，10～30 cm 为薄层，大于 30 cm 的为厚层；对于障碍层或夹层为砾石层、砂姜层的，小于 10 cm 为薄层，大于 10 cm 为厚层。

河东区土壤剖面中的主要障碍层有沙层、砾石层、黏层、砂姜层等。

河东区主要有薄层酥石棚、中层酥石棚、厚壤心、厚沙心、厚沙腰、厚黏腰、均质、黑土裸露、厚黑土心、厚心等 11 个不同土体构型。

表 4-67　不同土体构型耕地面积

土体构型	样品个数（个）	耕地面积（hm²）	占耕地百分数（%）
薄层酥石棚	147	1 101.1	3.6
中层酥石棚	317	2 374.6	7.7
厚壤心	123	921.3	3.0
厚沙心	159	1 191.0	3.8
厚沙腰	155	1 161.1	3.7
厚黏心	657	4 921.4	15.9
厚黏腰	637	4 771.6	15.4
均质	1 166	8 731.6	28.2
黑土裸露	715	5 355.9	17.3
厚黑土心	52	389.5	1.3
厚心	9	67.4	0.2
合计	4137	30 986.7	100

三、土壤结构

土壤结构是指土壤颗粒（包括团聚体）的排列与组合形式。土壤结构是成土过程或利用过程中由物理的、化学的和生物的多种因素综合作用而形成，按形状可分为块状、片状和柱状三大类型；按其大小、发育程度和稳定性等，再分为团粒、团块、块状、棱块状、棱柱状、柱状和片状等结构。观察土壤剖面中的结构类型，可大致判别土壤的成土过程。如具有团粒结构的剖面与生草过程有关；淀积层中有柱状或圆柱状结构则与碱化过程有关。土壤结构影响土壤中水、气、热以及养分的保持和移动，也直接影响植物根系的生长发育。改善土壤结构需根据不同土壤存在的结构问题，相应采用增施有机肥料、合理耕作、轮作、灌溉排水等措施。

土壤结构是土壤固相颗粒（包括团聚体）的大小及其空间排列的形式，不仅影响植物生长所需的土壤水分和养分的储量与供应能力，而且还左右土壤中气体交流、热量平衡、微生物活动及根系的延伸等。

表 4-68　不同土壤结构耕地面积

土壤结构	样品个数	耕地面积	占耕地比例（%）
块状	880	6 771.7	22
粒状	1 734	13 343.2	43
团粒状	1 322	10 172.9	33
微团粒	90	692.5	2

四、土壤容重

土壤容重是在自然条件下，单位体积内风干土的重量。土壤容重的大小与土壤的质地、孔隙度及有机质含量多少有密切的关系，测定容重能粗略判断上述各项大体情况。一般耕层土壤容重为 $1.10 \text{ g/cm}^3 \sim 1.35 \text{ g/cm}^3$ 为宜。

1979 年原临沂县土壤普查结果，河东区棕壤容重为 $1.30 \text{ g/cm}^3 \sim 1.65 \text{ g/cm}^3$，小于 1.35 g/cm^3 的占 26.6%，大于 1.35 g/cm^3 的占 73.4%；潮土容重为 $1.19 \text{ g/cm}^3 \sim 1.55 \text{ g/cm}^3$，小于 1.35 g/cm^3 的占 35.5%，大于 1.35 g/cm^3 的占 64.5%；水稻土为 $1.26 \text{ g/cm}^3 \sim 1.48 \text{ g/cm}^3$，小于

1.35 g/cm³的占32.6%，大于1.35 g/cm³的占67.4%；砂姜黑土容重为1.22 g/cm³～1.46 g/cm³，小于1.35 g/cm³的占59.3%，大于1.35 g/cm³的占40.7%。土壤耕层容重普遍偏大，土壤结构性差，通透性不良类型土壤所占面积比例较大。

为摸清河东区耕地土壤容重的现状，2008年我们分作物、分土类在全区采集了117个耕层土壤样品，测试分析了土壤容重。

测试结果显示：河东区各类土壤耕层容重为1.16 g/cm³～1.71 g/cm³，平均值为1.42 g/cm³。其中棕壤容重为1.24 g/cm³～1.65 g/cm³，平均1.52 g/cm³，小于1.35 g/cm³的占14.3%，大于1.35 g/cm³的占85.7%；潮土容重为1.16 g/cm³～1.61 g/cm³，平均1.39 g/cm³，小于1.35 g/cm³的占34.0%，大于1.35 g/cm³的占66.0%；水稻土为1.15 g/cm³～1.51 g/cm³，平均1.37 g/cm³，小于1.35 g/cm³的占38.7%，大于1.35 g/cm³的占61.3%；砂姜黑土容重为1.26 g/cm³～1.52 g/cm³，平均1.40 g/cm³，小于1.35 g/cm³的占25.0%，大于1.35 g/cm³的占75.0%。

与1979年土壤容重结果相比，棕壤、潮土、砂姜黑土土壤容重有不同程度的增加。其中棕壤容重大于1.35 g/cm³的棕壤面积比例增加了12.3%，潮土容重大于1.35 g/cm³的面积比例增加了1.5%，砂姜黑土容重大于1.35 g/cm³的面积比例增加了34.3%。主要原因是化学肥料长期大量投入和不合理的耕作制度，造成土壤结构性和通透性降低。水稻土容重大于1.35 g/cm³的面积比例较1979年减少了2.2%，究其原因可能是水旱轮作的种植制度有利于改善耕层土壤的物理性状，增加土壤通透性，降低土壤容重。

五、土壤孔隙度

土壤孔隙度即土壤孔隙占土壤总体积的百分比。孔隙度反映土壤孔隙状况和松紧程度。一般粗沙土孔隙度33%～35%，大孔隙较多。黏质土孔隙度为45%～60%，小孔隙多。壤土的孔隙度为55%～65%，大、小孔隙比例基本相当。全区共测定土壤孔隙度样品117个，潮土总空隙度平均为 48%，棕壤总空隙度平均为 42%，水稻土平均为 48%，砂姜黑土平均为 47%。

第六节　耕层土壤养分现状评价

一、不同种植制度土壤养分状况评价

（一）不同种植制度土壤养分状况

菜田有效磷、速效钾含量较高。菜田土壤有效磷平均含量为 123.8 mg/kg，较全区平均值高 78.4%；土壤速效钾平均含量为137 mg/kg，较全区平均值高 29.3%；土壤有效锌 1.49 mg/kg，较全区平均值高 49%；土壤有效铜平均含量为 3.07 mg/kg，较全区平均值高 8.9%；而土壤有机质、全氮、有效铁、有效锰含量均在全区平均值以下，土壤养分失衡。

粮田土壤 pH、有机质、全氮、有效铁、有效锰较全区平均值高，土壤有效磷、速效钾、有效锌较全区平均值稍低，但均无明显差异，养分相对较为均衡。

果园土壤酸化严重，养分含量低。酸性耕地（pH：4.5～5.5）占果园总面积的 41.2%。土壤有机质平均含量最低，平均值为 11.0 g/kg，比全区平均值低 35.3%。土壤全氮、碱解氮、有效磷、速效钾、有效锌、有效锰、有效铜均低于全区平均水平。

苗木花卉土壤有机质、全氮、碱解氮、有效锌、有效锰低于全区平均值，但差别不大。

（二）种植制度对土壤养分状况的影响

不同种植制度影响土壤养分变化。近年来，秸秆还田在河东区小麦、水稻和玉米地上得到大面积的推广，秸秆还田技术的应用大幅提高了粮田有机质的含量。有机质的提高，有效改良了耕层土壤理化性状，使粮田的土壤养分性状相对其他种植制度较为均衡。

肥料的过量施用是蔬菜种植中普遍存在的一个问题。化肥的过量施用导致磷、钾素在土壤中逐年积累，造成土壤养分失去平衡，土壤结构破坏，土壤状况恶化。统计结果显示，蔬菜土壤有效磷平均含量较全区平均值高78.4%，土壤速效钾含量较全区平均值高29.3%，而土壤氮素和全区平均值相差不大。

由样品检测结果可知，全区耕地有效锌总体属中等水平，但果园有效锌含量中等偏下，相对较为缺乏。果园中有23.9%的耕地有效锌低于0.3 mg/kg，而缺锌是果树生产中常见的生理病害，应及时增施锌肥。

此外，全区土壤有效硼、有效钼普遍缺乏，在今后施肥中，应及时增施硼肥、钼肥，以免影响作物产量。

二、不同土壤类型土壤养分状况评价

（一）不同土壤类型土壤养分状况

棕壤土壤酸化现象严重，养分含量低。棕壤土壤pH值为5.80。其中38.8%耕地呈微酸性（5.5～6.5），38.7%呈酸性（4.5～5.5）。有机质、全氮、全钾、速效钾、有效铁、有效铜含量均低于全区平均值，有效磷含量较其他土种稍高。

水稻土总体呈微酸性，有机质含量高，有效磷较其他土种低，其他养分含量与全区平均值差别不大，养分相对均衡。

砂姜黑土养分含量较高，土壤有机质、碱解氮、全氮、速效钾、有效锌、有效锰平均含量均较其他土类高。

与其他土类相比，潮土中各营养元素含量较为均衡，没有出现明显的过高或过低现象，其土壤各养分含量的平均值与全区平均值相近。

（二）土壤类型对土壤养分的影响

棕壤的成土母质主要是花岗岩、片麻岩等酸性岩类风化搬运而形成的坡积物、洪积冲积物和冲积物。棕壤的形成是淋溶、黏化、生物积累和人为耕作的综合作用。成土条件和成土过程决定了棕壤为微酸和酸性的性质。潮土、水稻土和砂姜黑土均属于石灰性土壤，其土壤中含有的碳酸钙对土壤酸化起到一定的缓冲作用，因此潮土、水稻土和砂姜黑土的土壤都没有表现出酸化的趋势。此外，水稻土主要种植的是水稻，大量的灌水有利于水稻田 pH 值稳定在中性稍偏酸的范围。

土壤 pH 值状况影响土壤的矿化和作物对营养元素的吸收。砂姜黑土 pH 值较其他类型土壤高，速效钾的含量较其他类型土壤高；而棕壤 pH 较其他类型土壤低，速效钾的含量也较其他类型土壤低；水稻土中有效磷含量，较其他土壤类型低，其主要原因可能是水稻种植过程中大量的灌水冲走了过量的磷。

砂姜黑土土壤养分含量相对较高，其有机质含量、全氮含量、碱解氮、速效钾以及微量元素锌、锰含量均比其他土类高，究其原因可能是砂姜黑土的土壤通透性差，黏重的砂姜层阻碍了养分向深层渗透，使耕层土壤养分积累。

三、土壤养分总体状况

目前全区土壤养分总体状况为：有机质含量较高，土壤部分酸化，氮素中等，多数耕地缺钾，磷素普遍偏高，微量元素铁、锰、铜、锌、钙、镁较丰富，硼、钼缺乏。不同种植模式和土壤类型的养分含量有明显差异，养分分布不平衡。

第七节 土壤养分变化趋势分析

河东区最近一次土壤普查是在 1979 年，当时的土壤养分总体情况为：严重缺磷，普遍缺钾，氮素不足，有机质偏低，氮磷钾比例失调。

1979 年河东区耕地有机质含量平均为 12.2 g/kg，含量大于 20 g/kg 的占 3.14%，10～20 g/kg 之间的占 66.68%，低于 10 g/kg 的占将近 30%。而 2006 年数据显示，河东区耕地土壤有机质平均含量为 17.0 g/kg，比 1979 年增加了 39.18%（如图 4-1），含量大于 20 g/kg 的占 24.38%，10～20 g/kg 之间的占 68.63%，低于 10 g/kg 不足 10%。近年来，秸秆还田技术逐步被群众接受，秸秆还田技术的应用在一定程度上增加了河东区耕地土壤有机质的含量。此外，随着河东区农民对有机肥认识的不断提高，有机肥施用量也在逐年增加，增施有机肥可直接提高土壤有机质含量。目前，河东区土壤有机质平均含量已经达到较高水平，但是还有个别种植制度有机质含量相对较为缺乏。例如，果园的有机质平均含量仅为 11.4 g/kg，有近 40％的果园土壤有机质处在缺乏的状态。其原因可能是河东区果园多地处河滩和丘陵薄地，这部分土壤比较贫瘠，有机质含量低，而种植过程中有机肥施用较少。很多研究表明，土壤有机质含量与果实的风味和品质密切相关，今后在生产中可采取增施有机肥、果园覆草等措施提高土壤有机质含量。

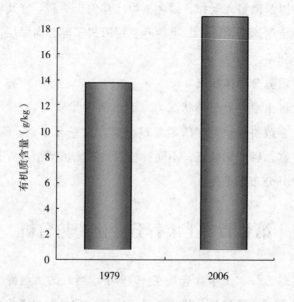

图 4-1 土壤有机质变化

1979 年，河东区碱解氮含量平均为 62 mg/kg，含量大于 90 mg/kg 的占 24％，低于 90 mg/kg 的占 76％。而 2006 年土壤分析结果显示，碱解氮平均含量为 89 mg/kg，比 1979 年增加了 45.54％（如图 4-2），含量大于 90 mg/kg 的占 44.55％，低于 90 mg/kg 的占 55.45％。土壤碱解氮提高的原因主要是氮肥使用量的增加，尤其是尿素、碳酸氢铵、磷酸二铵和复合肥等易溶肥料的使用，加快了土壤氮素的积累。

1979 年河东区有效磷含量平均为 5.4 mg/kg，土壤有效磷含量在 3

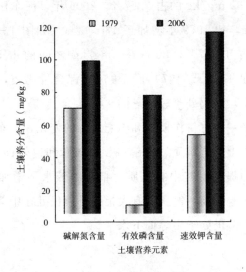

图 4-2　土壤养分变化

～10 mg/kg 之间的占 82.75％，10～20 mg/kg 之间的占 4.62％，低于 3 mg/kg的占 12.63％，土壤有效磷处在严重缺乏的状态。而 2006 年的数据显示，河东区土壤有效磷平均含量为 69.4 mg/kg，比 1979 年增加了近 12 倍（如图 4-2）。含量大于 20 mg/kg 的耕地占总耕地面积的 94.21％，10～20 mg/kg 之间的占 3.33％，低于 10 mg/kg 的不足 1％。1979 年土壤普查时，技术人员根据河东区土壤严重缺磷的状况，提出了在生产中增施磷肥的改良措施，并在增产增收方面起到良好的效果。但随着磷肥的大量甚至过量使用，特别是近几年高浓度三元素复合肥的大量施用，河东区土壤有效磷已经相对过剩。调查显示，种植小麦、水稻等作物时农民习惯施肥量为 7～10 kg 纯磷每 667 m²，大蒜地 15 kg 以上。此外，由于河东区耕地中石灰性土壤面积较大，土壤中钙、镁、铁等离子含量较高，土壤中过量的磷素很容易与钙、镁、铁等元素结合成稳定化合物被固定。一方面土壤过量磷肥逐年增加，另一方面过量的磷素被固定不容易被吸收利用，最终造成了土壤有效磷偏高。

　　1979 年，河东区土壤速效钾含量平均为 46 mg/kg，处于缺乏状态。含量大于 100 mg/kg 的仅占 1.45％，30～100 mg/kg 之间的约占

88.87％，低于 30 mg/kg 的占 9.67％。2006 年，河东区速效钾平均含量为 106 mg/kg，比 1979 年增加了 130.43％（如图 4 - 2）。含量大于100 mg/kg 的占 46.17％，30～100 mg/kg 之间的占 53.80％，低于30 mg/kg的不足 1％。与 1979 年土壤速效钾含量比较，土壤速效钾含量水平大幅提高，但仍处于较缺乏的水平。

二十多年来，随着耕作模式和施肥观念的变化，河东区土壤状况发生了较大变化。土壤有机质、碱解氮、有效磷和速效钾含量较 1979 年都有不同程度的提高，其中有机质含量由中低水平增加到中等偏高水平，磷素含量普遍偏高，氮含量有大幅提升但仍处在中等水平，钾素尽管有较大提高，但仍处于中等偏下水平。

第五章

耕地地力评价

　　耕地是土地的精华，是农业生产不可替代的重要生产资料，是保持社会和国民经济可持续发展的重要资源。保护耕地是我们的基本国策之一，因此，及时掌握耕地资源的数量、质量及其变化对于合理规划和利用耕地，切实保护耕地有十分重要的意义。在全面的野外调查和室内化验分析，获取大量耕地地力相关信息的基础上，我们进行了耕地地力的综合评价。评价结果对于摸清全区耕地地力的现状及问题，为耕地资源的高效和可持续利用提供了重要的科学依据。

第一节　评价的原则、依据及流程

一、评价的原则、依据

（一）评价的原则

　　耕地地力就是耕地的生产能力，是在一定区域内一定的土壤类型上，耕地的土壤理化性状、所处自然环境条件、农田基础设施及耕作施肥管理水平等因素的总和。根据评价的目的，在本次耕地地力评价中，我们遵循的基本原则是：

1. 综合因素研究与主导因素分析相结合的原则

土地是一个自然经济综合体，是人们利用的对象。对土地质量的鉴定涉及自然和社会经济多个方面，耕地地力也是各类要素的综合体现。所谓综合因素研究是指对地形地貌、土壤理化性状、相关社会经济因素之总体进行全面的研究、分析与评价，以全面了解耕地地力状况。主导因素是指对耕地地力起决定作用的、相对稳定的因子，在评价中要着重对其进行研究分析。因此，把综合因素与主导因素结合起来进行评价则可以对耕地地力作出科学准确的评定。

2. 共性评价与专题研究相结合的原则

河东区耕地利用存在菜地、农田等多种类型，土壤理化性状、环境条件、管理水平等不一，因此耕地地力水平有较大的差异。考虑区内耕地地力的系统性、可比性，针对不同的耕地利用等状况，应选用统一的共同的评价指标和标准，即耕地地力的评价不针对某一特定的利用类型。另一方面，为了了解不同利用类型的耕地地力状况及其内部的差异情况，则对有代表性的主要类型如蔬菜地等进行专题研究。这样，共性的评价与专题研究相结合，使整个的评价和研究具有更大的应用价值。

3. 定量和定性相结合的原则

土地系统是一个复杂的灰色系统，定量和定性要素共存，相互作用，相互影响。因此，为了保证评价结果的客观合理，宜采用定量和定性评价相结合的方法。在总体上，为了保证评价结果的客观合理，尽量采用定量评价方法，对可定量化的评价因子，如有机质等养分含量、土层厚度等按其数值参与计算，对非数量化的定性因子，如土壤表层质地、土体构型等则进行量化处理，确定其相应的指数，并建立评价数据库，以计算机进行运算和处理，尽量避免人为随意性因素影响。在评价因素筛选、权重确定、评价标准、等级确定等评价过程中，尽量采用定量化的数学模型，在此基础上则充分运用人工智能和专家知识，对评价的中间过程和评价结果进行必要的定性调整，定量与定性相结合，从而保证了评价结果的准确合理。

4. 采用卫星遥感和 GIS 支持的自动化评价方法的原则

自动化、定量化的土地评价技术方法是当前土地评价的重要方向之一。近年来，随着计算机技术，特别是 GIS 技术在土地评价中的不断应用和发展，基于 GIS 技术进行自动定量化评价的方法已不断成熟，使土地评价的精度和效率大大提高。本次的耕地地力评价工作将采用最新SPOT5 卫星遥感数据提取和更新耕地资源现状信息，通过数据库建立、评价模型及其与 GIS 空间叠加等分析模型的结合，实现了全数字化、自动化的评价流程，在一定程度上代表了当前土地评价的最新技术方法。

（二）评价的依据

耕地地力是耕地本身的生产能力，因此耕地地力的评价则依据与此相关的各类自然和社会经济要素。具体包括三个方面：

1. 耕地地力的自然环境要素

包括耕地所处的地形地貌条件、水文地质条件、成土母质条件以及土地利用状况等。

2. 耕地地力的土壤理化要素

包括土壤剖面与土体构型、耕层厚度、质地、容重等物理性状，有机质、N、P、K 等主要养分，微量元素、pH 值、交换量等化学性状等。

3. 耕地地力的农田基础设施条件

包括耕地的灌排条件、水土保持工程建设、培肥管理条件等。

二、评价流程

整个评价可分为三个方面的主要内容，按先后的次序分别为：

1. 资料工具准备及数据库建立。即根据评价的目的、任务、范围、方法，收集准备与评价有关的各类自然及社会经济资料，进行资料的分析处理。选择适宜的计算机硬件和 GIS 等分析软件，建立耕地地力评价基础数据库。

2. 耕地地力评价。划分评价单元，提取影响地力的关键因素并确定权重，选择相应评价方法，制定评价标准，确定耕地地力等级。

3. 评价结果分析。依据评价结果，量算各等级耕地面积，编制耕地地力分布图。分析耕地地力问题，提出耕地资源可持续利用的措施建议。

评价的工作流程如图 5-1 所示。

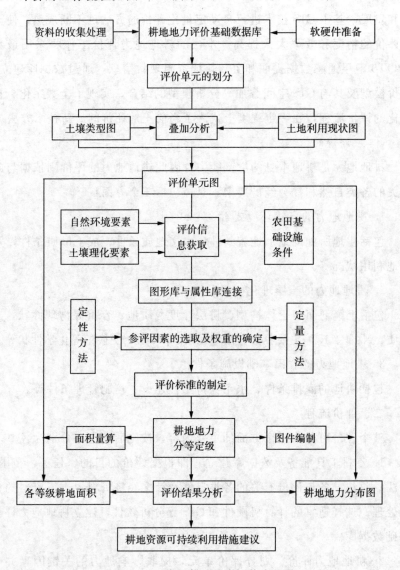

图 5-1 河东区耕地地力评价流程图

第二节　软硬件准备、资料收集处理及
基础数据库的建立

一、软硬件准备

（一）硬件准备

主要包括高档微机、A0 幅面数字化仪、A0 幅面扫描仪、喷墨绘图仪等。微机主要用于数据和图件的处理分析，数字化仪、扫描仪用于图件的输入，喷墨绘图仪用于成果图的输出。

（二）软件准备

一是 WINDOWS 操作系统软件，其次是 FOXPRO 数据库管理、SPSS 数据统计分析 ACCESS 数据管理系统等应用软件，再次是 MAPGIS、ARCVIEW、ARCMAP 等 GIS 软件。

二、资料收集处理

（一）资料的收集

耕地地力评价是以耕地的各性状要素为基础，因此必须广泛地收集与评价有关的各类自然和社会经济因素资料，为评价工作做好数据的准备。本次耕地地力评价我们收集获取的资料主要包括以下几个方面：

1. 野外调查资料

按野外调查点获取，主要包括地形地貌、土壤母质、水文、土层厚度、表层质地、耕地利用现状、灌排条件、作物长势产量、管理措施水平等。

2. 室内化验分析资料

包括有机质、全氮、速效氮、全磷、速效磷、速效钾等大量养分含量，交换性钙、镁等中量养分含量，有效锌、硼、钼等微量养分含量，以及 pH 值、土壤污染元素含量等。

3. 社会经济统计资料

以行政区划为基本单位的人口、土地面积、作物及蔬菜瓜果面积，以及各类投入产出等社会经济指标数据。

4. 基础及专题图件资料

1∶5万比例尺地形图、行政区划图、土地利用现状图、地貌图、土壤图等。

(二) 资料的处理

获取的评价资料可以分为定量和定性资料两大部分。为了采用定量化的评价方法和自动化的评价手段，减少人为因素的影响，需要对其中的定性因素进行定量化处理，根据因素的级别状况赋予其相应的分值或数值。除此，对于各类养分等按调查点获取的数据，则需要进行插值处理，生成各类养分图。

1. 定性因素的量化处理

土壤表层质地：考虑不同质地类型的土壤肥力特征，以及与植物生长发育的关系，赋予不同质地类别以相应的分值。见表 5-1。

表 5-1 土壤表层质地的量化处理

质地类别	中壤	轻壤	重壤	沙壤	沙土
分值	100	95	80	70	55

土体构型：首先以土层质地类别和其在土体中的部位对各类土体构型进行归纳。根据不同的土体构型对植物生长发育的影响，赋予不同土体构型以相应的分值。见表 5-2。

表 5-2 土体构型的量化处理

土体构型	中壤均质	中壤黏腰	轻壤黏腰	轻壤均质	中壤黏心	中壤砂姜腰	中壤沙腰	重壤均质	轻壤沙心	沙壤沙心	中层	薄层
分值	100	95	95	90	85	85	80	60	60	50	30	10

地貌类型：根据不同的地貌类型对耕地地力及作物生长的影响，赋予其相应的分值。见表 5-3。

表 5-3 地貌类型的量化处理

地貌类型	缓平坡地	山前倾斜平地	山前缓平地	缓岗	浅平洼地	槽状洼地	河谷高地	河漫滩	河谷梯田	近山阶地	坡麓梯田	荒坡岭
分值	100	97	95	93	90	87	84	80	60	40	20	10

障碍状况：考虑影响河东区耕地地力的主要障碍状况，将其障碍状况归纳为不同的类型，并根据其对耕地地力的影响程度进行量化处理。见表 5-4。

表 5-4 障碍状况的量化处理

障碍状况	无障碍	浅黏	夹沙或砂姜	砾质	石渣土
分值	100	90	80	60	40

2. 各类养分专题图层的生成

对于土壤有机质、氮、磷、钾、锌、硼、钼等养分数据，我们首先按照野外实际调查点进行整理，建立了以各养分为字段，以调查点为记录的数据库。之后，进行了土壤采样样点图与分析数据库的连接，在此基础上对各养分数据进行自动的插值处理。

我们对比了分别在 MapGIS 和 ArcView 环境中的插值结果，发现 ArcView 环境中的插值结果线条更为自然圆滑，符合实际。因此，本研究中所有养分采样点数据均在 ArcView 环境下操作，利用其空间分析模块功能对各养分数据进行自动的插值处理，经编辑处理，自动生成各土壤养分专题栅格图层。后续的耕地地力评价也以栅格形式进行，与矢量形式相比，能够将各评价要素信息精确到栅格（像元）水平，保证了评价结果的准确。图 5-2、图 5-3 为在 ArcView 下插值生成的河东区土壤有机质、全氮含量分布栅格图。

3. 河东区数字高程模型和坡度图的生成

利用河东区 1：5 万地形图，扫描输入后进行矢量化，获得等高线及高程信息，自动插值生成河东区数字高程模型（DEM），在此基础上生成河东区地形坡度，经编辑处理后形成坡度图和三维地势图。见图 5-4。

图 5-2　河东区土壤有机质含量栅格图

图 5-3　河东区土壤全氮含量栅格图

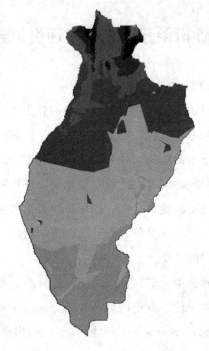

图 5 - 4　河东区三维地势图

三、基础数据库的建立

（一）基础属性数据库建立

为更好地对数据进行管理和为后续工作提供方便，将采样点基本情况信息、农业生产情况信息、土壤理化性状化验分析数据、土壤污染元素化验分析数据等信息以调查点为基本数据库记录进行属性数据库的建立，作为后续耕地地力评价工作的基础。

（二）基础专题图图形库建立

将扫描矢量化及插值等处理生成的各类专题图件，在 ArcView 和 MapGIS 软件的支持下，分别以栅格形式和点、线、区文件的形式进行存储和管理，同时将所有图件统一转换到相同的地理坐标系统下，以进行图件的叠加等空间操作。各专题图图斑属性信息通过键盘交互式输入或通过与属性库挂接读取，构成基本专题图图形数据库。图形库与基础属性库之间通过调查点相互连接。

第三节　评价单元的划分及评价信息的提取

一、评价单元的划分

评价单元是由对土地质量具有关键影响的各土地要素组成的空间实体，是土地评价的最基本单位、对象和基础图斑。同一评价单元内的土地自然基本条件、土地的个体属性和经济属性基本一致，不同土地评价单元之间，既有差异性，又有可比性。耕地地力评价就是要通过对每个评价单元的评价，确定其地力级别，把评价结果落实到实地和编绘的土地资源图上。因此，土地评价单元划分的合理与否，直接关系到土地评价的结果以及工作量的大小。

目前，对土地评价单元的划分尚无统一的标准，有土壤类型、土地利用类型、行政区划单位、方里网等多种划分标准。本次河东区耕地地力评价土地评价单元的划分采用土壤图、土地利用现状图的叠置划分法。相同土壤单元及土地利用现状类型的地块组成一个评价单元，即"土地利用现状类型—土壤类型"的格式。其中，土壤类型划分到土种，土地利用现状类型划分到二级利用类型，制图区界以基于遥感影像的河东区最新土地利用现状图为准。为了保证土地利用现状的现实性，基于野外的实地调查对耕地利用现状进行了修正，其中菜地进行了进一步的细分，到三级类型。同一评价单元内的土壤类型相同，利用方式相同，交通、水利、经营管理方式等基本一致。用这种方法划分评价单元可以反映单元之间的空间差异性，即使土地利用类型有了土壤基本性质的均一性，又使土壤类型有了确定的地域边界线，使评价结果更具综合性、客观性，可以较容易地将评价结果落实到实地。

通过图件的叠置和检索，将河东区耕地地力划分为 3 802 个评价单元。

二、评价信息的提取

影响耕地地力的因子非常多，并且它们在计算机中的存贮方式也不相同，因此如何准确地获取各评价单元评价信息是评价中的重要一环。鉴于此，我们舍弃直接从键盘输入参评因子值的传统方式，采取将评价单元与各专题图件叠加采集各参评因素的信息。具体的做法是：a. 按唯一标识原则为评价单元编号；b. 在 ArcView 环境下生成评价信息空间库和属性数据库；c. 在 ArcMAP 环境下从图形库中调出各化学性状评价因子的专题图，与评价单元图进行叠加计算出各因子的均值；d. 保持评价单元几何形状不变，在耕地资源管理信息系统中直接对叠加后形成的图形的属性库进行"属性提取"操作，以评价单元为基本统计单位，按面积加权平均汇总评价单元立地条件评价因子的分值。由此，得到图形与属性相连的，以评价单元为基本单位的评价信息，为后续耕地地力的评价奠定了基础。

第四节　参评因素的选取及其权重确定

正确地进行参评因素的选取并确定其权重，是科学地评价耕地地力的前提，直接关系到评价结果的正确性、科学性和社会可接受性。

一、参评因素的选取

参评因素是指参与评定耕地地力等级的耕地的诸属性。影响耕地地力的因素很多，在本次河东区耕地地力评价中根据河东区的区域特点，遵循主导因素原则、差异性原则、稳定性原则、敏感性原则，采用定量和定性方法相结合，进行了参评因素的选取。

（一）系统聚类方法

系统聚类方法用于筛选影响耕地地力的理化性质等定量指标，通过聚类将类似的指标进行归并，辅助选取相对独立的主导因子。我们利用 SPSS 统计软件进行了土壤养分等化学性状的系统聚类。结果如下：

从图 5-5 中可以看出氯离子、全盐、硝态氮、全氮、交换性钙、有效硅、交换性镁、有效硼、有效钼、有效铁、有效锰、有效锌、有效铜、有效硫聚为一组，有效磷、速效钾、碱解氮、缓效钾聚为一组，有机质为一组，pH 值为一组。

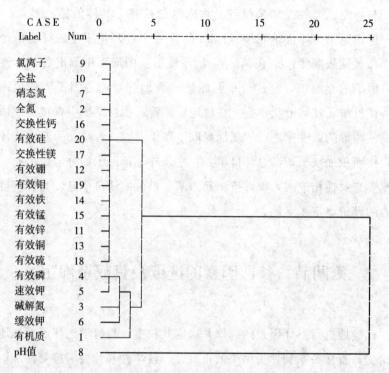

图 5-5　土壤养分等化学性状的聚类分析

（二）DELpHI 法

用 DELpHI 法进行了影响耕地地力的立地条件、物理性状等定性指标的筛选。我们确定了由土壤农业化学学者、专家及河东区土肥站业务人员组成的专家组，首先对指标进行分类，在此基础上进行指标的选取，并讨论确定最终的选择方案。

综合以上两种方法，在定量因素中根据各因素对耕地地力影响的稳定性，以及营养元素的全面性，在聚类分析第一组中选取有效锌、有效硼为参评因素，第二组中选取有效磷、速效钾为参评因素，第三组选取有机质为参评因素。结合专家组选择结果，最后确定灌溉保证率、坡度、地形地貌、耕层质地、剖面构型、障碍层状况、土层厚度、有机质、大量元素（速效钾、有效磷）、微量元素（有效锌、有效硼）等12项因素作为耕地地力评价的参评指标。

二、权重的确定

在耕地地力评价中，需要根据各参评因素对耕地地力的贡献确定权重。确定权重的方法很多，本评价中采用层次分析法（AHP）来确定各参评因素的权重。

层次分析法（AHP）是在定性方法基础上发展起来的定量确定参评因素权重的一种系统分析方法。这种方法可将人们的经验思维数量化，用以检验决策者判断的一致性，有利于实现定量化评价。AHP法确定参评因素的步骤如下：

（一）建立层次结构

耕地地力为目标层（G层），影响耕地地力的立地条件、物理性状、化学性状为准则层（C层），再把影响准则层中各元素的项目作为指标层（A层）。其结构关系如图5-6所示。

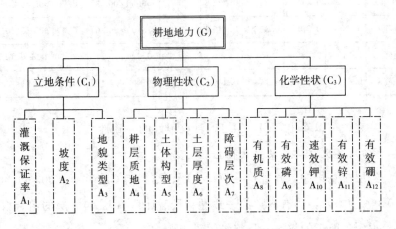

图5-6　耕地地力影响因素层次结构

（二）构造判断矩阵

根据专家经验，确定C层对G层以及A层对C层的相对重要程度，共构成A、C_1、C_2、C_3 共4个判断矩阵。例如，耕层质地、土体构型、有效土层厚度、障碍层次状况对耕地物理性状的判断矩阵表示为：

$$C_2 = \begin{bmatrix} a_{11} & a_{12} & a_{13} & a_{14} \\ a_{21} & a_{22} & a_{23} & a_{24} \\ a_{31} & a_{32} & a_{33} & a_{34} \\ a_{41} & a_{42} & a_{43} & a_{44} \end{bmatrix} = \begin{bmatrix} 1 & 1.25 & 0.714\ 3 & 1.666\ 7 \\ 0.8 & 1 & & 0.571\ 4 \\ 1.4 & 1.75 & 1 & 2.333\ 3 \\ 0.6 & 0.75 & 0.428\ 6 & 1 \end{bmatrix}$$

其中，a_{ij}（i 为矩阵的行号，j 为矩阵的列号）表示对 C_2 而言，a_i 对 a_j 的相对重要性的数值。

（三）层次单排序及一致性检验

即求取 A 层对 C 层的权数值，可归结为计算判断矩阵的最大特征根对应的特征向量。利用 SPSS 等统计软件，得到的各权数值及一致性检验的结果，见表 5-5。

表 5-5　权数值及一致性检验结果

矩阵	特征向量					CI	CR
矩阵 A		0.418 6	0.348 8	0.232 6		−0.000 005 37	0.000 009 26＜0.1
矩阵 C_1		0.198 0	0.356 4	0.445 5		−0.000 003 69	0.000 005 75＜0.1
矩阵 C_2	0.215 9	0.269 9	0.154 2	0.359 9		0.000 006 21	0.000 006 9＜0.1
矩阵 C_3	0.078 7	0.094 5	0.118 1	0.236 2	0.472 4	0.000 005 49	0.000 004 91＜0.1

从表中可以看出，CR＜0.1，具有很好的一致性。

（四）层次总排序及一致性检验

经层次总排序，并进行一致性检验，结果为 CI=0.000 003 69，CR=0.000 004 02，具有满意的一致性。最后计算 A 层对 G 层的组合权数值，得到各因子的权重。最终结果见表 5-6。

表 5-6　各因子的权重

灌溉保证率	0.224 8	质地	0.079 0	障碍层	0.047 4	速效钾	0.055 6
坡度	0.125 2	土体构型	0.063 2	有机质	0.083 4	有效锌	0.027 8
地形地貌	0.099 6	土层厚度	0.110 6	有效磷	0.069 4	有效硼	0.013 9

第五节 耕地地力等级的确定

土地是一个灰色系统，系统内部各要素之间与耕地的生产能力之间关系十分复杂，此外，评价中也存在着许多不严格、模糊性的概念，因此我们在评价中引入了模糊数学方法，采用模糊评价方法来进行耕地地力等级的确定。

一、参评因素隶属函数的建立

用 DELpHI 法根据一组分布均匀的实测值评估出对应的一组隶属度，然后在计算机中绘制这两组数值的散点图，再根据散点图进行曲线模拟，寻求参评因素实际值与隶属度关系方程从而建立起隶属函数。各参评因素的分级及其相应的专家赋值和隶属度，如表 5－7 所示。

表 5－7　参评因素的分级及其分值

坡度	0	0.2	0.5	1	3	5	7	10	15	25		
分值	98	100	98	95	90	80	60	30	10	1		
隶属度	0.98	1.00	0.98	0.95	0.90	0.80	0.60	0.30	0.10	0.01		
地形地貌	缓平坡地	山前倾斜平地	山前缓平地	缓岗	浅平洼地	槽状洼地	河谷高地	河漫滩	河谷梯地	近山阶地	坡麓梯田	荒坡岭
分值	100	97	95	93	90	87	84	80	60	40	20	10
隶属度	1.00	0.97	0.95	0.93	0.90	0.87	0.84	0.80	0.60	0.40	0.20	
灌溉保证率	80	70	60	50	30	10						
分值	100	90	80	65	40	10						
隶属度	1.00	0.90	0.80	0.65	0.40	0.10	0					
有机质	2.0	1.8	1.6	1.4	1.2	1.0	0.8	0.6				
分值	100	98	95	90	84	78	65	50				
隶属度	1.00	0.98	0.95	0.90	0.84	0.78	0.65	0.50				
有效磷	400	300	200	110	80	60	40	30	20	15	10	5
分值	70	80	90	100	98	96	92	90	85	80	60	40
隶属度	0.70	0.80	0.90	1.00	0.98	0.96	0.92	0.90	0.85	0.80	0.60	0.40

速效钾	400	320	240	160	120	100	80	60				
分值	100	98	93	85	82	78	70	50				
隶属度	1.00	0.98	0.93	0.85	0.82	0.78	0.70	0.50				
有效锌	2.0	1.5	1.2	1.0	0.8	0.5	0.3					
分值	100	92	87	85	80	70	55					
隶属度	1.00	0.92	0.87	0.85	0.80	0.70	0.55					
有效硼	1.8	1.5	1.2	1.0	0.8	0.5	0.2					
分值	100	95	87	85	80	70	55					
隶属度	1.00	0.95	0.87	0.85	0.80	0.70	0.55					
耕层质地	中壤	轻壤	重壤	沙壤	沙土							
分值	100	95	80	70	55							
隶属度	1.00	0.95	0.80	0.70	0.55							
障碍层状况	其他	浅黏	夹沙砂姜	砾质	石渣土							
分值	100	90	80	60	40							
隶属度	1.00	0.90	0.80	0.60	0.40							
剖面构型	中壤均质	中壤黏腰	轻壤黏腰	轻壤均质	中壤黏心	中壤砂姜腰	中壤沙腰	重壤均质	轻壤沙心	沙壤沙心	中层	薄层
分值	100	95	95	90	85	85	80	60	60	50	30	10
隶属度	1.00	0.95	0.95	0.90	0.85	0.85	0.80	0.60	0.60	0.50	0.30	0.10
有效土层	150	130	110	90	70	50	30					
分值	100	95	88	70	55	35	10					
隶属度	1.00	0.95	0.88	0.70	0.55	0.35	0.10					

　　通过模拟共得到直线型、戒上型、戒下型四种类型的隶属函数。其中有效磷属于以上两种或两种以上的复合型隶属函数，地貌类型、质地等描述性的因素属于直线型隶属函数，然后根据隶属函数计算各参评因素的单因素评价评语。以有机质为例绘制的散点图和模拟曲线如图5－7、图5－8所示：

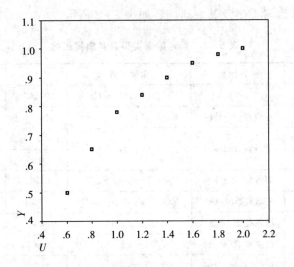

图 5 - 7 有机质与隶属度关系散点图

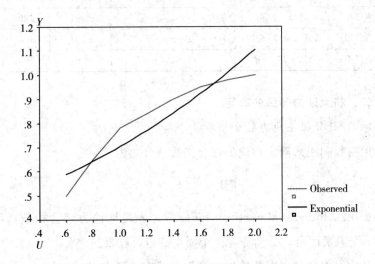

图 5 - 8 有机质与隶属度关系曲线

其隶属函数为戒上型，形式为：

$$y=\begin{cases} 0, & x \leqslant x_t \\ 1/\ (1+A\ (x-C)^2) & x_t < x < c \\ 1, & c \leqslant x \end{cases}$$

各参评因素类型及其隶属函数如表5-8所示。

表5-8 参评因素类型及其隶属函数

函数类型		参评因素	隶属函数	a	c	Ut
戒上型		有机质(g/kg)	$Y=1/(1+A(x-C)^2)$	0.543	1.822	0.35
戒上型		速效钾(mg/kg)	$Y=1/(1+A(x-C)^2)$	0.000 007 60	327.836	15
戒上型	<110	有效磷(mg/kg)	$Y=1/(1+A(x-C)^2)$	0.000 099 2	80.159	3
戒下型	>110			0.000 007 42	111.967	450
戒上型		有效锌(mg/kg)	$Y=1/(1+A(x-C)^2)$	0.245	1.924	0.1
戒上型		有效硼(mg/kg)	$Y=1/(1+A(x-C)^2)$	0.251	1.879	0.1
正直线型		地貌类型(分值)	$Y=a\times x$	0.01	100	0
正直线型		剖面构型(分值)	$Y=a\times x$	0.01	100	0
正直线型		障碍层状况(分值)	$Y=a\times x$	0.01	100	0
正直线型		耕层质地(分值)	$Y=a\times x$	0.01	100	0
正直线型		坡度(分值)	$Y=a\times x$	0.01	100	0
正直线型		灌溉保证率(分值)	$Y=a\times x$	0.01	100	0
正直线型		有效土层(分值)	$Y=a\times x$	0.01	100	0

二、耕地地力等级的确定

（一）计算耕地地力综合指数

用指数和法来确定耕地的综合指数，公式为：

$$IFI = \sum F_i \times C_i$$

式中：IFI（Integrated Fertility Index）代表耕地地力综合指数；F等于第i个因素评语；C_i等于第i个因素的组合权重。

具体操作过程：在县域耕地资源管理信息系统中，在"专题评价"模块中编辑立地条件、物理性状和化学性状的层次分析模型以及各评价因子的隶属函数模型，然后选择"耕地生产潜力评价"功能进行耕地地力综合指数的计算。

（二）确定最佳的耕地地力等级数目

计算耕地地力综合指数之后，在耕地资源管理系统中我们选择累积曲线分级法进行评价，根据曲线斜率的突变点（拐点）来确定等级的数目和划分综合指数的临界点。将河东耕地地力划分为六级，各等级耕地地力综合指数见表 5-9，综合指数分布见图 5-9。

表 5-9　河东区耕地地力等级综合指数

IFI	＞0.93	0.88～0.93	0.83～0.88	0.75～0.83	0.66～0.75	＜0.66
耕地地力等级	一等	二等	三等	四等	五等	六等

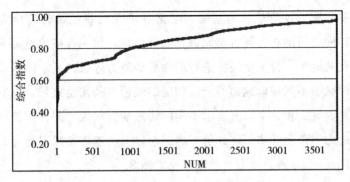

图 5-9　河东区综合指数分布图

第六节　成果图编制及面积量算

一、图件的编制

为了提高制图的效率和准确性，在地理信息系统软件 MAPGIS 的支持下，进行河东区耕地地力评价图及相关图件的自动编绘处理。其步骤大致分为以下几步：扫描、矢量化各基础图件→编辑点、线→点、线校正处理→统一坐标系→区编辑并对其赋属性→根据属性赋颜色→根据属性加注记→图幅整饰输出。另外还充分发挥 MAPGIS 强大的空间分析功能，用评价图与其他图件进行叠加，从而生成其他专题图件。如评价图与行政区划图叠加，进而计算各行政区划单位内的耕地地力等级面积等。

（一）专题图地理要素底图的编制

专题地图的地理要素内容是专题图的重要组成部分，用于反映专题内容的地理分布，并作为图幅叠加处理等的分析依据。地理要素的选择应与专题内容相协调，考虑图面的负载量和清晰度，应选择基本的、主要的地理要素。

我们以河东区最新的土地利用现状图为基础，对此图进行了制图综合处理，选取主要的居民点、交通道路、水系、境界线及其相应的注记，进而编辑生成1：5万各专题图地理要素底图。

（二）耕地地力评价图的编制

以耕地地力评价单元为基础，根据各单元的耕地地力评价等级结果，对相同等级的相临评价单元进行归并处理，得到各耕地地力等级图斑。在此基础上，分2个层次进行图面耕地地力等级的表示：一是颜色表示，即赋予不同耕地地力等级以相应的颜色。其次是代号，用罗马数字Ⅰ、Ⅱ、Ⅲ、Ⅳ、Ⅴ、Ⅵ表示不同的耕地地力等级，并在评价图相应的耕地地力图斑上注明。将评价专题图与以上的地理要素图复合，整饰得河东区1：5万耕地地力评价图，见附图9。

（三）其他专题图的编制

对于有机质、速效钾、有效磷、有效锌等其他专题要素地图，则按照各要素的分级分别赋予相应的颜色，标注相应的代号，生成专题图层。之后与地理要素图复合，编辑处理生成专题图件，并进行图幅的整饰处理，最终专题图见附图10～附图24。

二、面积量算

面积的量算可通过与专题图相对应的属性库的操作直接完成。对耕地地力等级面积的量算，则可在FOXPRO数据库的支持下，对图件属性库进行操作，检索相同等级的面积，然后汇总得各类耕地地力等级的面积，根据河东区图幅理论对面积进行平差，得到准确的面积数值。对于不同行政区划单位内部、不同的耕地利用类型等的耕地地力等级面积的统计，则通过耕地地力评价图与相应的专题图进行叠加分析，由其相应属性库统计获得。

第六章

耕地地力分析

本次耕地地力分析，按照农业部耕地质量调查和评价的规程及相关标准，结合河东区的实际情况，选取了对耕地地力影响较大、区域内变异明显、在时间序列上具有相对稳定性、与农业生产有密切关系的 12 个因素，建立评价指标体系。以土壤图与土地利用现状图叠加形成评价单元，应用模糊综合评判方法，通过综合分析，将全区耕地共划分为 6 个等级，根据评价结果进行耕地地力的系统分析。

第一节　耕地地力等级及空间分布

一、耕地地力等级面积

利用 MAPGIS 软件，对评价图属性库进行操作，检索统计耕地各等级的面积和图幅总面积。以 2008 年河东区耕地总面积 30 986.7 hm² 为基准，按面积比例平差，计算出各耕地地力等级面积。

河东区耕地总面积为 30 986.7 hm²。其中一级地和二级地占总耕地面积的 42.42%；三级地和四级地占耕地总面积的 34.80%；五级地和六级地占耕地总面积的 22.77%。见表 6-1。

表 6-1 河东区耕地地力评价结果面积统计 单位：hm²，%

等级	一级地	二级地	三级地	四级地	五级地	六级地	总计
面积	7 990.7	5 172.7	6 370.7	4 411.1	5 976.3	1 077.1	30 986.7
百分比	25.75	16.67	20.56	14.24	19.29	3.48	100

二、耕地地力空间分布分析

（一）耕地地力等级分布

一级地和二级地主要分布于河东区中部地区的太平街道、相公街道、汤河镇、郑旺镇等地区。此区域内农业基础设施均配套成型，测土配方施肥工程也首先在这一区域展开。三级地分布比较分散，但主要集中在河东区北部如八湖镇、刘店子乡、郑旺镇这些地区，太平街道、汤头街道、相公街道有少部分分布，南部重沟镇也有部分分布。这些地区是只要加大资金投入，完善基础设施，改善生产条件，产量就能大幅提高的中产田类型，有一定的开发潜力。四级地主要分布于汤头街道、郑旺镇、重沟镇，其余地区有零星分布。五、六级地主要分布在南部九曲街道、凤凰岭街道各乡镇及汤头街道的大部分山区耕地，这部分耕地有效耕层薄、肥力低，基本无灌溉条件，还有部分未利用土地，属于低产田类型。

从等级的分布地域特征可以看出，等级的高低与地貌类型、土壤类型及海拔高度之间存在着密切的关系，呈现明显的地域分布规律：随着耕地地力等级的提高，地貌类型沿着坡麓梯田、岭顶荒地—岭下阶地—沿河阶地—倾斜平地—微斜平地—缓平地方向变化。土壤土种类型由潮土、水稻土、砂姜黑土、棕壤土等组成。

（二）耕地地力等级的行政区域划分

将全区耕地地力等级分布图与河东区行政区划图进行叠置分析，从耕地地力等级行政区域分布数据库中，按权属字段检索出各等级的记录，统计出一至六级地在各乡镇的分布状况。见表 6-2。

表 6-2 河东区耕地地力等级行政区域分布　　　　　单位：hm²，%

乡镇		一级	二级	三级	四级	五级	六级	合计
汤头街道	面积	0	36.1	648.4	1 662.1	1 915.0	900.1	5 161.7
	百分比	0	0.7	12.56	32.2	37.1	17.44	100
刘店子乡	面积	231.4	195.0	647.3	154.8	502.9	173.1	1 904.6
	百分比	12.15	10.24	33.99	8.13	26.4	9.09	100
大平街道	面积	1 639.7	642.7	236.4	173.8	17.7	1.5	2 711.9
	百分比	60.47	23.7	8.72	6.41	0.65	0.05	100
八湖镇	面积	0	62.1	1 770.2	292.1	299.0	2.4	2 425.9
	百分比	0	2.56	72.97	12.04	12.33	0.1	100
郑旺镇	面积	970.9	1 561.3	1 509.4	880.3	11.4	0	4 933.3
	百分比	19.68	31.65	30.6	17.85	0.23	0	100
相公街道	面积	1 898.9	1 062.1	423.0	54.3	0	0	3 438.4
	百分比	55.23	30.89	12.3	1.58	0	0	100
九曲街道	面积	278.1	224.7	0	26.9	1 621.8	0	2 151.4
	百分比	12.93	10.44	0	1.25	75.38	0	100
汤河镇	面积	2 127.8	495.3	63.2	0	0	0	2 686.3
	百分比	79.21	18.44	2.35	0	0	0	100
凤凰岭街道	面积	139.9	672.5	4.3	0	1 402.5	0	2 219.2
	百分比	6.3	30.3	0.19	0	63.2	0	100
重沟镇	面积	692.0	220.9	1 068.5	1 166.7	206.0	0	3 354.1
	百分比	20.63	6.59	31.86	34.78	6.14	0	100

从表中可以看出，高等级一、二、三级耕地主要分布在中部大部分地区，北部和南部有少量分布，所占比例较高的乡镇为相公街道、汤河镇、太平街道、八湖镇、刘店子乡、重沟镇等地区。其中一级地最多的地区主要有太平街道、相公街道、汤河镇三个乡镇。较低等级四、五、六级耕地主要分布在河东区西北部和西南部地区，所占比例较高的乡镇主要为九曲街道、凤凰岭街道、汤头街道等。

第二节 耕地地力等级分述

一、一级地

（一）面积与分布

一级地，综合评价指数＞0.929，耕地面积 7 978.7 hm²，占总耕地面积的 25.75％，为河东区所占面积比例最大的等级。其中灌溉水田 5 139.9 hm²，占一级地面积的 64.42％；水浇地 1 402.1 hm²，占一级地面积的 17.57％；旱地 680.3 hm²，占一级地面积的 8.53％；菜地 756.3 hm²，占一级地面积的 9.48％。见表 6-3。

一级地主要分布于太平街道、相公街道、汤河镇，郑旺镇、刘店子乡、重沟镇也有少量分布。此区主要熟制为一年两熟和常年生，主要种植麦稻作物和苗木花卉、杞柳等作物。小麦每 666.7 m² 产 450～500 kg，水稻每 666.7 m² 产 550～650 kg。

表 6-3　各利用类型一级地面积

利用类型	评价单元 （个）	面积 （hm²）	占总耕地面积 （％）	占一级地面积 （％）
灌溉水田	532	5 139.9	16.59	64.42
水浇地	237	1 402.1	4.53	17.57
旱地	124	680.3	2.2	8.53
菜地	187	756.3	2.44	9.48
合计	1 080	7 978.7	25.75	100

（二）主要属性分析

一级地主要位于地貌类型为平原，地形部位为河网平原，土种以均质轻壤土、均质重壤土、厚黏腰中壤土、厚黏腰重壤土为主。土壤质地主要以轻壤、中壤为主，间或分布重壤和沙壤。土层厚，无明显障碍层，无明显侵蚀，土壤理化性状良好，可耕性强，灌溉保证率 75％以上。土壤养分含量较高，详见表 6-4。

表 6-4 一级地主要养分含量

项目	有机质 (g/kg)	有效磷 (mg/kg)	速效钾 (mg/kg)	有效锌 (mg/kg)	有效硼 (mg/kg)
平均值	16.91	73.79	101.17	1.01	0.25
范围值	8.59~25.82	28.52~212.09	52.72~268.36	0.27~3.47	0.07~0.61
含量水平	中偏上	中偏上	较高	较高	较高

（三）存在的问题

一级地存在的问题：一是一级地所在地区属全区经济较发达地区，人们历来较注重二、三产业，农业投入比例明显低于二、三产业投入；二是土壤肥力与高产高效农业的需求还有一定差距，有些养分含量相对较低；三是施肥、用药种类与比例不合理，缺乏针对性，盲目性较大；四是由于经济发达，工矿企业较多，点源污染程度有所加重。

（四）合理利用

一级地是全区综合性能最好的耕地，各项评价指标均属良好型。土层厚，排灌性好，易于耕作，养分含量高，保肥、保水，适于各种作物生长。利用方向是发展高产、优质、高效农业，如无公害蔬菜基地、日光温室、反季节瓜果栽培等。为此，应搞好以下工作：

一是结合科技入户、配方施肥等工程，加大宣传力度，转变观念，提高认识，加大农业投入，提升农业综合生产能力。

二是增施有机肥，增加土壤有机质含量；实施平衡施肥，防止土壤污染，适量补施微肥，提高耕地质量。

三是加大检测力度，确保农业灌溉、施肥、用药安全，搞好无公害生产。

二、二级地

（一）面积与分布

二级地，综合评价指数为 0.882~0.929，耕地面积为 5 172.7 hm²，占全区总耕地面积的 16.67%。其中灌溉水田 3 563.9 hm²，占二级耕地面积的 68.9%；水浇地 762.5 hm²，占二级耕地面积的 14.74%；另外还有少量旱地和菜地分布。见表6-5。

二级耕地主要分布在郑旺镇，相公街道与凤凰岭街道相交处有大量分布，其余在太平街道、汤河镇、刘店子乡有少量分布。其中以郑旺镇分布面积最大，为1 561.3 hm²，占二级耕地的31.65%。二级地是河东区第四大耕地面积的耕地等级。主要种植小麦、水稻、玉米等作物，每666.7 m²产小麦420～450 kg、水稻500～600 kg、玉米450～500 kg。

表6-5　各利用类型二级地面积

利用类型	评价单元 （个）	面积 （hm²）	占总耕地面积 （%）	占二级地面积 （%）
灌溉水田	317	3 563.9	11.5	68.9
水浇地	156	762.5	2.46	14.74
旱地	106	658.5	2.13	12.73
菜地	47	187.9	0.61	3.63
合计	626	5 172.7	16.7	100

（二）主要属性分析

二级地主要地貌类型为平原，地形部位为河网平原，土壤类型以均质轻壤土、厚黏腰轻壤土、黑土裸露重壤土为主。障碍层次为夹沙砂姜、浅黏。微地貌类型以微斜平地和倾斜平地为主，地势平坦，土层厚，土壤理化性状较好，可耕性较强，灌溉保证率70%以上。土壤各种养分含量均比较理想，见表6-6。

表6-6　二级地主要养分含量

项　目	有机质 （g/kg）	有效磷 （mg/kg）	速效钾 （mg/kg）	有效锌 （mg/kg）	有效硼 （mg/kg）
平均值	17.77	62.22	105.54	0.92	0.26
范围值	7.88～25.52	15.86～187.82	54.80～322.05	0.29～2.73	0.13～0.45
含量水平	较高	中偏上	中偏上	中等	较高

（三）存在的问题

二级地主要存在的问题是部分耕地有明显的障碍层次，部分地区为夹沙砂姜和浅黏，不仅保水而且滞水，环境质量欠佳，土壤养分有效锌含量偏低，部分土壤有效硼含量偏低。

（四）合理利用

合理利用的措施：增施有机肥料，培肥地力；采取深耕等措施，改良土壤质地和构型，同时与农田基础建设相结合，兴修水利，扩大灌溉面积；素有养殖习惯的乡镇，继续大力发展养牛，扩大肥源，培肥土壤；合理轮作，调剂养分，余缺互补。

三、三级地

（一）面积与分布

三级地综合评价指数为 0.827～0.883，耕地面积为 6 370.7 hm²，占全区总耕地面积的 20.56%。其中灌溉水田 2 680.2 hm²，占三级耕地面积的 42.07%；水浇地 1 754.5 hm²，占三级耕地面积的 27.54%；旱地 1 668.4 hm²，占三级耕地面积的 26.19%；此外，还有少量菜地分布。见表 6-7。

三级耕地主要分布在八湖镇的周边地区、刘店子乡的中部地区、郑旺镇的中心和重沟镇的南部中央地区，此外汤头街道、太平街道、相公街道、汤河镇有少量三级耕地分布。主要种植小麦、水稻、玉米、大蒜等作物。每 666.7 m² 产小麦 400～420 kg、水稻 480～550 kg、玉米 420～460 kg。

表 6-7　各利用类型三级地面积

利用类型	评价单元（个）	面积（hm²）	占总耕地面积（%）	占三级地面积（%）
灌溉水田	249	2 680.2	8.65	42.07
水浇地	184	1 754.5	5.66	27.54
旱地	239	1 668.4	5.38	26.19
菜地	70	267.7	0.86	4.2
合计	742	6 370.7	20.55	100

（二）主要属性分析

三级地地貌分布有平坦洪积低台地、起伏洪积低台地、起伏侵蚀剥蚀低台地。地势平坦开阔，以平原为主，地形部位为河网平原和河网平原低洼地。本级耕地典型土种为中层酥石棚壤质、均质重壤土、均质轻壤土、黑土裸露重壤土、厚黏心轻壤土、厚黏心重壤土。耕层质地以轻壤和重壤居多。微地貌类型以微斜平地、倾斜平地为主，加有少量坡麓梯田。地势平坦，土层厚，土壤理化性质较好，可耕性较强，土壤灌溉条件好，多为充分满足和一般满足，灌溉证率 60％以上。土壤有机质、有效锌含量较低，其他养分含量比较理想，见表 6-8。

表 6-8　三级地主要养分含量

项　目	有机质 （g/kg）	有效磷 （mg/kg）	速效钾 （mg/kg）	有效锌 （mg/kg）	有效硼 （mg/kg）
平均值	16.93	80.11	114.82	1.12	0.26
范围值	8.89～27.53	18.04～191.76	51.98～344.50	0.34～3.02	0.12～0.50
含量水平	中等	较高	较高	中偏下	中偏上

（三）存在的问题

三级地是平原向山区过渡的等级类型，各种属性介于平原和山区地之间，部分耕地水浇条件受一定限制；耕地大平小不平，地块微有倾斜；耕地养分有不平衡现象。

（四）合理利用

合理利用措施为：一是大搞农田基本建设，维护和建设水利设施，大力推广节水灌溉，提高灌溉保证率；二是平田整地，深翻改土，加深耕层厚度，改善土壤物理性状；三是增施有机肥料和微肥。

四、四级地

（一）面积与分布

四级地综合评价指数为 0.753～0.827，耕地面积 4 411.1 hm²，占全区总耕地面积的 14.23％。其中灌溉水田 1 170.3 hm²，占四级耕地面积的 26.53%；水浇地 524.5 hm²，占四级耕地面积的 11.89%；旱地 2 572.7 hm²，占四级耕地面积的 58.32%，可以说四级地主要是旱地；此外，还有少量菜地。见表 6-9。

四级地主要分布在汤头街道中、北部地区，郑旺镇的西北部，重沟镇的西北部地区。此外八湖镇、刘店子乡有少量分布，相公街道有零星分布。主要种植小麦、玉米、花生等作物，每 666.7 m² 产小麦 380～400 kg、玉米 400～430 kg、花生 380～400 kg。

表 6-9　各利用类型四级地面积

利用类型	评价单元 （个）	面积 （hm²）	占总耕地面积 （%）	占四级地面积 （%）
灌溉水田	130	1 170.3	3.78	26.53
水浇地	78	524.5	1.69	11.89
旱地	295	2 572.7	8.3	58.32
菜地	41	143.5	0.46	3.25
合计	544	4 411.1	14.23	100

（二）主要属性分析

四级地开始从平原地区转向山区，地貌类型多为起伏侵蚀剥蚀低台地、倾斜侵蚀剥蚀高台地。土壤耕层质地多轻壤、重壤，夹杂沙壤分布。土层较薄，发育不完全，没有心土层、砾石多。土壤养分与三级地相比并不太低，其中有机质、有效锌含量较低，其余养分状况良好，见表 6-10。

表 6-10　四级地主要养分含量

项　目	有机质 （g/kg）	有效磷 （mg/kg）	速效钾 （mg/kg）	有效锌 （mg/kg）	有效硼 （mg/kg）
平均值	16.87	76.98	115.39	1.25	0.26
范围值	9.04～25.69	20.68～216.67	52.23～280.46	0.29～3.98	0.07～0.47
含量水平	中等	较高	中等	中偏下	较高

（三）存在的问题

该级地土壤侵蚀严重，属"三跑田"（即跑水、跑肥、跑土），水、肥、气、热不协调，灌溉条件差，干旱是最主要的限制因子。

（四）改良利用

改良利用措施为：平整土地，增施有机肥，改善土壤环境，提高雨水利用率；调整种植业结构，大力发展旱作农业，利用区域环境好、无污染的特点，引导、鼓励农民发展优质无公害农产品。

五、五级地

（一）面积与分布

五级地综合评价指数为 0.659～0.753，耕地面积 5 976.3 hm²，占全区总耕地面积的 19.28%。其中水浇地 881.4 hm²，占五级耕地面积的 14.75%；旱地 4 005.7 hm²，占五级耕地面积的 67.03%；此外，有少量灌溉水田和菜地。见表 6-11。

五级地主要分布在凤凰岭街道的大部分地区，九曲街道的北部、东部和南部地区，汤头街道的东部地区。此外刘店子乡、八湖镇、太平街道有少量分布。主要种植小麦、玉米、花生等作物，小麦每 666.7 m²产 350～380 kg、玉米 380～410 kg、花生 350～380 kg。

表 6-11　各利用类型五级地面积

利用类型	评价单元 （个）	面积 （hm²）	占总耕地面积 （%）	占五级地面积 （%）
灌溉水田	128	902.6	2.91	15.1
水浇地	76	881.4	2.84	14.75
旱地	427	4 005.7	12.93	67.03
菜地	57	186.7	0.6	3.12
合计	688	5 976.3	19.28	100

（二）主要属性分析

五级地以起伏侵蚀剥蚀低台地、倾斜侵蚀剥蚀高台地为主，还有起伏洪积地台地地貌类型分布。土壤障碍层次为夹沙砂姜、砾质、浅黏，部分地区为石渣土。土层薄，土壤养分含量不平衡，有效磷、速效钾含量低，其余养分含量属中等，见表 6-12。

表 6-12　五级地主要养分含量

项　目	有机质 （g/kg）	有效磷 （mg/kg）	速效钾 （mg/kg）	有效锌 （mg/kg）	有效硼 （mg/kg）
平均值	17.43	59.46	105.18	1.12	0.26
范围值	8.14～26.45	23.19～148.99	49.99～324.24	0.50～2.99	0.13～0.57
含量水平	较高	较低	中等	中偏上	中偏上

（三）存在的主要问题

五级地存在的问题：一是土壤构型中存在夹沙层次或沙均质，理化性状不良，土壤保水保肥能力差，影响作物生长；二是灌溉保证率较低，需要进一步提高；三是土壤养分含量整体偏低，对作物产量影响较大。

（四）改良利用

应大力发展畜牧业，搞好过腹还田，提高土壤肥力；调整种植业结构，改善生态环境。

六、六级地

（一）面积与分布

六级地综合评价指数<0.659，耕地面积1 077 hm²，占全区总耕地面积的3.48%，是所有等级地中面积最少的一个等级。其中旱地830.1 hm²，占六级耕地面积的77.08%；此外，有少量灌溉水田、水浇地、菜地。见表6-13。

表 6-13　各利用类型六级地面积

利用类型	评价单元 （个）	面积 （hm²）	占总耕地面积 （%）	占六级地面积 （%）
灌溉水田	18	147.7	0.48	13.71
水浇地	14	87.7	0.28	8.14
旱地	87	830.1	2.68	77.08
菜地	3	11.5	0.04	1.07
合计	122	1 077	3.48	100

六级地主要分布在汤头街道的中部地区，刘店子乡的西南部有少量分布。主要种植小麦、玉米、花生等作物，每 666.7 m² 产小麦 330～350 kg、玉米 350～380 kg、花生 300～350 kg。

（二）主要属性分析

六级地位于山岭中上部，地貌类型为倾斜侵蚀剥蚀高台地和起伏侵蚀剥蚀高台地两种。土壤耕层质地多沙壤、沙土，障碍层次为夹沙砂姜和砾质两种。耕层质地差，土层薄，土壤养分含量相对较低，灌溉条件差，少数地区无灌溉条件，见表 6-14。

表 6-14　六级地主要养分含量

项　目	有机质 （g/kg）	有效磷 （mg/kg）	速效钾 （mg/kg）	有效锌 （mg/kg）	有效硼 （mg/kg）
平均值	14.95	55.99	93.03	1.13	0.24
范围值	8.11～20.42	19.21～239.47	58.16～196.27	0.33～2.96	0.11～0.42
含量水平	较低	较低	中偏下	中偏上	中偏下

（三）存在的主要问题

六级地存在的主要问题：一是土壤以沙壤或沙土为主，保水保肥能力较差，影响作物生长；二是农田的灌溉水平较低，部分无灌溉条件，难以满足大田作物生长的需要；三是地下水位较高，土壤存在盐碱化威胁；四是土壤养分普遍较低，制约作物的生长和发育。

（四）改良利用

六级地分布在山丘地区的荒山岭和坡梯田上，目前主要种植谷子、高粱、大豆、绿豆、杂豆、红薯等作物。在利用方向上应根据实际情况发展经济林、用材林，以防止水土流失，保护自然植被。

第七章

耕地资源管理信息系统建设

第一节 耕地资源管理信息系统建设的意义

一、项目来源及目的意义

河东区耕地资源信息系统数据库建设工作,是农业部"沃土工程,科学施用化肥"即测土配方施肥工作的重要组成部分,是国家实现农业科学种田,促进粮食稳定生产,实现农业科学施肥经常化、普及化的重要工作。是实现农业耕地地力评价成果资料统一化、标准化的重要计划,是实现综合农业信息资料共享的技术手段。河东区耕地资源信息系统数据库建设工作是对最新的土地利用现状调查成果,第二次土壤普查的土壤、地貌等成果,本次耕地地力评价工作采集的土壤化学分析成果等进行汇总,建立一个集空间数据库和属性数据库的存储、管理、查询、分析、显示为一体的数据库,为科学种田及施肥、农业的可持续发展、深化农业科学管理工作服务。

二、建库单位组成

为加快河东区耕地资源信息系统数据库建设工作,依据农业部县域耕地资源信息系统数据库建设工作要求，由多年来一直从事农业测土施肥研究、耕地地力评价及对数据库建设工作有一定经验的单位组成联合工作组：

山东省土壤肥料总站负责评价及建库工作组织、协调，标准制定，土壤图成果资料的归属核查处理等；

山东农业大学资源与环境学院负责耕地地力评价图、土壤化学微量元素系列图及研究报告编制等。

山东天地亚太国土遥感有限公司负责土地、土壤、矿化度、地貌、灌溉分区等图件扫描矢量化及几何校正处理等编图工作，耕地地力评价所有建库资料统一化、标准化处理，空间数据库和属性数据库建设，耕地地力评价成果图件修改编辑及图件输出、数据库建设报告编制等工作。

三、建库工作的软硬件环境

1. 主要硬件

P43.0 计算机 10 台，

HP5000 和 HP3500 绘图仪各 1 台。

2. 软件

MAPGIS 6.7 软件 10 套，

ARCGIS 9.2 软件 2 套，

县域耕地资源信息系统软件 2 套，

ENVI 4.6 遥感图像处理与分析软件 1 套。

第二节　建库内容及建库工作中主要问题的处理

一、建库内容

依据农业部耕地地力评价工作数据库建设的要求，河东区耕地资源信息系统数据库建设工作包括空间数据库和属性数据库两部分内容。属性数据库严格按照县域耕地资源信息系统数据字典及建库县提供的有关数据编制。空间数据库包括土地利用现状图、土壤图、矿化度含量分布图、坡度图、灌溉分区图、地貌图、耕地地力调查点点位图、耕地地力评价等级图、土壤化学微量元素系列图等。

二、建库工作中的主要问题

河东区耕地资源信息系统数据库建设工作由于涉及的内容多，加之部分资料为第二次土壤普查的资料，与县域耕地资源信息系统数据字典的要求对比存在以下问题：

1. 第二次土壤普查的成果均为纸介质图，因图纸折叠和自然伸缩的影响，图件变形大，形成较大的误差。

2. 土地利用现状图为 2006 年以前的现状，近年来交通用地和蔬菜地等出现变化等。

3. 河东区土壤图中的土种名称和编码与山东省土种归属要求、全国土种标准名称与编码等不一致。

4. 河东区的地貌图为微地貌图，与县域耕地资源信息系统数据字典中地貌划分的名称不能一一对应。

5. 同一个县已有资料坐标系不统一问题，如第二次土壤普查图件为 1954 年北京坐标系，土地利用现状图或行政区划图为 1980 年西安坐标系等。

三、建库工作中有关问题的处理

1. 依据 1：5 万标准分幅地形图，对所有建库的纸介质成果图全部进行几何校正处理，以消除纸介质成果图的误差。

2. 依据较新的航天卫星资料对近年来变化的公路、铁路等进行了修改补充。

3. 为使河东区土种的名称及代码与省标和国标相对应，在耕地资源信息系统数据库建设前，首先对土壤图中所有图斑内容进行了检查统计，对错漏问题交项目县修改及编制土种归属表，最后由省土肥总站进行土种归属复查处理。在此基础上编制了国标、省标、县土壤名称及代码对比表。为方便县域土壤图的利用和对比，建库后的图中仍保留了原县域土壤图的土种代码，属性挂接为国标代码。

4. 由于县域耕地资源信息系统数据字典中的划分的地貌名称少，其地貌名称不能一一对应，在建库时尽量选择与数据字典中相近的地貌名称进行编码。为方便地貌图的利用和对比，在地貌图中保留了原地貌图的名称和代码，图例中增加了建库数据字典中规定的地貌名称、代码与县原地貌名称、代码的对比表，属性挂接为数据字典中规定的地貌名称和代码。

5. 对同一个县已有资料坐标系不统一问题，依据数据库建设要求，所有成果全部统一到高斯—克吕格投影，6度分带，1954年北京坐标系中。

第三节　数据库标准化

一、标准引用

县域耕地资源信息系统数据字典中规定的国标及行业有关技术标准：

1. GB2260—2002　《中华人民共和国行政区划代码》

2. NY/T309—1996　《全国耕地类型区、耕地地力等级划分标准》

3. NY/T310—1996　《全国中低产田类型划分与改良技术规范》

4. GB/T 17296—2000　《中国土壤分类与代码》

5. 全国农业区划委员会　《土地利用现状调查技术规程》

6. 国土资源部　《土地利用现状变更调查技术规程》

7. GB/T 13989—1992　《国家基本比例尺地形图分幅与编号》

8. GB/T 13923—1992　《国土基础信息数据分类与代码》

9. GB/T 17798—1999　《地球空间数据交换格式》

10. GB 3100—1993　《国际单位制及其应用》

11. GB/T 16831—1997　《地理点位置的纬度、经度和高程表示方法》

12. GB/T 10113—2003　　《分类编码通用术语》

13. GB/T 10114—2003　　《县以下行政区划代码编制规则》

14. GB/T 9648—1988　　《国际单位制代码》

15. 农业部　《全国耕地地力调查与评价技术规程》

16. 农业部　《测土配方施肥技术规范（试行）》

17. 农业部　《测土配方施肥专家咨询系统编制规范（试行）》

18. 山东省县域土种归属标准。

19. 山东省县域耕地地力评价标准等。

二、空间坐标系及建库平台

1. 空间数据坐标系

投影：高斯—克吕格，6 度分带。1954 年北京坐标系，1956 年黄海高程系。比例尺：1∶50 000。

2. 数据库采集模板和数据库文件格式

为使所有建库资料达到统一化和标准化，以及满足所有成果图件的输出和耕地资源地力评价工作的需要，对建库资料的扫描矢量化和几何校正处理工作均采用 MAPGIS 平台，数据库的文件格式为 MAPGIS 的点、线、面文件。待数据库成果评审验收和修改后，将 MAPGIS 的点、线、面格式转换为 shape 格式，由 ARCGIS 平台进行数据库规范化处理，最后将数据库资料导入县域耕地资源信息管理系统。

第四节　数据库结构

一、空间数据库图层划分

空间数据库图层划分是严格按照县域耕地资源信息系统数据字典要求分层的，每层只反映属性相同的内容。河东区耕地资源信息系统数据库建设包括土地利用现状图、第二次土壤普查成果和耕地地力评价等三部分内容。全省空间数据库图层划分情况详见表 7 - 1 所示。

表 7-1 耕地资源信息系统空间数据库分层表

序号	图层代码	图层名称	序号	图层代码	图层名称
1	AD101	行政区划图	18	SP103	耕层土壤有效磷等值线图
2	AD102	县乡村位置图	19	SP104	耕层土壤速效钾等值线图
3	AD103	行政界线图	20	SP105	耕层土壤缓效钾等值线图
4	AD201	辖区边界图	21	SP106	耕层土壤有效锌等值线图
5	AD202	装饰边界图	22	SP108	耕层土壤有效钼等值线图
6	GE103	面状水系图	23	SP109	耕层土壤有效铜等值线图
7	GE104	线状水系图	24	SP110	耕层土壤有效硅等值线图
8	GE105	道路图	25	SP111	耕层土壤有效锰等值线图
9	GE201	坡度图	26	SP112	耕层土壤有效铁等值线图
10	GE203	地貌类型分区图	27	SP201	耕层土壤 pH 等值线图
11	LM102	灌溉分区图	28	SP113	耕层土壤交换性钙等值线图
12	LU101	土地利用现状图	29	SP114	耕层土壤交换性镁等值线图
13	SB101	土壤图	30		耕层土壤有效硫等值线图
14	SB203	地下水矿化度等值线图	31		耕层土壤水解性氮等值线图
15	SB302	耕地地力调查点点位图	32		耕地地力评价等级图
16	SP101	耕层土壤有机质等值线图	33		耕层土壤有效硼等值线图
17	SP102	耕层土壤全氮等值线图			

注：表 7-1 为山东省统一的分层情况，河东区为部分图件

二、属性数据库结构

属性数据结构内容严格按县域耕地资源管理信息系统数据字典及建库县提供的资料编制。属性数据库结构详见表 7-2 所示。

表 7-2 耕地资源信息系统属性数据库结构表

图 名	属 性 数 据 结 构	字段类型
行政 区划图	内部标识码:系统内部 ID 号	长整型,9
	实体类型:point,polyline,polygon	文本型,8
	实体面积:系统内部自带	双精度,19,2
	实体长度:系统内部自带	长整型,10
	县内行政码:根据国家统计局"统计上使用的县以下行政区划代码 编制规则"编制	长整型,6
县乡村 位置图	内部标识码:系统内部 ID 号	长整型,9
	实体类型:point,polyline,polygon	文本型,8
	X 坐标:无,Y 坐标:无	双精度,19,2
	县内行政码:根据国家统计局"统计上使用的县以下行政区划代码 编制规则"编制	长整型,6
	标注类型:村标注,乡标注,县标注	字符串,6
行政 界线图	内部标识码:系统内部 ID 号	长整型,9
	实体类型:point,polyline,polygon	文本型,8
	实体长度:系统内部自带	长整型,10
	界线类型:根据国家基础信息标准(GB13923—92)填写	文本型,40
辖区 边界图	内部标识码:系统内部 ID 号	长整型,9
	实体类型:point,polyline,polygon	文本型,8
	实体面积:系统内部自带	双精度,19,2
	实体长度:系统内部自带	长整型,10
	要素代码:依据《国家基础地理信息数据分类与代码》编制要素代码	长整型,5
	要素名称:依据《国家基础地理信息数据分类与代码》编制要素名称	文本型,40
	行政单位名称:单位的实际名称填写	文本型,20
装饰 边界图	内部标识码:系统内部 ID 号	长整型,9
面状 水系图	内部标识码:系统内部 ID 号	长整型,9
	实体类型:point,polyline,polygon	文本型,8
	实体面积:系统内部自带	双精度,19,2
	实体长度:系统内部自带	长整型,10
	要素代码:依据《国家基础地理信息数据分类与代码》编制要素代码	长整型,5
	要素名称:依据《国家基础地理信息数据分类与代码》编制要素名称	文本型,40
	面状水系码:自定义编码	字符串,5
	面状水系名称:依据 2006 年 10 月版山东省地图册编制	字符串,20
	湖泊贮水量:依据 1:5 万地形图	字符串,8

图　名	属　性　数　据　结　构	字段类型
线状水系图	内部标识码：系统内部 ID 号	长整型,9
	实体类型：point,polyline,polygon	文本型,8
	实体长度：系统内部自带	长整型,10
	要素代码：依据《国家基础地理信息数据分类与代码》编制要素代码	长整型,5
	要素名称：依据《国家基础地理信息数据分类与代码》编制要素名称	文本型,40
	线状水系码：自定义编码	长整型,4
	线状水系名称：依据 2006 年 10 月版山东省地图册编制	文本型,20
	河流流量：无	长整型,6
道路图	内部标识码：系统内部 ID 号	长整型,9
	实体类型：point,polyline,polygon	文本型,8
	实体长度：系统内部自带	长整型,10
	要素代码：依据《国家基础地理信息数据分类与代码》编制要素代码	长整型,5
	要素名称：依据《国家基础地理信息数据分类与代码》编制要素名称	文本型,40
	公路代码：根据国家标准 GB917.1—89《公路路线命名编号和编码规则命名和编号规则》编制	文本型,11
	公路名称：根据国家标准 GB917.1—89《公路路线命名编号和编码规则命名和编号规则》编制	文本型 20
地貌类型分区图	内部标识码：系统内部 ID 号	长整型,9
	实体类型：point,polyline,polygon	文本型,8
	实体面积：系统内部自带	双精度,19,2
	实体长度：系统内部自带	长整型,10
	地貌类型：数据引用自"中国科学院生物多样性委员会地貌类型代码库"（四类码）	文本型,18
灌溉分区图	内部标识码：系统内部 ID 号	长整型,9
	实体类型：point,polyline,polygon	文本型,8
	实体面积：系统内部自带	双精度,19,2
	实体长度：系统内部自带	长整型,10
	灌溉水源：县局提供数据	文本型,10
	灌溉水质：无	文本型,4
	灌溉方法：县局提供数据	文本型,18
	年灌溉次数：县局提供数据	文本型,2
	灌溉条件：无	文本型,4
	灌溉保证率：无	长整型,3
	灌溉模数：无	双精度,5,2
	抗旱能力：无	长整型,3

图　名	属　性　数　据　结　构	字段类型
土地利用现状图	内部标识码：系统内部 ID 号	长整型,9
	实体类型：point,polyline,polygon	文本型,8
	实体面积：系统内部自带	双精度,19,2
	实体长度：系统内部自带	长整型,10
	地类号：国土资源部发布的《全国土地分类》三级类编码	长整型,3
	平差面积：无	双精度,7,2
土壤图	内部标识码：系统内部 ID 号	长整型,9
	实体类型：point,polyline,polygon	文本型,8
	实体面积：系统内部自带	双精度,19,2
	实体长度：系统内部自带	长整型,10
	土壤国标码：土壤类型国标分类系统编码	长整型,8
地下水矿化度等值线图	内部标识码：系统内部 ID 号	长整型,9
	实体类型：point,polyline,polygon	文本型,8
	实体长度：系统内部自带	长整型,10
	地下水矿化度：依据县级矿化度图实际数据填写	双精度,5,1
耕地地力调查点点位图	内部标识码：系统内部 ID 号	长整型,9
	实体类型：point,polyline,polygon	文本型,8
	X 坐标：北京 1954 坐标系	双精度,19,2
	Y 坐标：北京 1954 坐标系	双精度,19,2
	点县内编号 AP310102：自定义编号	长整型,8
行政区基本情况数据表	县内行政码 SH110102：根据国家统计局"统计上使用的县以下行政区划代码编制规则"编制	长整型,6
	省名称：山东省	字符串,6
	县名称：××市,××区,××县	字符串,8
	乡名称：××乡,××镇,××街道	字符串,18
	村名称：××村,××委员会	字符串,18
	行政单位名称：××市,××区,××县,××乡,××镇,××街道,××村,××委员会	字符串20
		字符串7
	总人口：无	字符串7
	农业人口：无	字符串7
	非农业人口：无	双精度,11,2
	国民生产总值 GNP：无	字符串,20

图　名	属　性　数　据　结　构	字段类型
县级行政区划代码表	行政单位名称：××市，××区，××县，××乡××镇××街道××村××委员会	长整型，6
	县内行政码 SH110102：根据国家统计局"统计上使用的县以下行政区划代码编制规则"编制	长整型 9
土地利用现状地块数据表	内部标识码：系统内部 ID 号	长整型 9
	地类号：国土资源部发布的《全国土地分类》三级类编码	字符串，3
	地类名称：国土资源部发布的《全国土地分类》三级类名称	字符串，20
	计算面积：无	双精度，7，2
	地类面积：无	双精度，7，2
	平差面积：无	双精度，7，2
	报告日期：无	日期型，10
土壤类型代码表	土壤国标码：土壤类型国标分类系统编码	字符串，8
	土壤国标名：土壤类型国标分类系统名称	字符串，20
耕地地力调查点基本情况及化验结果数据表	灌溉水源：县提供数据	字符串，10
	灌溉方法：县提供数据	字符串，18
	调查点国内统一编号：自定义编号	字符串，14
	调查点县内编号：自定义编号	字符串，8
	调查点自定义编号 AP310103：自定义编号	字符串，40
	调查点类型：耕地地力调查点	字符串，20
	户主联系电话：区号—本地电话号码	字符串，13
	调查人联系电话：区号—本地电话号码	字符串，13
	调查人姓名：××××	字符串，8
	调查日期：采集当天日期	日期型，10
	≥0℃积温：无	字符串，5
	≥10℃积温：无	字符串，5
	年降水量：县提供数据	字符串，4
	全年日照时数：无	字符串，4
	光能辐射总量：无	字符串，4
	无霜期：县提供数据	字符串，3
	干燥度 CW210107：无	双精度，4，2
	东经：县提供数据	双精度，9，5
	北纬：县提供数据	双精度，8，5
	坡度：地形坡度海拔：海拔高度	双精度，6，1
	坡向：缺少数据	双精度，4，1

河东耕地

图　名	属 性 数 据 结 构	字段类型
耕地地力调查点基本情况及化验结果数据表	地形部位:数据引用自 NY/T309—1996《全国耕地类型区、耕地地力等级划分》和 NY/T310—1996《全国中低产田类型划分与改良技术规范》	字符串,4
	田面坡度:依据田面实际坡度	字符串,50
	灌溉保证率:无	双精度,4,1
	排涝能力:无	字符串,3
	梯田类型:无	字符串,2
	梯田熟化年限:无	字符串,10
	保护块面积:无	字符串,3
	土壤侵蚀类型:无	双精度,7,2
	土壤侵蚀程度:无明显侵蚀,轻度侵蚀	字符串,8
	污染源企业名称:无	字符串,20
	污染源企业地址:无	字符串,50
	液体污染物排放量:无	字符串,50
	粉尘污染物排放量:无	双精度,6,1
	污染面积 LE220105:无	双精度,6,1
	污染物类型:无	双精度,9,2
	污染范围:无	字符串,20
	污染造成的损害:无	字符串,40
	距污染源距离:无	字符串,30
	污染物形态:无	字符串,5
	污染造成的经济损失:无	字符串,4
	省名称:山东省	字符串,9
	县名称:××市,××区,××县	字符串,8
	乡名称:××乡,××镇,××街道	字符串,18
	村名称:××村,××委员会	字符串,18
	户主姓名	字符串,8
	土壤类型代码(国标):根据县提供数据填写	字符串,8
	土类名称(县级):县提供数据	字符串,20
	亚类名称(县级):县提供数据	字符串,20
	土属名称(县级):县提供数据	字符串,20
	土种名称(县级):县提供数据	字符串,10
	剖面构型:土层符号代码表、土层后缀符号代码表、剖面构型数据编码表是根据《中国土种志》整理	字符串,8
	质地构型:无	字符串,2

图　名	属　性　数　据　结　构	字段类型
	耕层厚度：县提供数据	字符串,10
	障碍层类型：无	字符串,3
	障碍层出现位置：无	字符串,3
	障碍层厚度：无	字符串,30
	成土母质：数据引用于《土壤调查与制图》(第二版),农业出版社	字符串,6
	质地：中壤土,重壤土,沙壤土	双精度,4,2
	容重：县提供数据	字符串,2
	田间持水量：县提供数据	双精度,4,1
	pH：依据土壤化学分析 pH 值耕地地力等级评价成果填写	双精度,4,1
	CEC：依据土壤化学分析 CEC 值耕地地力等级评价成果填写	双精度,5,1
	有机质：依据土壤化学分析有机质值耕地地力等级评价成果填写	双精度,6,3
	全氮：依据土壤化学分析全氮值耕地地力等级评价成果填写	字符串,5
	全磷：依据土壤化学分析全磷值耕地地力等级评价成果填写	双精度,5,1
耕地地力	有效磷：依据土壤化学分析有效磷值耕地地力等级评价成果填写	字符串,4
调查点基	缓效钾：依据土壤化学分析缓效钾值耕地地力等级评价成果填写	字符串,3
本情况及	速效钾：依据土壤化学分析速效钾值耕地地力等级评价成果填写	双精度,5,2
化验结果	有效锌：依据土壤化学分析有效锌值耕地地力等级评价成果填写	双精度,4,2
数据表	水溶态硼：依据土壤化学分析水溶态硼值耕地地力等级评价成果填写	双精度,6,2
	有效硅：依据土壤化学分析有效硅值耕地地力等级评价成果填写	双精度,4,2
	有效钼：依据土壤化学分析有效钼值耕地地力等级评价成果填写	双精度,5,2
	有效铜：依据土壤化学分析有效铜值耕地地力等级评价成果填写	双精度,5,1
	有效锰：依据土壤化学分析有效锰值耕地地力等级评价成果填写	双精度,6,1
	有效铁：依据土壤化学分析有效铁值耕地地力等级评价成果填写	双精度,6,1
	交换性钙：依据土壤化学分析交换性钙值耕地地力等级评价成果填写	双精度,5,1
	交换性镁：依据土壤化学分析交换性镁值耕地地力等级评价成果填写	双精度,5,1
	有效硫：依据土壤化学分析有效硫值耕地地力等级评价成果填写	双精度,5,1
	盐化类型：无	字符串,20
	1m 土层含盐量：无	双精度,5,1
	耕层土壤含盐量：无	双精度,5,1
	水解性氮：依据土壤化学分析水解性氮值耕地地力等级评价成果填写	双精度,5,3
	旱季地下水位：无	字符串,3
	采样深度：县提供数据	字符串,7

河
东
耕
地

图　名	属 性 数 据 结 构	字段类型
耕层土壤 有机质 等值线图	内部标识码：系统内部 ID 号 实体类型：point，polyline，polygon 实体长度：系统内部自带 有机质：依据土壤化学分析有机质值耕地地力等级评价成果填写	长整型，9 文本型，10 长整型，10 双精度，5，1
耕层土壤 全氮等值 线图	内部标识码：系统内部 ID 号 实体类型：point，polyline，polygon 实体长度：系统内部自带 全氮：依据土壤化学分析全氮值耕地地力等级评价成果填写	长整型，9 文本型，10 长整型，10 双精度，4，2
耕层土壤 有效磷 等值线图	内部标识码：系统内部 ID 号 实体类型：point，polyline，polygon 实体长度：系统内部自带 有效磷：依据土壤化学分析有效磷值耕地地力等级评价成果填写	长整型，9 文本型，10 长整型，10 双精度，5，1
耕层土壤 速效钾 等值线图	内部标识码：系统内部 ID 号 实体类型：point，polyline，polygon 实体长度：系统内部自带 速效钾：依据土壤化学分析速效钾值耕地地力等级评价成果填写	长整型，9 文本型，10 长整型，10 长整型，3
耕层土壤 缓效钾 等值线图	内部标识码：系统内部 ID 号 实体类型：point，polyline，polygon 实体长度：系统内部自带 缓效钾：依据土壤化学分析缓效钾值耕地地力等级评价成果填写	长整型，9 文本型，10 长整型，10 长整型，4
耕层土壤 有效锌 等值线图	内部标识码：系统内部 ID 号 实体类型：point，polyline，polygon 实体长度：系统内部自带 有效锌：依据土壤化学分析有效锌值耕地地力等级评价成果填写	长整型，9 文本型，10 长整型，10 双精度，5，2
耕层土壤 有效钼 等值线图	内部标识码：系统内部 ID 号 实体类型：point，polyline，polygon 实体长度：系统内部自带 有效钼：依据土壤化学分析有效钼值耕地地力等级评价成果填写	长整型，9 文本型，10 长整型，10 双精度，4，2
耕层土壤 有效铜 等值线图	内部标识码：系统内部 ID 号 实体类型：point，polyline，polygon 实体长度：系统内部自带 有效铜：依据土壤化学分析有效铜值耕地地力等级评价成果填写	长整型，9 文本型，10 长整型，10 双精度，5，2

图　名	属　性　数　据　结　构	字段类型
耕层土壤 有效硅 等值线图	内部标识码：系统内部 ID 号 实体类型：point,polyline,polygon 实体长度：系统内部自带 有效硅：依据土壤化学分析有效硅值耕地地力等级评价成果填写	长整型,9 文本型,10 长整型,10 双精度,6,2
耕层土壤 有效锰 等值线图	内部标识码：系统内部 ID 号 实体类型：point,polyline,polygon 实体长度：系统内部自带 有效锰：依据土壤化学分析有效锰值耕地地力等级评价成果填写	长整型,9 文本型,10 长整型,10 双精度,5,1
耕层土壤 有效铁 等值线图	内部标识码：系统内部 ID 号 实体类型：point,polyline,polygon 实体长度：系统内部自带 有效铁：依据土壤化学分析有效铁值耕地地力等级评价成果填写	长整型,9 文本型,10 长整型,10 双精度,5,1
耕层土壤 pH 等值 线图	内部标识码：系统内部 ID 号 实体类型：point,polyline,polygon 实体长度：系统内部自带 pH：依据土壤化学分析 pH 值耕地地力等级评价成果填写	长整型,9 文本型,10 长整型,10 双精度,4,1
耕层土壤 交换性钙 等值线图	内部标识码：系统内部 ID 号 实体类型：point,polyline,polygon 实体长度：系统内部自带 交换性钙：依据土壤化学分析交换性钙值耕地地力等级评价成果填写	长整型,9 文本型,10 长整型,10 双精度,6,1
耕层土壤 交换性镁 等值线图	内部标识码：系统内部 ID 号 实体类型：point,polyline,polygon 实体长度：系统内部自带 交换性镁：依据土壤化学分析交换性镁值耕地地力等级评价成果填写	长整型,9 文本型,10 长整型,10 双精度,5,1
耕层土壤 有效硫 等值线图	内部标识码：系统内部 ID 号 实体类型：point,polyline,polygon 实体长度：系统内部自带 有效硫：依据土壤化学分析有效硫值耕地地力等级评价成果填写	长整型,9 文本型,10 长整型,10 双精度,5,1
耕层土壤 水解性氮 等值线图	内部标识码：系统内部 ID 号 实体类型：point,polyline,polygon 实体长度：系统内部自带 水解性氮：依据土壤化学分析水解性氮值耕地地力等级评价成果填写	长整型,9 文本型,10 长整型,10 双精度,5,3

河东耕地

图　名	属　性　数　据　结　构	字段类型
耕地地力评价等级图	内部标识码：系统内部 ID 号	长整型,9
	实体类型：point,polyline,polygon	文本型,10
	实体面积：系统内部自带	双精度,19,2
	等级（县内）：'120'	文本型,2
耕层土壤有效硼等值线图	内部标识码：系统内部 ID 号	长整型,9
	实体类型：point,polyline,polygon	文本型,10
	实体长度：系统内部自带	长整型,10
	有效硼：依据土壤化学分析有效硼值耕地地力等级评价成果填写	双精度,4,2
土壤全盐含量分布图	内部标识码：系统内部 ID 号	长整型,9
	实体类型：point,polyline,polygon	文本型,10
	实体长度：系统内部自带	长整型,10
	全盐：依据土壤化学分析全盐值耕地地力等级评价成果填写	双精度,4,1
耕层土壤有效镁等值线图	内部标识码：系统内部 ID 号	长整型,9
	实体类型：point,polyline,polygon	文本型,10
	实体长度：系统内部自带	长整型,10
	有效镁：依据土壤化学分析有效镁值耕地地力等级评价成果填写	长整型,2
耕层土壤有效钙等值线图	内部标识码：系统内部 ID 号	长整型,9
	实体类型：point,polyline,polygon	文本型,10
	实体长度：系统内部自带	长整型,10
	有效钙：依据土壤化学分析有效钙值耕地地力等级评价成果填写	长整型,2

第五节　建库工作方法

一、数据库质量控制

数据库质量涉及三个方面的工作；一要满足耕地地力评价工作的需要。二要满足耕地资源信息系统数据库建设的需要。三要满足建库所有成果图件输出的需要。为满足以上三个方面的要求，在数据库建设工作开展前，首先在有关国标、部标和行业标准的基础上，制定了统一的工作平台、工作方法和流程，成果图件图名、图例和色彩编制要求，成果质量检查工作方法，对耕地地力评价基础性图件首先在建库单位初步检查后，交项目县进行全面检查和修改补充错漏内容，返回建库单位对所有成果图件安排专人进行全面检查和修改，从而保证了数据库的成果质量。

二、建库工作有关规定

为保证建库工作的按时及保质完成，成立了建库项目组：

1. 建库项目组：设立技术负责一人，全面负责建库工作有关规程的学习，日常建库工作安排、工作进度、质量检查、建库数据库资料汇总、MAPGIS 格式建库成果经 ARCGIS 规范化处理，导入县域耕地资源信息系统等工作。

2. 质量检查组：安排具有工作经验的人员成立检查组，负责所有建库资料的质量检查及修改工作。

3. 制定了建库工作标准：在建库工作前，首先对建库图形子图的大小、线的粗细及线型，面的色彩搭配，图件分层，工作方法和流程下发到每一个建库工作人员手中，统一了建库图形扫描矢量化的技术要求。

4. 最终成果检查：所有成果图待评审验收后，依据专家意见，由建库组和耕地地力评价组依据专家和甲方意见进行成果图和数据库修改补充，最后输出成果图件和导入县域耕地资源信息系统。

三、建库资料精度及建库工作流程

（一）建库资料精度

为保证建库资料的数学精度，首先形成大于河东区范围的 1：5 万标准图幅理论图框，拼接形成县域的 1：5 万理论图框。以 1：5 万标准分幅地形图为基础，在地形图和县域土地利用现状图上选同名地物点（主要为农村道路交叉点等）为几何校正点。为保证县域图件的精度，河东区不少于 30 个几何校正点，每一个几何校正点选择地形图附近的 4 个公里网交叉点，将其校正到县域的理论图框上，形成满足 1：5 万精度要求的县域地理底图。以该图为基础，将所有建库成果图件校正到县域地理底图上。

（二）建库工作流程

第一步：首先按照建库工作的基本要求对土地利用现状、土壤、矿化度、灌溉分区、地貌、采样点位等图件进行扫描矢量化和几何校正处理、建库组错漏自查和交甲方进行错漏检查、返回建库组修改及编辑，拓扑检查，属性挂接处理等。第二步：将以上成果交耕地地力评价组进行耕地地力评价工作。第三步：耕地地力评价组将其评价成果资料再返回建库组，由建库组按照县域耕地资源信息系统数据库建设要求，对所有建库成果资料进行全面的质量检查及编辑处理、拓扑处理、属性挂接，最后由 MAPGIS—ARCGIS 生成县域耕地资源信息系统及输出成果图件。

（三）主要空间数据库说明

1. 行政区划图（地理底图）。以土地利用现状图为背景，分别提取乡镇、村庄、主要工矿企业建设用地，主要道路、河流、境界、行政区划等内容。参考地图或 1∶5 万地形图，对主要道路、双线河流等地物进行连接并加注地物注记。依据卫星影像等资料，对近年来增加的主要道路进行更新。

2. 土壤图。依据土壤调查研究报告、土壤志、山东省土壤分类归属标准，编制土种归属对比表和国标、省标、县三级对比表图例。在土壤图上保留土壤图原始代码，属性挂接为国标代码，可满足部、省、县各级政府工作的需要。

3. 地貌图。由于地貌图为微地貌图，为满足部、省、县各级政府使用及建库工作的需要，在地貌图中保留了原地貌代码，其属性尽量对应到数据字典中的名称及代码，在图例中增加了对比表，满足了各项工作的需要。

（四）属性库编制方法

严格按照建库数据字典中的要求及建库单位提供的资料编制各种成果图属性代码。

第六节　建库成果

河东区耕地资源信息系统数据库建设成果包括农业部规定格式的数据库和 MAPGIS 格式的成果共计 23 幅图，详见附表 7-3 所示。

表 7-3　河东区耕地资源信息系统数据库建设成果表

序　号	成　果　图　名　称	备　注
1	河东区土地利用现状图	
2	河东区地貌图	
3	河东区土壤图	
4	河东区矿化度含量分布图	
5	河东区坡度图	
6	河东区耕地地力调查点点位图	
7	河东区灌溉分区图	
8	河东区土壤 pH 值分布图	
9	河东区耕地地力评价等级图	
10	河东区土壤缓效钾含量分布图	
11	河东区土壤碱解氮含量分布图	
12	河东区土壤交换性钙含量分布图	
13	河东区土壤交换性镁含量分布图	
14	河东区土壤全氮含量分布图	
15	河东区土壤速效钾含量分布图	
16	河东区土壤有机质含量分布图	
17	河东区土壤有效磷含量分布图	
18	河东区土壤有效硫含量分布图	
19	河东区土壤有效锰含量分布图	
20	河东区土壤有效钼含量分布图	
21	河东区土壤有效硼含量分布图	
22	河东区土壤有效铜含量分布图	
23	河东区土壤有效锌含量分布图	

第七节 小 结

河东区耕地资源管理信息系统数据库建设包括空间数据库和属性数据库两部分内容。空间数据库全部是按照县域耕地资源管理信息系统数据字典要求进行的。属性数据库由于部分资料难以收集到（如土地平差面积等），属性数据仅按照县域耕地资源管理信息系统数据字典要求编制了部分内容。另外，耕地地力评价土壤采样点点位图，利用 GPS 坐标展绘到地理底图上的点与实际点位误差较大，达不到精度要求，所以耕地地力评价土壤调查采样点点位图是依据野外采样点点位图经扫描矢量化后形成，属性挂接为 GPS 定点的坐标。

第二篇 耕地地力评价专题研究

第八章

日光温室蔬菜土壤盐渍化演变规律与防控技术专题

日光温室作为一种节能高效栽培设施，能满足多种喜温性蔬菜冬季生产的要求，为实现蔬菜周年生产和周年供应，满足消费者对蔬菜多样化的需求提供了新的途径。然而，由于日光温室内常处于封闭或半封闭状态，气温高，湿度大，肥料投入量多，土壤经常处于湿润状态，形成了一个特殊的生态系统。同时又由于温室大棚栽培条件下的土壤缺少雨水淋洗，且温度、湿度、通气状况和肥水管理均与露天栽培有较大差别，加之设施栽培又长期处于高集约化、高复种指数、高肥料施用量的生产状态下，其特殊的生态环境与不合理的水肥管理措施导致了土壤次生盐渍化问题的产生。

河东区具有种植日光温室蔬菜的传统，种植面积常年稳定在1 333.3 hm^{2}左右，菜农收益高。但近年来，随着温室使用年限的延长，温室土壤次生盐渍化问题日益突出。土壤次生盐渍化一方面使土壤板结、养分供应不平衡，不仅直接危害作物的正常生长，而且造成作物产量及品质的下降；另一方面也改变了土壤微生物的状况，从而对整个土壤环境造成了不利影响，阻碍农业生产的可持续发展，并已经对人体健康和生态环境造成现实和潜在的危害。

2006—2009 年，河东区土肥站对日光温室土壤盐分组成状况、盐渍化危害程度及其影响因素进行了试验研究，初步明确了日光温室土壤盐分变化规律，制定了主要蔬菜土壤障碍监测指标，研究提出了稻菜轮作、滴灌、土壤生物改良剂等盐渍化生态修复技术，并与蔬菜壮苗培育、土壤消毒、有害生物综合防治等先进技术组装配套，制定了日光温室番茄、黄瓜等蔬菜的土壤盐渍化控制生产技术规程，在河东区及周边县区示范应用，取得了显著的经济效益和社会效益。

一、日光温室蔬菜土壤盐分组成及变化规律

为了解日光温室土壤养分、盐分状况，找出盐渍化形成原因及变化规律，为科学防治提供依据，河东区土肥站对河东区日光温室土壤盐分组成特点、不同栽培年限、不同生产方式条件下的土壤盐分变化特点及规律进行了调查。

（一）日光温室土壤盐分组成调查及分析

1. 调查材料与方法

土壤盐分调查在河东区太平、郑旺、八湖等蔬菜主要产区进行。蔬菜种类主要有番茄、黄瓜、辣椒、芸豆等，温室生产年限 2～10 年，大田种植作物主要有小麦、水稻、玉米等。选取不同栽培年限的日光温室和邻近粮田，采用混合土样法，分别采集 0～20 cm 和 20～40 cm 土层样品。2006 年 5 月 9 日～22 日，共采集土样 116 个。其中温室土样 68 个、大田土样 48 个，测定其盐分组成及全盐量。

土壤 EC 值用电导仪测定（土：水＝1：5）；全盐采用残渣烘干质量法；NO_3^- 采用酚二磺酸比色法；Ca^{2+}、Mg^{2+} 采用原子吸收分光光度计法；K^+、Na^+ 采用火焰光度计法；SO_4^{2-} 采用 EDTA 间接络合滴定法；HCO_3^- 采用中和滴定法；Cl^- 采用硝酸银滴定法。

数据分析使用 Microsoft Excel 软件，计算平均值、标准差，进行方差分析，建立回归方程，并进行相应的假设检验。

2. 日光温室土壤盐分特点

对日光温室土壤盐分组成进行测定（结果见表 8-1）。大田土样平均全盐量：0～20 cm 为 0.96 g/kg，20～40 cm 为 0.83 g/kg；温室土壤全盐量明显高于大田，0～20 cm 土层与 20～40 cm 土层分别为 2.84 g/kg、2.56 g/kg，相当于邻近大田土壤的 3 倍。分析结果显示，差异显著，说明温室栽培环境可使土壤盐分增加，而且在盐分组成上也有明显变化。大田土壤 0～20 cm 土层 Ca^{2+} 含量占 32.35%，而温室土壤占 40.77%；大田土壤 0～20 cm 土层 NO_3^- 含量占 14.22%，而温室土壤则上升到 31.45%；而 SO_4^{2-} 与之相反，由 27.11% 下降到 14.53%，其他离子变化不明显。

表 8-1 日光温室土壤盐分组成测定结果

（各离子占全盐量的比例 %）

	土层 (cm)	Ca^{2+}	Mg^{2+}	Na^+	K^+	Cl^-	HCO_3^-	SO_4^{2-}	NO_3^-	全盐 (g/kg)
温室	0～20	40.77	2.12	1.77	5.03	3.98	2.09	14.53	31.45	2.84
	20～40	39.24	2.40	3.29	5.38	3.22	1.47	21.41	22.63	2.56
大田	0～20	32.35	1.94	6.49	9.22	1.55	1.22	27.11	14.22	0.96
	20～40	34.98	2.38	5.48	7.06	1.91	1.47	28.06	13.66	0.83

同时，无论是大田还是日光温室土壤，0～20 cm 土层全盐量明显高于 20～40 cm 土层，表现出明显的土壤盐分表聚性，即表层土壤盐分高于深层土壤。原因主要有三个方面：一是日光温室蔬菜施肥不合理，硫酸钾复合肥和氮肥投入过大，肥料不能完全被作物吸收，残留的养分集聚在土壤表层，造成表土层 NO_3^-、SO_4^{2-} 等离子含量增加。二是日光温室内温度高，土表蒸发量是露地的 1～2 倍，随着地表水分的强烈蒸发，盐分可以随水上移，导致盐分向土壤表层积聚。而且由于温室温度高于露地，土壤的风化作用明显加剧，土壤矿物质分解的离子和施入的肥料结合而使土壤盐分浓度增加较快。三是温室土壤长期处于密闭的环境中，土壤得不到雨水充分淋洗，土壤水分自下向上运动，致使盐分

向土壤表层积聚。且蔬菜灌溉多采用小水浇灌，土壤盐分下渗深度较浅，向深层流失较少。

（二）影响日光温室土壤盐渍化演变的主要因素

1. 日光温室生产年限对日光温室盐渍化的影响

2006～2007年，对采集的土壤样品进行分析，发现日光温室蔬菜土壤的碱解氮随生产年限延长有逐年增加的趋势。为此，我们对不同生产年限的日光温室土壤盐分情况进行了采样调查和测试分析。

（1）调查内容与方法。2006年5月～2007年6月，在日光温室蔬菜发展较早、规模较大、生产较集中的郭太平、徐太平、沭河等村选择采样点，调查温室生产年限、种植作物种类及品种。分大田，连续种植蔬菜4年以下、4～8年、8年以上的温室4类。于5月下旬至6月下旬，蔬菜全部收获后，温室揭膜前进行取样。分别采集0～5 cm、5～20 cm及0～20 cm土样，共布采样点84个。其中大田10个，4年以下日光温室27个，4～8年日光温室24个，8年以上的日光温室23个。0～20 cm土样测定pH值、有机质、碱解氮、有效磷、速效钾；全盐量按0～5 cm、5～20 cm分别测定。

有机质采用油浴加热重铬酸钾容量法；铵态氮采用KCl浸提—蒸馏法；硝态氮采用酚二磺酸比色法；碱解氮采用碱解扩散法；有效磷采用碳酸氢钠提取—钼锑抗比色法；速效钾采用火焰光度计法；全盐量采用残渣烘干—质量法。

（2）日光温室土壤含盐量与生产年限呈正相关（结果与分析）。不同生产年限日光温室土壤养分及全盐量测定结果（表8-2）表明：温室土壤0～20 cm土层有机质、碱解氮、有效磷、速效钾等养分皆随生产年限延长而增加；有效磷、速效钾增幅较大，8年以上温室土壤二者含量分别为122.5 mg/kg、427 mg/kg，增幅分别为206%、557%；碱解氮和有机质增幅较小，分别比大田增加61 mg/kg、8.2 g/kg，增幅分别为59%、67%；全盐量也明显增加，4年以下温室土壤0～5 cm土层全盐量为2.54 g/kg，比大田高出1.42 g/kg，增幅为127%，8年以上的日光温室土壤 0～5 cm 土层全盐量为 3.11 g/kg，比邻近大田高出 1.99 g/kg，增幅为 178%。

表 8-2　不同生产年限日光温室土壤养分及全盐量比较

项　　目	样本数	碱解氮 (mg/kg)	有效磷 (mg/kg)	速效钾 (mg/kg)	有机质 (g/kg)	0～5 cm 土层全盐 (g/kg)	5～20 cm 土层全盐 (g/kg)
4 年以下	27	115	87.5	286	14.1	2.54aA	2.08aA
4～8 年	24	136	98.4	343	17.7	2.86bB	2.58bB
8 年以上	23	164	122.5	427	20.4	3.11bB	2.77bB
大　田	10	103	36.8	65	12.2	1.12a	1.084a

表 8-3　不同土层全盐量差异性比较　　　　　　　　　　　　(g/kg)

项　　目	1～4 年	4～8 年	8 年以上
0～5 cm 土层	2.54aA	2.86bB	3.11bB
5～20 cm 土层	2.08aA	2.58bB	2.77bB

栽培 4 年以上的日光温室，0～5 cm 土层全盐量与大田相比，达到了显著差异水平，8 年以上的全部达到极显著水平。这说明日光温室盐分在 4 年以下没有显著积累，使用 4 年后，耕层盐分随生产年限的延长有加速增加的趋势。这主要因为温室实行周年生产，有些养分过量，有些养分供应不足，长时间种植造成土壤发生盐渍化。大田化肥投入相对较少，且土壤全年接受自然降水，盐分因雨水淋溶而向土壤深层移动，表聚效应小，因此盐分积累较轻。

从表 8-3 可以看出，0～5 cm 与 5～20 cm 土层全盐量的增长趋势和大田基本一致，4 年以下的日光温室与 4～8 年的温室全盐量增加较缓慢，而 8 年以上的温室增加最快。

从土壤耕层可溶性盐垂直分布来看，表层 0～5 cm 土壤全盐量明显高于次表层 5～20 cm，且均达到显著水平。可见，不同年限日光温室土壤盐分表聚性明显，尤其是 4 年以下的温室，由于春季太阳辐射增强，地面温度升高快，地面水分蒸发强烈，土壤盐分易向表层积累。

2. 不同生产方式对温室土壤盐分的影响

对全区设施蔬菜土壤样品测试数据按生产方式进行分类，常规栽培、无公害栽培、有机栽培的地块，土壤有机质、氮素和盐分有一定差异，说明不同生产方式对土壤化学特性变化有较大差异。0～20 cm 土壤全盐量有机栽培和露地栽培相近，无公害栽培次之，常规栽培积累较快。

2007 年 4 月中旬，区土肥站在郑旺镇沭河村对不同生产方式的菜田土壤盐分含量进行了测定。有机栽培采样点设在同德有机蔬菜示范园，无公害栽培和常规栽培采样点为示范园邻近温室，温室生产年限一致。种植作物为番茄和辣椒。采用混合取样法，有机栽培、无公害栽培和常规栽培各定点选取 3 个温室，采集 0～20 cm 土样，测定全盐量。

测定结果（见表 8-4）表明，3 种生产方式下，0～20 cm 土壤全盐量平均值以常规栽培最高，无公害栽培次之，有机栽培和露地栽培相近。有机栽培和无公害栽培温室与附近大田 0～20 cm 土壤盐分差异不显著；常规栽培与有机栽培 0～20 cm 土壤盐分差异达到极显著水平；常规栽培与无公害栽培达到显著水平。说明常规栽培 4 年以上可导致土壤次生盐渍化，有机栽培可在一定程度上减少土壤耕层盐分积累。这是由于有机栽培只施用有机肥，增加了土壤有机质，利于土壤自生固氮菌、纤维降解菌等微生物的繁殖生长，能提高磷酸化酶、蔗糖酶等酶的活性，改善土壤养分状况。同时，有机物在分解过程中产生的低分子有机酸能使磷酸盐溶解度增大，并活化土壤微量元素，增加土壤中离子溶解度，活化钙镁盐类，有利于土壤脱盐。

表 8-4　不同生产方式日光温室土壤 0～20 cm 全盐量

	土壤全盐量（g/kg）	差异显著性（0.05）	差异显著性（0.1）
常规栽培	2.92	a	A
无公害栽培	2.46	b	B
有机栽培	1.22	b	B
附近大田	1.19	b	B

（三）综合分析

综合对日光温室蔬菜盐分试验调查结果，河东区日光温室土壤 $0\sim5$ cm 土层盐分浓度为 $2.54\sim3.11$ g/kg，$5\sim20$ cm 土层为 $2.08\sim2.77$ g/kg。在盐分组成上阴离子主要以 NO_3^-、SO_4^{2-} 离子为主。盐渍化形成主要因素是温室封闭的环境、过量施用氮肥、同类作物长年连作、灌溉方式不当等。温室土壤耕层盐分含量与温室生产年限、种植模式、生产方式密切相关，随着生产年限延长逐年加重。有机栽培、无公害栽培、常规栽培盐渍化程度依次加重。

二、日光温室蔬菜土壤盐分障碍监测指标及临界值

（一）温室蔬菜盐害种类调查

对日光温室蔬菜主要产区调查发现，连作年限较长、盐渍化程度较重的温室，蔬菜主要表现为以下两类症状：

1. 生理干旱

土壤盐分含量过高，影响蔬菜对水分的吸收，引起蔬菜生理干旱，植株生长滞缓、矮化，下部叶片边缘干枯，果实畸形，严重时下部叶片焦枯，中上部叶片边缘干枯，表现为生理性干旱、萎蔫，甚至枯死，产量下降 $20\%\sim30\%$，品质也明显下降，经济效益降低 25% 左右。主要原因是土壤盐分积累过多，造成土壤溶液浓度过高，渗透势增加。土壤水势降低至小于根部水势时，降低叶片细胞膨压，引起气孔关闭，导致蒸腾作用，光合作用降低，阻碍作物对水分的吸收，作物根细胞就会失水以至枯萎死亡。

2. 缺素症

土壤盐渍化影响蔬菜对矿质元素的吸收，土壤离子失衡，诱发植物缺素症。土壤硝酸盐浓度的上升，导致植株内硝态氮含量增加，影响植株对 Ca^{2+}、Mg^{2+} 吸收，造成钙生理病害，如番茄脐腐病等。同时植株蛋白质的合成被破坏，作物体内出现氨基酸及游离酸的积累，产生氨中毒。轻度硝酸盐的积累可使蔬菜对各营养元素吸收不平衡，引起锰中毒和缺铁症，而且石灰性土壤可引起缺锌和铜等矿质元素，蔬菜出现黄

化、枯梢等症状。

（二）蔬菜土壤盐分障碍监测指标临界值的测定

为确定土壤盐分对蔬菜的致病浓度，河东区土肥站以番茄为重点，对蔬菜土壤盐分障碍指标及临界值进行了试验测定。结果表明，全盐含量和 pH 值是影响温室土壤是否产生生理障碍的主要因素，pH 值5.53、全盐含量 2.98 g/kg 是引起番茄土壤盐害指标的临界值。

1. 测试材料与方法

试验于 2007 年 5 月上旬进行，选择生产年限较长的番茄温室，在蔬菜生长后期停止施用化肥后，对出现吸收障碍的温室采集耕层土样，按照障碍分级标准分别记录，并在相近未发生吸收障碍的温室采集对比土样。测定土样 pH 值、碱解氮、有效磷、速效钾、全盐量。

2. 蔬菜盐害分级标准

以蔬菜植株障碍表现和产量状况将土壤盐分障碍分为 0～4 级。

0 级：植株生长正常，未发生障碍；

1 级：植株生长相对滞缓，矮化不明显，下部叶片边缘部分出现干枯，减产幅度 10%以下；

2 级：植株矮化，下部叶片干枯，出现僵苗，尚未死苗，减产幅度 10%～20%；

3 级：植株明显矮化，中上部叶片边缘干枯，普遍发生僵苗，秧苗死亡率 10%以下，减产幅度 20%～30%；

4 级：植株明显僵化，中上部叶片边缘干枯，秧苗死亡率 10%以上，减产幅度 30%以上。

表 8-5　供试土壤基础性状测定结果

障碍程度	pH	碱解氮（mg/kg）	有效磷（mg/kg）	速效钾（mg/kg）	全盐量（g/kg）
重度	5.4	137.2	137.2	159.4	4.3
轻度	5.6	126.1	126.1	138.7	3.1

3. 蔬菜盐分障碍监界指标

根据土壤样品各项指标测定结果（表 8-6），对各项指标与发生障碍程度相关关系分析（结果见表 8-7）。pH 值、全盐量与温室土壤发生生理障碍程度相关关系达到极显著水平，两项指标又以全盐含量反映土壤障碍更具代表性。土壤速效钾含量与障碍程度相关关系虽达到显著水平，但从含量变化趋势和相关系数分析，其直线回归方程代表性较差，出现显著相关的原因是参与分析的样品数量较多。碱解氮、有效磷与土壤障碍发生关系基本无关。

表 8-6 土样各项指标测定结果

障碍程度	样本数（个）	pH	碱解氮（mg/kg）	有效磷（mg/kg）	速效钾（mg/kg）	全盐量（g/kg）
0 级	15	5.88	126.08	105.08	134.66	2.91
1 级	11	5.76	119.08	118.12	141.50	3.40
2 级	9	5.64	137.16	102.57	151.30	3.82
3 级	10	5.60	130.28	113.73	140.73	4.01
4 级	7	5.55	125.63	104.26	153.54	4.32

表 8-7 土壤发生障碍程度与各项指标关系及分析

障碍指标	直线回归方程	相关系数
pH	$y=44.0216-7.9819x$	$r=0.923$
硝态氮	相关关系不明显	$r=0.274$
有效磷	相关关系不明显	$r=0.011$
速效钾	$y=-3.7487+0.0377x$	$r=0.378$
全盐量	$y=-7.4112+25.5910x$	$r=0.958$

通过上述分析看出，致使温室土壤产生障碍的农化指标主要是 pH 值和全盐含量。根据直线回归方程可计算出土壤产生各级障碍的指标临界值（见表 8-8）。当土壤 pH≥5.53、全盐量≤2.98 g/kg 时，番茄根系吸收功能正常；当两项指标中有 1 项，尤其是全盐含量大于障碍临界值时，根系吸收能力开始受到抑制；而当 pH<5.13、全盐量>4.06 g/kg

时，即达到三级障碍程度时，土壤会产生严重障碍，蔬菜生长受到影响，产量锐减。

表 8-8　番茄土壤盐害主要指标临界值

项目	0 级	1 级	2 级	3 级	4 级
pH	5.53	5.39	5.26	5.14	5.13
全盐量（g/kg）	2.98	3.29	3.68	4.07	4.06

障碍临界值（表 8-8）与测定值（表 8-6）相比，全盐量与障碍指标间拟和状态较好，用来判定土壤盐渍化危害程度更具代表性，pH 值拟和状态相对较差，因此在具体应用时应以全盐含量为主要监测指标。

因此，全盐含量和 pH 值是影响温室土壤是否产生生理障碍的主要因子。pH 值 5.53、全盐含量 2.98 g/kg 是引起番茄土壤盐害指标的临界值。

三、日光温室土壤盐渍化防控技术

（一）采用滴灌方式浇水

近几年，随着日光温室建造技术的不断改进，临沂地区温室跨度一般 9～10 米，脊高 3.8～4 米，支架多采用无立柱式，温室空间加大，温室温度、光照条件显著改善，农事操作更加方便。为控制室内湿度，抑制病害发生，部分菜农采用滴灌系统浇水。经调查，发现滴灌不仅节水、省工、减少病害发生，而且对控制土壤盐分积累也具有较好的效果。为进一步明确滴灌对土壤盐渍化的控制效果，2007～2009 年，对采用沟灌、渗灌、滴灌不同浇水方式的温室土壤盐分变化特点进行了调查。

1. 调查材料与方法

2007～2009 年，河东区土肥站在郭太平村无公害番茄基地已连续生产 3 年的日光温室内（种植作物为番茄，供试温室土壤理化性状见表 8-9），连续 3 年做小区浇水试验，设沟灌、渗灌、滴灌 3 个处理，每个处理设 3 个小区，小区面积 50 m^2。渗灌采用河南济源塑料厂生产的多孔渗灌管，渗灌管埋深 30 cm。当 20 cm 深处土壤水分吸力达 10 kPa 时进行灌水，设定计划湿润层深度为 40 cm。使用土壤持水特征曲线，按灌水后计划湿润层土壤水分含量达到田间持水量。计算沟灌 1 次灌水量，其范围为 $1.5 \sim 2 \ m^3/666.7 \ m^2$，渗灌、滴灌灌水量为沟灌的 1/2。各处理施肥相同，定植前每 666.7 m^2 沟施有机肥 5 000 kg、磷酸二铵 35 kg、硫酸钾 25 kg。于番茄第 1 穗果膨大期、第 2 穗果膨大期追肥 2 次，每次追施尿素 $7 \sim 10 \ kg$。

表 8 - 9 供试温室土壤 0～20 cm 土层理化性状

pH 值	有机质 （g/kg）	全氮 （g/kg）	全磷 （g/kg）	全钾 （g/kg）	碱解氮 （mg/kg）	有效磷 （mg/kg）	速效钾 （mg/kg）
6.8	22.7	1.32	1.86	17.62	96.91	103.16	164.35

试验于 2007～2009 年连续 3 年进行。每年于 10 月中旬番茄定植后开始，至次年 6 月上旬拉秧时结束。每年拉秧后至采样前，保持棚膜覆盖完好，土壤未接受自然降水。6 月下旬采集土壤样品，取样层次为 0～5 cm、5～10 cm、10～15 cm、15～20 cm4 个层次，每一层均按混合土样法采样，采后用鲜样测定土壤 NO_3^- 含量，其他指标在土样风干后测定。测定土壤水溶性离子采用常规方法。

2. 不同浇水方式对土壤盐分、离子浓度和 EC 值的影响

（1）对土壤盐分的影响

测定结果（表 8 - 10）表明，渗灌、滴灌和沟灌 3 种灌水方法 0～20 cm 土层平均全盐量分别为 1.934 g/kg、0.820 g/kg 和 2.545 g/kg，渗灌和滴灌均低于沟灌。即盐分积累以沟灌最重，渗灌次之，滴灌最轻。

表 8 - 10 不同灌水方法 0～20 cm 土层离子组成测定结果　　　　（g/kg）

灌水方法	pH	EC	全盐	HCO_3^-	Cl^-	NO_3^-	SO_4^{2-}	K^+	Na^+	Ca^{2+}	Mg^{2+}
渗灌	6.31	0.549	1.934	0.012	0.087	0.727	0.269	0.044	0.114	0.668	0.146
滴灌	6.65	0.225	0.820	0.018	0.053	0.261	0.262	0.034	0.068	0.142	0.037
沟灌	6.33	0.515	2.545	0.015	0.075	1.030	0.264	0.027	0.099	0.540	0.087

图 8-1 是不同土层盐分含量测定结果，从中可以看出各灌水处理的土壤盐分含量均表现出明显的表聚性，即表层土壤含盐量最高，随着土层深度增加盐分含量减少。用 $S=ah^{-b}$ 表示土壤全盐含量 S（g/kg）随土层深度 h（cm）变化关系，进行相关分析，结果如表 11。

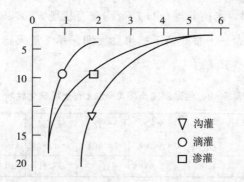

图 8-1　不同灌水处理土层盐分的剖面变化　全盐含量（g/kg）

表 8-11　全盐含量、硝酸离子与土层深度的关系

	全盐（g/kg）		NO_3^-（g/kg）		EC（ms/cm）	
渗灌	$S=14.083h^{-1.148}$	$r=-0.984$	$N=7.719h^{-1.523}$	$r=-0.961$	$E=4.656h^{-1.241}$	$r=-0.999$
滴灌	$S=2.793h^{-0.839}$	$r=-0.988$	$N=1.498h^{-1.014}$	$r=-0.952$	$E=1.479h^{-0.697}$	$r=-0.982$
沟灌	$S=12.538h^{-0.848}$	$r=-0.953$	$N=6.195h^{-0.999}$	$r=-0.982$	$E=0.826h^{-0.697}$	$r=-0.992$

对全盐含量、硝酸离子与土层深度的关系进行分析，3 种灌水方法的土壤全盐量与土层深度相关关系均达到 5‰ 显著水平（$n=4$，$r_{0.05}=0.950$）。上述方程 $S=ah^{-b}$ 中，系数 $a=1$ 时，即 1 cm 深处的土壤盐分含量，其大小顺序为：渗灌（14.083 g/kg）＞沟灌（12.538 g/kg）＞滴灌（2.793 g/kg）。可见，近地表处盐分积累以渗灌最强，沟灌次之，而滴灌最小。方程 $S=ah^{-b}$ 中 b 的绝对值大小表示土壤全盐量随土层深度增加而减少的速率，在 3 种灌水方式中，其排列顺序为渗灌（-1.148）＞沟灌（-0.848）＞滴灌（-0.839），说明土壤盐分随土层深度增加而减少的速率渗灌最大，沟灌次之，滴灌最小。

（2）对土壤 EC 值的影响

渗灌、滴灌和沟灌 0～20 cm 土层平均土壤 EC 值分别为 0.549、0.225 和 0.515 ms/cm。不同灌水方法间差异明显，以沟灌 EC 值最小。同一灌水方法其土壤越近地表，EC 越高。随土层深度增加，EC 值下降，其相关分析结果如表 8－11。土壤 EC 值随土层深度增加呈幂函数降低，二者相关性分别达到 5‰或 1‰显著水平。

（3）对土壤离子的影响

0～20 cm 土层，阴离子浓度以 NO_3^- 含量最高，SO_4^{2-} 和 Cl^- 次之；阳离子以 Ca^{2+} 含量最高，Mg^{2+} 和 Na^+ 次之，K^+ 最少。在 3 种灌水方法中，以 NO_3^- 浓度相差最大，其次是 SO_4^{2-} 和 Cl^-。HCO_3^- 在不同灌水方法间虽然差异明显，但由于其浓度很低，所以其差值的绝对值很小。0～20 cm 土壤 NO_3^- 平均浓度以沟灌为最高，滴灌最小；Cl^- 和 SO_4^{2-} 浓度均为渗灌＞沟灌＞滴灌。可溶性阳离子 Ca^{2+}、Mg^{2+} 和 Na^+ 在不同灌水方法中差异明显，均以渗灌最高，沟灌次之，滴灌最低。K^+ 浓度以渗灌最高，滴灌次之，沟灌最小。由此可见，在渗灌、滴灌和沟灌 3 种方式中，滴灌 0～20 cm 土层测定的主要阴离子和阳离子含量明显低于渗灌和沟灌，阴离子以 NO_3^- 为主，阳离子以 Ca^{2+} 为主。

试验结果表明，从防治和控制土壤次生盐渍化效果看，以滴灌效果最好，沟灌最差。这是由于滴灌单次灌水量较小，土体部分被湿润，深层土壤中盐分上移数量较少，盐分积累也较轻。渗灌土壤水分则靠毛管作用上移，但由于地表干燥，水分移动缓慢且数量相对较小，则盐分积累也相对较轻。而沟灌灌水量最大，由于温室内蒸发强烈，下层盐分随着水分蒸发移至地表，土表盐分积累作用强。

（二）施用土壤生物改良剂

多年试验和生产实践发现，增施有机肥和土壤生物改良剂可增加土壤有机质，改善土壤理化性质，控制土壤盐分积累。甲壳素（又称几丁聚糖）是一种生物制剂，有调节土壤酸碱度、改善土壤团粒结构[4-5]和土壤微生物区系的作用，有利于土壤放线菌等有益微生物的生长，促进土壤中农药、硝酸盐等化学物质的降解，降低土壤盐分浓度。河东区从 2005 年就试验推广了甲壳素生物肥，2008 年并对其效果进行了试验调查。

1. 试验材料与方法

试验肥料选用山东阿波罗集团有限公司生产的 20％甲壳素（阿波罗 963 液体冲施肥）。试验地点设在郭太平村刘士宏温室。温室生产年限 6 年，种植作物为甜椒。甜椒于 2008 年 10 月 6 日播种，11 月 10 日定植，定植后 10 天开始冲施 20％阿波罗 963 液体冲施肥，每 15 天冲施 1 次，连续施用 3 次。试验共设 4 个处理：

处理 I （CK）：冲施相同数量的清水；

处理 II：每 666.7 m^2 冲施 20％阿波罗 963 液体 20 kg，兑水 1 000 kg；

处理 III：每 666.7 m^2 冲施 20％阿波罗 963 液体 30 kg，兑水 1 000 kg；

处理 IV：每 666.7 m^2 冲施 20％阿波罗 963 液体 40 kg，兑水 1 000 kg。

小区面积 80 m^2，每个处理 3 次重复。采用对角线法多点取样，采集 0～20 cm 土层土样，测定有机质和全盐含量。甜椒农艺性状调查于定植 4 个月后进行，主要调查株高、叶片数、叶片大小、茎粗、单果重、单株重等指标。

2. 调查结果与效果分析

（1）合理施用甲壳素能有效控制温室土壤盐渍化。试验结果表明（表 8-12），使用甲壳素冲施肥后，各处理小区土壤盐分较 CK 有明显下降。其中处理 III 效果最显著，盐分下降 60.2％；处理 IV 次之，盐分下降 68.7％；处理 II 效果最差，盐分下降 29.2％。各处理土壤有机质含量较 CK 明显增加。其中处理 III 较 CK 增加 28.1％；处理 IV 较 CK 增加 26.7％，处理 II 较 CK 增加 2.7％。可见，不同的甲壳素施用水平对土壤盐分积累都有控制效果，但不同用量效果不同，以每 666.7 m^2 施 30 kg 为效果最好。其原因是甲壳素改善了土壤的理化性状，有利于硝化细菌等有益微生物的繁殖，促进了土壤盐分的转化和降解。

表 8-12 不同甲壳素水平对土壤有机质和盐分的影响

处理	有机质		全盐	
	含量（g/kg）	增减（+g/kg）	含量（g/kg）	增减（+g/kg）
Ⅰ（CK）	21.7		1.900	
Ⅱ	22.3	2.7	1.345	−29.2
Ⅲ	27.8	28.1	0.756	−60.2
Ⅳ	27.9	26.7	0.964	−68.7

表 8-13 不同甲壳素水平对甜椒农艺性状的影响

处理	株高（cm）	叶片数（个）	叶片大小（cm）	茎粗（cm）	单果重（g）	单株重（g）	增产（%）
Ⅰ（CK）	24.8	10.4	8.6×4.5	0.38	48	481	
Ⅱ	32.2	12.2	9.2×5.0	0.49	50	516	7.3
Ⅲ	30.8	12.4	11.1×5.8	0.50	54	594	13.5
Ⅳ	35.2	12.6	11.8×5.7	0.60	55	603	15.4

（2）甲壳素水平能促进蔬菜生长发育。从表 8-13 可以看出，经甲壳素处理后，各处理区甜椒的株高、叶片数、叶片大小、茎粗、单果重、产量等均明显高于 CK。处理Ⅳ效果最佳，平均单果重增加 7 g，产量增加 15.4%；处理Ⅲ效果次之，平均单果重增加 6 g，产量增加 13.5%；处理Ⅱ效果最差，平均单果重增加 2 g，产量增加 7.3%，这说明温室甜椒施用甲壳素不仅可抑制土壤盐渍化的发生，而且能促进蔬菜生长。随用量的增加，产量逐渐增加，具有较好的增产作用。

（三）合理轮作技术

河东区大棚蔬菜种植区同时也是水稻主产区，菜农有种植水稻的习惯。近几年，随着温室蔬菜土传病害的加重，河东区土肥站推广蔬菜与水稻、玉米等轮作模式，调查发现连续实施稻菜轮作的温室，不仅灰霉病、疫病、枯萎病等土传病害发病率明显降低，而且土壤盐分含量明显降低。

1. 不同轮作方式日光温室土壤含盐量调查

2006 年 8 月～2009 年 6 月对采用不同轮作方式的日光温室菜田土

壤盐分进行试验调查。调查样本为连续种植蔬菜 6 年的黄瓜日光温室，分黄瓜与芹菜轮作，连续轮作 3 年；黄瓜与玉米轮作，连续轮作 3 年；黄瓜与水稻轮作，连续轮作 3 年。3 种轮作方式处理的日光温室同时进行。每个处理 3 次重复，小区面积 60 m²。黄瓜、水稻、玉米、芹菜均按常规栽培管理方法进行，每年于黄瓜全部采收后，下季作物施肥播种前，采集试验棚 0～20 cm 土层土样，测定样品全盐量。

表 8-14　不同处理各年份 0～20 cm 土层全盐含量测定结果　　（g/kg）

处理	处理前	第 1 年		第 2 年		第 3 年	
		当年值	比上年增减	当年值	比上年增减	当年值	比上年增减
Ⅰ（CK）	2.89	2.96	0.07	3.04	0.08	3.15	0.11
Ⅱ	2.89	2.91	0.02	2.94	0.03	2.99	0.04
Ⅲ	2.89	2.55	−0.34	2.26	−0.29	1.98	−0.28

表 8-15　不同处理 0～20 cm 土层全盐含量比较　　（g/kg）

处理	第 1 年		第 2 年		第 3 年	
	当年值	较 CK 增减（%）	当年值	较 CK 增减（%）	当年值	较 CK 增减（%）
Ⅰ（CK）	2.96	—	3.04		3.15	
Ⅱ	2.91	−1.7	2.94	−3.3	2.99	−5.0
Ⅲ	2.55	−13.9	2.26	−25.7	1.98	−37.1

2. 不同轮作方式对日光温室土壤盐分积累的效果

对采用不同轮作方式的日光温室土壤盐分测试结果表明，在 3 个处理中，处理Ⅰ和处理Ⅱ，即黄瓜与芹菜轮作和黄瓜与玉米轮作，0～20 cm 土层全盐量均随种植年限增加而增加，但增加幅度差别较大。黄瓜与芹菜轮作，0～20 cm 土层全盐量轮作 1 年后、2 年后、3 年后分别比上年增加 0.07、0.08、0.11 g/kg，增幅依次为 2.4%、2.7%和 3.6%。黄瓜与玉米轮作 3 年内分别比上年增加 0.02 g/kg、0.03 g/kg 和 0.04 g/kg，增幅依次为 0.07%、1%和 1%。黄瓜与水稻轮作，0～20 cm 土层全盐量则随着轮作年限延长而降低，轮作 3 年内全盐含量分别比上年降低 0.34 g/kg、0.29 g/kg 和 0.28 g/kg。

同一年份，0～20 cm 土层全盐量，黄瓜与玉米轮作、黄瓜与水稻轮作和黄瓜与芹菜轮作相比，土壤全盐量第 1 年分别降低了 1.7%、13.9%，第 2 年降低了 3.3%、25.7%，第 3 年降低了 5.0% 和 37.1%。可见，日光温室蔬菜与水稻、玉米轮作对抑制温室土壤盐渍化均有较好效果，与水稻轮作效果尤其显著。经示范推广，生产中也取得良好的效果。

第九章

土壤有机质演变及提升技术研究专题

2006 年，河东区土肥站对全区 4 137 个土壤样品进行化验，结果显示，全区土壤有机质平均值为 17.0 g/kg，变化范围为 1.6～32.4 g/kg。有机质含量在极高、高和中三个水平的土壤面积占耕地总面积的 24.38％、42.80％和 25.83％；不同土壤类型有机质含量水平不同，按土壤类型分，砂姜黑土＞水稻土＞潮土＞棕壤。

1979 年土壤普查时，河东区耕地土壤有机质平均值为 12.2 g/kg。与 1979 年全国土壤普查时相比，2006 年增加了 4.8 g/kg，增幅 39.2％，有机质含量水平由中、低水平上升到中、高等水平，但不同种植制度、不同土壤类型耕地有机质含量水平不均衡。总体上看，河东区耕地有机质含量仍需不断提高。

本研究以耕地地力评价土壤有机质测定结果和农户施肥调查数据为基础，结合 1979 年土壤普查结果，总结分析河东区二十年来有机质演变的规律，并针对目前问题试验研究了水田秸秆还田技术、EM 生物菌快速腐化和使用技术等六种有机质提升技术。

一、河东区土壤有机质养分现状和演变

河东区地处沂河、沭河冲积平原，属淮河流域，沂、沭河水系。全

区辖区面积 608.8 平方千米，总耕地面积 30 986.7 hm²。土壤分潮土、砂姜黑土、水稻土、棕壤土共 4 个土类，11 个土属，38 个土种。其中潮土 15 200.0 hm²，占总耕地面积的 49.1%；砂姜黑土 5 586.7 hm²，占总耕地面积的 18.1%；水稻土 5 266.7 hm²，占总耕地面积的 16.9%；棕壤 4 933.3 hm²，占总耕地面积的 15.9%。

（一）河东区土壤有机质含量总体状况

2006 年，在全区按照土壤类型、作物布局、种植结构，采用 GPS 定位，于秋季作物收获后、施肥前（设施蔬菜为晾棚期）采集土壤样品，并调查作物施肥、浇水、种植制度等情况。样品于室内风干后，采用油浴加热重铬酸钾氧化法进行化验。对化验结果进行统计分析，结果如表 9 - 1。

全区土壤有机质的平均含量为 17.0 g/kg，变幅 1.6~32.4 g/kg。由表 9 - 1 可知，全区耕地土壤有机质处在较高水平，有机质含量大于 20 g/kg 耕地占总耕地的 24.2%，含量在 15~20 g/kg 的耕地占总耕地的 43.0%，含量在 12~15 g/kg 的耕地占总耕地的 18.8%。

表 9 - 1　土壤有机质含量状况汇总

级　别	范围 （g/kg）	样品个数 （个）	代表面积 （hm²）	占总耕地比例 （%）
1	>20	1 001	7 498.3	24.2
2	15~20	1 779	13 326.1	43.0
3	12~15	778	5 827.8	18.8
4	10~12	292	2 187.3	7.1
5	8~12	164	1 228.5	4.0
6	6~8	77	576.8	1.9
7	6<	46	344.6	1.1
合　计		4 137	30 989.3	100.00

（二）不同种植类型下土壤有机质含量状况

表 9 - 2 统计结果显示，不同种植制度下土壤有机质的含量状况不

同。水稻土壤有机质含量较其他种植制度高，平均值为 18.8 g/kg，多数耕地有机质含量在 20 g/kg 和 15~20 g/kg 两个级别。有机质含量大于 20.0 g/kg 的耕地占 36.7%，含量在 15~20 g/kg 的耕地占 45.3%。玉米地有机质含量平均值为 16.0 g/kg，大部分耕地有机质含量在 20 g/kg、15~20 g/kg 和 12~15 g/kg 三个级别。苗木花卉、设施蔬菜、露地蔬菜、杞柳地平均值分别为：14.1 g/kg、14.7 g/kg、15.9 g/kg 和 16.1 g/kg，其土壤有机质含量主要集中在 15~20 g/kg 和 12~15 g/kg 两个级别。果园有机质含量较其他种植制度低，平均值为 11.4 g/kg，低于 6 g/kg 占 9.6%。

（三）不同土壤类型下土壤有机质含量状况

不同土壤类型耕地有机质含量状况存在明显的差异。水稻土和砂姜黑土有机质含量较高，平均值分别为：18.3 mg/kg 和 18.5 mg/kg，有机质含量在大于 20 g/kg 和 15~20 g/kg 两个级别的耕地所占比例高；潮土耕地土壤有机质平均值为 16.4 mg/kg，84.3%耕地有机质含量在大于 20 g/kg、15~20 g/kg 和 12~15 g/kg 三个级别；棕壤有机质含量较低，平均值为 15.4 mg/kg，含量低于 12 g/kg（4、5、6 和 7 级别）的耕地占棕壤总面积的 27%。

二、河东区农田土壤养分状况的演变

1979 年，有机质平均含量为 12.2 g/kg，含量大于 20 g/kg 的占 3.14%，10~20 g/kg 之间的占 66.68%，低于 10 g/kg 的占将近 30%。而 2006 年有机质平均含量达到 17.0 g/kg，比 1979 年增加了 39.18%（如图 9-1），含量大于 20 g/kg 的占 24.38%，10~20 g/kg 之间的占 68.63%，低于 10 g/kg 不足 10%。

虽然与 1979 年数据相比，河东区耕地有机质有了一定提高，但受耕作制度、种植作物类型和土壤类型的影响，土壤有机质含量不均衡，有机质大田和果园地块土壤有机质含量相对缺乏。全区 2 800 hm² 果园土壤有机质平均含量仅为 11.4 g/kg，40%的果园有机质处在缺乏的状态。主要原因是果园土壤本身比较贫瘠，有机质含量低，农民种植过程中施用有机肥量较少。

表 9 - 2 不同种植制度下土壤有机质含量状况统计

级别	范围 (g/kg)	玉米地 面积 (hm²)	比例 (%)	水稻地 面积 (hm²)	比例 (%)	露天蔬菜地 面积 (hm²)	比例 (%)	设施蔬菜地 面积 (hm²)	比例 (%)	果园地 面积 (hm²)	比例 (%)	杞柳地 面积 (hm²)	比例 (%)	苗木花卉地 面积 (hm²)	比例 (%)
1	>20	1 861.4	20.1	4 476.1	36.7	372.4	13.3	46.8	6.4	25.3	0.7	247.2	13.9	37.5	4.9
2	15~20	3 421.0	36.9	5 525.7	45.3	1 291.6	46.1	312.1	42.6	606.5	17.6	902.3	50.9	312.2	40.8
3	12~15	2 113.0	22.8	1 571.1	12.9	645.8	23.1	218.5	29.8	631.8	18.4	404.1	22.8	237.3	31.0
4	10~12	875.4	9.4	453.7	3.7	306.4	10.9	78.0	10.6	732.9	21.3	98.1	5.5	58.3	7.6
5	8~12	654.0	7.0	142.2	1.2	108.4	3.9	46.8	6.4	606.5	17.6	39.2	2.2	74.9	9.8
6	6~8	291.8	3.1	20.3	0.2	47.1	1.7	15.6	2.1	505.5	14.7	43.1	2.4	12.5	1.6
7	<6	60.4	0.7	13.5	0.1	28.3	1.0	15.6	2.1	328.5	9.6	39.2	2.2	33.3	4.3
合 计		9 276.9	100.0	12 202.6	100.0	2 800.0	100.0	733.3	100.0	3 437.1	100.0	1 773.3	100.0	766.0	100.0

表9-3　不同土壤类型土壤有机质含量状况统计

级别	范围 (g/kg)	潮土		棕壤		水稻土		砂姜黑土	
		面积 (hm²)	比例 (%)	面积 (hm²)	比例 (%)	面积 (hm²)	比例 (%)	面积 (hm²)	比例 (%)
1	>20	3 007.5	19.8	826.1	16.7	1 755.0	33.4	1 849.1	33.1
2	15~20	6 517.4	42.9	1 652.1	33.5	2 396.5	45.6	2 664.5	47.7
3	12~15	3 287.4	21.6	1 128.9	22.9	685.8	13.0	757.1	13.6
4	10~12	1 284.8	8.4	541.5	11.0	206.5	3.9	189.3	3.4
5	8~12	610.1	4.0	523.2	10.6	95.9	1.8	65.5	1.2
6	6~8	301.5	2.0	192.7	3.9	81.1	1.5	21.9	0.4
7	<6	201.0	1.3	73.4	1.5	36.9	0.7	36.4	0.7
合计		15 209.7	100.0	4 938.1	100.0	5 257.7	100.0	5 583.9	100.0

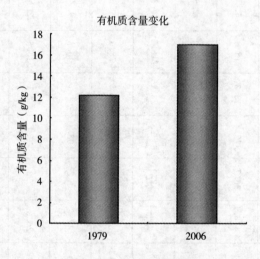

图9-1　有机质含量变化

有机质含量相对较为缺乏。1979年河东区小麦平均产量为232 kg/666.7 m²，玉米为289 kg/666.7 m²。2006年河东区小麦平均产量为346 kg/666.7 m²，比1979年增加49.13%，玉米为446 kg/666.7 m²，比1979年增加54.32%，而土壤有机质仅仅增加了39.18%。与产量的增加幅度相比，河东区有机质含量的增加幅度相对比较小。

此外，随着现代农业建设步伐的加快，高产优质作物新品种和农业新技术不断推广应用，人们在追求作物产量的同时更加注重品质。增加土壤有机质是改善土壤理化性状，提高土壤质量和持续生产能力，是提高作物产量和品质的重要途径。很多研究表明，土壤有机质含量与作物尤其是园艺作物的风味和品质密切相关。

总之，河东区土壤有机质虽然有所提高，但还不能满足新形势下人们对耕地地力的要求，土壤有机质含量相对缺乏。我们今后要加大力度，采取有效措施增加土壤有机质含量，以满足发展高产优质农产品的需要。

三、土壤有机质提升技术

增加土壤有机质的技术和措施要坚持经济、实用、效果好、操作简便的原则。经多次多点试验，我们示范推广了稻茬麦秸秆机械还田、秸秆快速腐解技术和增施有机肥技术，在提高土壤有机质含量、改善土壤质量状况方面取得了较好的效果。

（一）稻茬麦秸秆机械还田技术

小麦、水稻是河东区主要粮食作物，典型种植制度是稻、麦一年两熟。利用水稻移栽前，整地灌水，把前茬小麦秸秆进行机械粉碎还田，发挥夏季稻田水分充足、水温高的优点，可促进秸秆的生物降解。

1. 技术原理

土壤有机质主要来源于高等植物（地上部和地下部）、土壤中的动物、土壤中的微生物和施用的有机肥。秸秆还田就是收获后把作物秸秆翻耕入土层中，在土壤微生物的作用下腐熟分解，提高土壤有机质含量，促进土壤结构体的形成，改善土壤耕作性，增加土壤保持肥水的能力，提高土壤质量和持续生产能力。

2. 田间操作技术规范

（1）适用作物及茬口

作物秸秆还田适用稻麦轮作田。在麦收获后，用 1GH—175/180 型等秸秆还田粉碎机，将秸秆粉碎后直接还田。

（2）秸秆还田用量

秸秆还田量以适量为好，一般控制在 200～350 kg/666.7 m² 范围内为宜（干秸秆），并且要在作业前把秸秆均匀地撒在田间。

（3）还田方法

在未耕的旱地上作业，一般应提前灌水浸泡 12h 以上，待土壤松软后，泥脚深度在 10～20 cm 时适合该机作业。如果在已耕翻的田间作业，灌水后便可作业。机械作业前要灌水泡田，水层太浅或无水层，容易出现刀滚沾泥、机具作业负荷过大的现象，达不到理想的埋草和整地质量。水层过深，容易出现秸秆漂浮在水面上，覆盖效果差、埋草率降低等现象，一般把水层控制在 3～5 cm 为宜。

（4）适速作业

机组的作业速度应根据土壤的软硬条件和秸秆还田数量合理选定。一般的田块采取作业两遍的方法，第一遍机具前进速度宜慢、旋耕深度略浅，第二遍速度可稍快，旋耕深度加大。

（5）合理施足基肥

结合测土配方施肥，基肥中适当增施 10％的氮肥，以补充秸秆分解、腐烂时微生物活动消耗过多的氮素，满足秸秆分解、腐烂的养分需求。

（6）适时定植水稻秧苗

秸秆还田时地块水深以 3～5 cm 为宜，3～5 d 后待秸秆软化后再移栽秧苗。栽插水稻秧苗后，水深不宜超过 5 cm。秧苗返青后，立即采用浅水勤灌的湿润灌溉法，使后水不见前水，以便土壤气体交换和释放有害气体。

3. 稻茬麦秸秆还田效益分析

（1）经济效益

2008 年，对全区 6 个乡镇、12 村、24 户进行稻茬麦秸秆还田的农户进行调查。运用水田秸秆还田机械化技术一般可以使土壤孔隙度增加 3％～6％，含水量提高 1.5％。如果采取一年两季秸秆还田，一年后土壤有机质含量相对提高 0.14％ 左右，土壤地力可提高 0.5～1 个等级，而且每 666.7 m² 可节省用工 4 个。比人工铡草抛撒、传统耕翻埋草，每 666.7 m² 可省工 3 个，节约燃油 2 kg，节约成本 15 元，可大大提高劳动生产率，降低劳动强度。

（2）生态效益

水田秸秆还田技术可一次性完成碎土、埋茬、起浆、平整等工序，具有便捷、快速、低成本的优势，可避免田间地头集中焚烧秸秆造成的烟尘污染和秸秆资源浪费，避免了秸秆对大气、河流等环境污染和由此影响民航、铁路等交通的弊端，净化城乡生产、生活环境。

（二）作物秸秆 EM 生物菌快速腐化和使用技术

1. 技术原理

EM（Effective Microorganisms）有效微生物技术是日本琉球大学比嘉照夫教授研究开发的微生物菌剂，是由光合菌、乳酸菌、酵母菌、发酵丝状菌、放线菌等功能各异的 80 多种微生物组成的一种活菌制剂。这些微生物构成一个复杂而稳定的具有多元功能的微生态系统，可抑制有害微生物，尤其是病原菌和腐败细菌的活动，促进植物生长。在畜禽粪便、秸秆为原料的有机肥堆制过程中，添加 EM 能加速有机碳的分解、减少氮素损失和缩短堆肥时间，有效去除畜禽粪便的恶臭，降低粪肥酸度，减少氨的挥发。

2. 利用 EM 生物菌制造有机肥的工艺和方法

（1）原料收集及处理

有机肥原料因地制宜，选用当地资源较丰富的鸡粪和稻草、玉米秸秆、玉米芯等，秸秆等可占原料总量（秸秆和有机肥）的 20％～50％。堆制发酵前先将长的作物秸秆粉碎成 5～10 cm 长的细段。按照原料：EM 原露：红糖＝500：1：1，需备 EM 原露 2 000 ml、红糖 2 kg。EM 选用临沂益康有机农业科技园有限公司生产的 EM 原露（含有效菌含量＞10 亿/ml）。

（2）工艺流程及操作方法

利用 EM 生物菌制造有机肥，以作物秸秆和农家肥做原料，经过

"物料准备→配制 EM 母液→掺混→密闭发酵→成品" 5 个步骤。具体工艺流程和操作方法如下：

将切碎的作物秸秆与晾干的鸡粪充分混合后，再配制 EM 母液。按水：红糖＝4：1 备料，先用水将红糖溶解，冷却后倒入 EM 原露，再用水配成 500 倍液，然后加入混合好的原料内，边搅拌边喷洒 30％左右的清水（具体用量视原料含水量而定），堆垛压实，用塑料薄膜密封，进行厌氧发酵。夏天经过 10～15d，冬天经过 18～20d，待粪堆散发出酒曲香味或出现白色、红色菌丝，即表明发酵成功。也可以在地上挖一个大坑，用 500～1000 倍 EM 稀释液，先喷施坑底和四壁，然后每放一层料（20 cm 厚），喷一次 500 倍 EM 母液，直到填满大坑，再盖泥土踩实，发酵两周后，有酒曲香味或出现白色、红色菌丝即可使用。发酵中如果温度达到 50℃以上，需翻动降温后再密闭发酵，以免破坏有效物质。密闭的发酵堆肥可保存 3 个月。

3.EM 有机肥有机养分含量和施用效果

河东区土肥站于 2007 年 7 月在河东区郑旺同德有机蔬菜示范园进行试验，分别对常规发酵法和 EM 发酵的两种有机肥养分组成和施用效果进行调查。用自然风干的鸡粪（含水量 45％），掺入少量铡碎的麦秸和玉米秸（20％），各备 1 000 kg，分别采用常规方法和 EM 进行堆沤发酵。分别于发酵前和发酵后采集样品，测定氨基酸等养分含量和粪大肠杆菌、蛔虫卵等有害生物。并分别在大棚番茄上施用，调查两种肥料对番茄产量和品质的影响。

（1）EM 有机肥养分含量

测定结果表明（表 9－4），EM 液发酵的有机肥氨基酸含量为 19.74％，常规发酵的有机肥氨基酸含量为 12.41％，发酵前为 8.36％。EM 有机肥氨基酸含量比常规发酵增加了 7.33％，增幅 59％，且各种氨基酸含量都比常规有机肥高。主要原因是 EM 在发酵过程中，由于微生物的活动产生了多种蛋白酶（包括高温蛋白酶），能降解蛋白质，形成更多易被作物吸收利用的氨基酸。

表 9-4 不同方法发酵的有机肥粗蛋白与氨基酸含量变化 （干重/%）

项目	发酵前	常规发酵	EM 发酵	项目	发酵前	常规发酵	EM 发酵
粗蛋白	28.12	28.74	29.58	蛋氨酸	0.07	0.27	0.37
总氨基酸	8.36	12.41	19.74	异亮氨酸	0.28	0.68	0.89
天门冬氨酸	0.92	1.05	2.18	亮氨酸	0.60	0.94	1.15
苏氨酸	0.49	0.68	1.47	酪氨酸	0.42	0.46	0.59
丝氨酸	0.58	0.69	1.25	苯丙氨酸	0.33	0.64	0.78
谷氨酸	1.32	1.65	4.24	赖氨酸	0.48	0.54	0.64
脯氨酸	0.51	0.57	0.74	组氨酸	0.05	0.3	0.33
甘氨酸	0.55	1.14	1.46	精氨酸	0.41	0.73	1.11
丙氨酸	0.74	0.82	1.01	半胱氨酸	0.21	0.28	0.46
缬氨酸	0.4	0.97	1.07				

注：样品由临沂市农业质量检测中心化验。

（2）EM 有机肥生物安全性

大肠杆菌和蛔虫卵是粪便中的主要有害生物，常规方法发酵有机肥要达到无害化指标，时间一般需 60d 左右。采用 EM 发酵一般时间为 20d 左右。为检验 EM 生物菌在发酵过程中对有害生物的杀灭效果，我们对用 EM 发酵有机肥粪大肠杆菌值和蛔虫卵死亡率进行测定，结果（表 9-5）均达到安全指标。原因是 EM 益生菌能促进有益微生物的繁殖，加快粪便和秸秆的降解，使堆肥短时间内提高发酵温度，延长高温期，能充分快速杀灭大肠菌和蛔虫卵。

表 9-5 有机肥堆制过程中卫生学指标的变化

卫生指标	发酵前	EM 发酵		常规发酵	
		10d	20d	10d	20d
粪大肠杆菌值	>0.000 4	0.043	0.111	0.000 4	0.04
蛔虫卵死亡率	0	50	100	20	80

注：菌值：检出一个粪大肠菌所需的样品的克数。无害化指标：菌值为 $10^{-1} \sim 10^{-2}$，寄生虫卵死亡率为 95%。

（3）EM 有机肥生产应用效果

2007 年，在有机蔬菜示范园对 EM 有机肥在越冬栽培番茄上的应用效果进行了试验。于 6 月 6 日采用同批原料（鸡粪和作物秸秆）同时采用常规和 EM 两种方式进行发酵。

试验在示范园 6 号番茄棚内进行，栽培番茄品种为以色列"哈特"，采用营养块育苗，栽培管理按有机规程进行。试验设 1、2 两个处理，分别施用 EM 有机肥和常规发酵有机肥作基肥 4 000 kg，设 3 次重复，小区面积 100 m²，有机肥全部作基肥，分别于生长期分两次追施 200 kg 豆粕，其他管理均按常规进行。定植缓苗后，每隔 15d 左右调查番茄株高、茎粗，测定根、茎、叶鲜重和单果重。以蒽酮法测定可溶性糖含量；考马斯亮蓝比色法测定可溶性蛋白含量；滴定法测定可滴定酸含量；2，6 一二氯靛酚蓝滴定法测定 VC 含量；水杨酸硝化比色法测定硝酸盐含量；改进的重氮化偶合法测定亚硝酸盐含量；甲苯抽取比色法测定番茄红素含量。各项测试在临沂市农业质量检测中心进行。番茄收获后，采集试验地土壤样品，测定土壤养分和微生物含量。

① 施用 EM 有机肥可增加土壤养分含量，改善土壤环境

试验番茄收获后，用多点取样法分别采集 1、2 两个处理的土壤样品，采用常规方法测定土壤容重、有机质、碱解氮、有效磷、速效钾和土壤微生物含量。测定结果显示施用 EM 有机肥与常规有机肥相比，土壤有机质含量增加 5.6 g/kg，碱解氮增加 11.65 mg/kg，有效磷增加 11.2 mg/kg，速效钾增加 16.3 mg/kg，土壤肥力显著提高。

而且施用 EM 菌剂的番茄温室，土壤 pH 值提高 0.23，酸度降低，土壤微生物数量大大增加，每克土壤达到 21.35×10^6 个，比施常规有机肥增加 92.8%。说明 EM 有机肥能降低土壤酸度，促进土壤微生物的繁殖。

② 施用 EM 有机肥可提高作物产量

对供试番茄生物学性状进行定期观测、记录，并实测各处理产量。调查结果表明施用 EM 有机肥与施用常规有机肥相比，能促进蔬菜生

长，增加株高和茎粗。两处理在缓苗后15d内株高相差不大，但随着生长的进行，两处理之间差距增大，施用EM有机肥的番茄株高、茎粗显著优于对照。两种肥料处理番茄的单果质量、单株产量和单位面积产量有明显差异。

表9-6 EM有机肥料对土壤肥力的影响

处理号	土壤容重 (g/cm³)	pH 值	有机质 (g/kg)	有效养分 （mg/kg）			土壤微生物数 （×10⁶个/g）
				N	P₂O₅	K₂O	
2	1.28	6.43	19.0	115.2	148.0	96.2	13.52
1	1.15	6.66	24.6	126.8	159.2	112.5	21.35

注：土壤容重取样土层为5~20 cm。

测产结果（表9-7）表明与施用常规有机肥相比，施用EM有机肥处理区番茄单果重和单株产量分别增加13.5 g和0.24 kg，增幅13％、10.7％；每666.7 m² 产量比常规处理增加691.9 kg，增幅11.2％，增产效果十分明显。

表9-7 两种肥料处理对番茄不同时期株高及茎粗的影响

处理	株高 (cm)					茎粗 (cm)				
	定植后 15d	定植后 29d	定植后 43d	定植后 57d	定植后 72d	定植后 15d	定植后 29d	定植后 43d	定植后 57d	定植后 72d
常规	26.8	65.7	122.6	141.6	168.4	8.1	14.3	15.7	15.8	16.1
EM	28.9	70.8	132.5	161.3	189.2	8.2	14.4	15.9	16.0	16.3

表9-8 不同肥料处理对番茄产量的影响

处理	单果重（g）	单株产量（kg）	产量（kg/666.7 m²）
常规有机肥	102.3	2.25	6 123.8
EM有机肥	115.8	2.49	6 815.7

③ 施用EM有机肥可增加果实营养成分含量，降低农残积累

对施用两种肥料的番茄果实品质指标测定结果（表9-8）表明，两种有机肥都能显著改善番茄的营养品质，提高果实可溶性糖、可溶性蛋

白和 VC 的含量，同时提高糖酸比，改善果实的风味。施用 EM 有机肥和常规有机肥的番茄与常规栽培相比，番茄红素含量分别增加了 98.1% 和 44%。施用 EM 有机肥和常规有机肥相比，番茄红素增加了 11.92 ug/g，增幅 37.6%，可溶性糖、VC、可溶性蛋白分别增加了 11.8%、10.5%、36.7%。施用 EM 有机肥的番茄果实硝酸盐含量分别比施用常规有机肥和常规栽培降低 33.3%、58.8%；亚硝酸盐含量分别降低 14.2% 和 34.3%。说明施用 EM 有机肥对提高番茄营养物质含量，降低硝酸盐和亚硝酸盐等有害物质含量有较大作用。

表 9-9　EM 有机肥对番茄果实品质的影响

处理	番茄红素 （ug/g）	可溶性糖 （%）	可滴定酸 （%）	糖酸比	VC （m/kg）	可溶性蛋白 （mg/g）	硝酸盐 （ug/g）	亚硝酸盐 （ug/g）
常规栽培 CK	22.02 aA	2.58 aA	0.251 cB	10.28 aA	275.6 aA	2.72 aA	198.3 cC	0.425 cC
常规 有机肥	31.7 bB	2.63 bA	0.222 aa	11.75 cB	330.8 CBC	3.68 bB	122.3 aA	0.325 Aa
EM 有机肥	43.62 cC	2.94 bA	0.208 abAB	12.93 CC	365.4 cC	5.03 cB	81.6 cC	0.279 bC

（三）沼气肥使用技术

河东区建有大型和户用沼气 6 000 多个。一般户用沼气池，一年可产沼气肥 15～30 吨。沼气肥是人畜粪便、有机废弃垃圾、农作物秸秆及不含杀菌物质的生活污水经沼气池密封厌氧发酵后的残留物，是由液态的沼液和固态的沼渣相混的新型有机肥。具有氮、磷、钾养分齐全，肥效缓速兼备，总养分含量高，有机质丰富等特点，含农作物需要的 17 种氨基酸和维生素、生长激素、抗生素和多种微量元素。

据测定，沼气肥比敞口水茅肥的全氮高 14%、铵态氮高 19.3%、有效磷高 21.8%。沼气肥能有效地改善土壤结构，调节土壤中水、肥、气、热状况，并能把土壤中难以被作物吸收利用的营养元素转化为可利用状态，促进作物正常生长发育，同时沼气肥在厌氧发酵过程中杀死了虫卵、草籽和有害病菌，还是一种无虫卵、无草籽、无病菌，对防治病虫害具有显著作用的生物肥料。施用沼气肥是增加土壤有机质的有效措施。沼气肥的使用方法主要有叶面喷肥、追肥灌根和堆制沼腐磷铵复合基肥等。

1. 堆制沼腐磷铵复合基肥

用沼肥与农作物秸秆糠堆沤就制成腐殖酸类肥，再加入磷、氮化肥成为沼腐磷铵复合肥。这种经过沼腐的有机无机配合的优质基肥，可按作物在需要大量基肥之前集中堆制。堆制方法为：先堆制沼腐磷肥，即按每 50 kg 沼肥中加混 5 kg 过磷酸钙比例，拌和 50～100 kg 铡短的秸秆、树叶、糠衣、青草等，堆成园堆，堆外抹一层草泥封存发酵。一个月后再在肥堆四周上打几个孔，按每立方米肥堆加 10 kg 碳酸氢铵的比例，把碳酸氢铵用沼液化开，从肥堆顶孔处慢慢灌入，然后用泥封孔，过 4～5d，就堆成沼腐磷铵复合肥。施用方法与农田上农家肥相同，均匀撒于地面，随即翻耕入土，再整地播种。果园施用，可围绕果树树冠地面处环状或辐射状条沟施入。

2. 叶面喷肥沼液

取沼液经过滤后兑清水 30％～50％，用喷雾机械给作物叶面喷肥。可与多种农药混用，一次作业，喷洒药、肥，提高效果。农作物一般每 666.7 m² 用 50～100 kg，果树每 666.7 m² 用 100～200 kg 以上，蔬菜每 666.7 m² 用 200～300 kg 以上。

3. 追肥灌根

沼渣肥广泛用于粮食、果树、蔬菜、苗木花卉等各类农作物。农田宽行作物顺行间可用人工或机械开沟，沟灌每 666.7 m² 地 2 000～3 000 kg；果树顺树行在树冠外围自地面向内，每棵树周围均匀挖坑 3 个，每坑灌施混稠沼液肥 1 桶，每年错位灌施两次。按农作物和果树各生长发育的具体需求，应适量加施不同的化肥，使有机沼肥与无机化肥合理搭配，下渗后楼土埋平。

（四）农家堆肥制造和使用技术

在普通条件下，农民利用废弃的作物秸秆、人畜粪肥堆沤有机肥。原料来源充足，成本低，而且操作简便，适用于粮食、蔬菜、果树等各类作物。不仅肥力持续时间长，养分全面，而且缓慢释放养分，满足作物各生长期的需求，而且还能改善土壤结构，增加土壤保水保肥能力和土壤中的空气含量，为有益的微生物菌群提供良好的生存环境，抑制致病菌的存活，促进难溶性肥料的分解，使土壤有机质不断更新，土壤理化性状得到改善。

1. 农家肥堆肥主要原料

农民根据自有条件和资源，可用作物秸秆、粪肥、厩肥、鸡粪、鸭粪、猪圈粪、牛粪尿、人粪尿、豆饼水、草木灰、河湖泥等做原料，经堆沤发酵，制成有机肥。

2. 稻草粪尿农家肥堆制方法

稻草、畜禽粪尿来源充足，成本低，沤制成有机肥简便易行，肥效高。一般在冬闲季节地面沤制堆肥。具体操作方法：

（1）配料做堆

选择在背风向阳地方，将地面平整打实，铺上一层 3～4 寸厚的干塘泥或干细土，以便吸收渗下的肥液，然后铺上一层碎短秸秆、垃圾、杂草等物，厚 25～30 cm，并掺些人畜粪便，再撒放占原料 2%～3% 的石灰，泼撒粪水、污水等液体肥分，上铺厚约 7 cm 的稀塘泥、沟坑泥或碎土。以后依次重复加原料，逐层堆积，堆高约 2 m、宽 2 m，长度视材料多少而定。堆沤时下层要松一些，上层要逐次稍为踩压紧实。这样，通透条件好，易腐烂，肥分又易贮藏，不易流失。堆好后用塘泥或稀泥浆糊面，以减少水分蒸发，便于堆内升温发热，发酵腐熟。为了便于通气和加水，在开始堆沤时用秸秆编扎成长 2 m，粗大约 10 cm 的秆束，每隔 1 m 左右自底部向上竖立一条秆束作为气孔，以后补充水分或液体肥料时即可由气孔徐徐灌入。

（2）加水促腐熟

冬季堆沤，蒸发量大，如果水分不足，微生物活动受到抑制，堆肥内部秸秆等杂物不易腐烂。在堆沤过程中需经常加些水粪或污水，使堆内材料吸水膨胀，促进微生物活动，发酵腐熟。堆肥加水时应以堆底微现水分较为适宜。

（3）翻堆促均匀

冬季堆肥在堆沤期间需翻沤 2～3 次，每次翻堆时间要掌握在堆内高温过后几天进行，并加入粪水、污水、人畜粪便等。翻沤时将上面和四周的堆沤物翻入堆内，将原来堆内的堆沤物翻出四周和盖在上层，使所有堆肥的材料腐熟均匀一致。沤制完全腐熟的堆肥，一般呈褐色，材料已经腐烂发臭，富含有机质、肥力高、肥效长。

3. 施用技术

农家有机肥在次年春天即可施用，一般每 666.7 m² 用量 2 000～2 500 kg。施肥时根据作物播种方式可作条施或穴施，也可在翻耕前均匀撒施于地面，然后翻入土中，再经耙地或耙沤田时耙匀，使肥料与泥土融合，减少肥分流失，提高土壤肥力。

（五）合理轮作间作技术

合理进行轮作、间作是提高土壤有机质含量的有效措施。随着农业科技的进步，土壤的利用频率越来越高，然而土壤的有机质含量却入不敷出，成为农业高产的一大制约因素。

实行粮菜、粮肥合理轮作、间作，每 2～4 季穿插种植一茬花生、大豆、红薯、马铃薯或绿肥等作物，不仅可以保持和提高有机质含量，而且可以改善土壤有机质的品质，活化土壤微生物和腐殖质。

河东区推广的主要轮作方式有：大蒜—水稻/玉米轮作、设施蔬菜—水稻/玉米轮作、小麦—白菜/萝卜轮作、早春蔬菜—玉米轮作、西瓜/甜瓜—玉米/花生轮作等种植制度。

（六）种植绿肥

种植翻压绿肥可为土壤提供丰富的有机质和氮素，改善农业生态环境及土壤的理化性状。主要绿肥品种有紫云英、绿豆、田菁等。苕子一般于9月上旬播种,用作春季作物的基肥即现蕾时压青。苜蓿可在春、夏、秋三季播种,在盛花期压青。绿豆、田菁3～6月均可播种,于初花期压青。如果因季节和茬口原因,设施土壤不能栽培绿肥,可采用"客地栽培"的办法解决。力求每2～3年翻压一次绿肥,均可取得地力培肥效。

第十章

农户施肥情况调查分析与地力综合评价

河东区种植制度以小麦水稻轮作、小麦玉米轮作、大蒜玉米轮作为主,种植模式多样,农户施肥习惯不一。为准确掌握农户施肥情况,正确进行地力评价,指导农民科学施肥,河东区土肥主站按作物种类、土壤类型对农户施肥情况进行了调查、分析。

一、农户施肥情况现状调查分析

(一)施肥情况调查对象与方法

河东区共有农户 15.78 万户,调查样本数为 194 户。为确保抽样结果的代表性,在布点上根据主要作物面积、土壤类型和种植方式采取随机取样、对称等距的抽样方法。初次抽样结果即作为定点调查对象。初次抽样在 9 个乡镇(街道)进行。取样区域覆盖潮土、砂姜黑土、水稻土、棕壤土等全部土壤类型,涉及 8 种作物和 12 种栽培模式。

根据耕地面积和生产布局,确定在郑旺、相公定点调查各 30 户;凤凰岭、八湖、汤河、太平、重沟各 20 户;汤头 25 户;刘店子 15 户。按种植模式和作物面积,其中小麦/水稻定点调查 94 户;小麦/玉米 50 户;花生 5 户;大蒜 14 户;大棚蔬菜 12 户;草莓 3 户;杞柳 18 户。相公、郑旺、八湖等北部乡镇以小麦、水稻、大蒜、莲藕和大棚蔬菜为主，土壤类型以水稻土、潮土和砂姜黑土为主，典型种植方式为小麦—水稻、大蒜—玉米、番茄—玉米、番茄—芸豆；重沟、凤凰岭以旱地作物小麦、玉米和花生为主，土壤类型以潮土和砂姜黑土为主，典型种植方式为小麦—玉米、小麦—大豆、水萝卜—芸豆—芹菜、水萝卜—黄瓜—辣椒；汤河以杞柳和小麦为主，典型土壤类型为潮土和砂姜黑土，典型种植方式为小麦—玉米、杞柳—杞柳、小麦—水稻。初次调查农户当季及上季作物常规施肥情况，定点之后，逐季调查各季作物农户施肥情况，包括推荐施肥、农户施肥情况。调查一般于作物生长后期或收获后进行，具体调查内容包括作物种类、品种、播种和收获时期，当季和常年产量水平，肥料种类、品种和施肥方法。施肥调查结合土壤样品采集进行，主要采取现场调查农户的方式进行。

二、主要农作物施肥调查结果分析

（一）小麦施肥状况分析

1. 施肥模式

河东区小麦主要有麦—稻、麦—玉、麦—豆等轮作模式。稻茬麦面积占 50% 左右，对 144 个典型农户（稻茬麦 94 户，旱茬麦 50 户）施肥情况调查结果进行统计，农民常规施肥模式为：施有机肥 9 t/hm²、纯 N 286.5 kg/hm²、P_2O_5 114.0 kg/hm²、K_2O 102.0 kg/hm² 和氮磷钾总量为 502.5 kg/hm²，氮磷钾比例为 10∶4∶3.5。在施肥方法上，稻茬麦有机肥全部作基肥，化肥一般分 2 次施用，1 次基肥、1 次追肥；钾肥全部作基肥；氮肥 70% 作基肥、30% 作追肥。基肥以复合肥和碳铵为主，在小麦拔节期追施 1 次尿素，有水浇条件的旱茬麦施肥和稻茬麦相同，无水浇条件的旱茬麦有机肥和化肥整地时全部作基肥一次性施入。

2. 肥料成本、效益及问题分析

经调查，小麦肥料投入平均 1 980 元/hm²，小麦平均产量 5 085 kg/hm²、8 136 元/hm²，产投比偏低。在施肥技术上存在的主要问题是氮肥用量过大、钾肥偏少，缺乏中微量元素配合，基肥、追肥比例不合理，追肥次数偏少，施肥时间不当。

（二）水稻施肥状况分析

1. 施肥模式

河东区水稻面积 1.07 万 hm^2，前茬作物主要是小麦和大蒜。对 94 个农户水稻施肥情况进行统计分析，农民习惯施肥模式为：施有机肥 18 t/hm^2、纯 N 331.5 kg/hm^2，P_2O_5 130.5 kg/hm^2，K_2O 100.5 kg/hm^2，氮磷钾总量为 562.5 kg/hm^2，氮磷钾比例为 10：4：3。施用肥料品种主要是氯化钾三元复合肥、尿素、碳酸氢铵、磷酸二铵。肥料分 2 次施入，1 次作基肥、1 次追肥。基施复合肥 750 kg/hm^2 ＋碳铵 750 kg/hm^2 或尿素 150～225 kg/hm^2，追肥施尿素 150 kg/hm^2，在水稻返青时施入。

2. 肥料成本、效益及问题分析

据调查，水稻肥料投入为 2 475 元/hm^2（当年价格），水稻平均产量为 6 720 kg/hm^2，产值为 1.21 万元/hm^2，产投比偏低。在施肥技术上存在主要问题是氮、磷、钾比例失调，磷肥用量偏大，追肥不合理，肥料利用率偏低。

（三）玉米施肥状况分析

1. 玉米施肥模式

对全区 50 个典型农户玉米施肥情况调查结果进行统计，河东区玉米主要有免耕点播、起垄点播两种播种方式。平均施化肥 361.5 kg/hm^2。其中纯 N 289.5 kg/hm^2，P_2O_5 36 kg/hm^2，K_2O 36 kg/hm^2，氮磷钾比例为 10：1.2：1.2。施用肥料品种主要是三元复合肥、碳酸氢铵、磷酸二铵。蒜茬玉米和大部分麦茬玉米采用免耕点播，肥料分 3 次施用，播种时施 75 kg/hm^2 复合肥拌种施用，第 2 次施肥于玉米 3～4 叶期施 225～300 kg/hm^2 复合肥＋碳铵 750 kg/hm^2，第 3 次施肥于玉米喇叭口期施碳酸氢铵 750 kg/hm^2 或尿素 150 kg/hm^2。起垄点播栽培方式主要在重沟镇使用，肥料分 2 次施用，1 次基肥、1 次追肥。基肥结合整地起垄施入，施复合肥 300 kg/hm^2，追肥于玉米喇叭口期施用，施碳酸氢铵 1 500 kg/hm^2。

2. 肥料成本、效益及问题分析

玉米肥料投入平均 1 530 元/hm^2（当年价格），平均产量 5 340 kg/hm^2，产值 8 544 元/hm²，与小麦、水稻等作物相比，肥料投入较少，但产量水平偏低。在施肥技术上存在主要问题是基肥不足、磷钾肥用量偏少。

（四）大蒜施肥状况分析

1. 大蒜施肥模式

大蒜是河东区主要蔬菜作物，我们对郑旺、汤头、八湖 3 个乡镇（街道）、14 个农户大蒜施肥情况进行了调查。统计结果表明，农民习惯施肥模式为：平均施有机肥 130 t/hm²，化肥（折纯）930 kg/hm²。其中纯 N480 kg/hm²，P_2O_5 225 kg/hm²，K_2O 225 kg/hm²。有机肥主要是农家肥，化肥施用品种为复合肥、碳酸氢铵、尿素、二铵。播种前结合整地施复合肥 1 500 kg/hm² ＋碳酸氢铵 750 kg/hm² 或尿素 150 kg/hm² 作基肥，追肥施尿素 150 kg/hm²。

2. 肥料成本、效益及问题分析

按 2007 年价格计算，大蒜投入肥料成本 6 675 元/hm²，平均产量 23.25 t/hm²，产值 3.72 万元/hm²。在施肥上存在的主要问题是有机肥用量偏少，基肥和追肥比例不合理，追肥时间不合理。

三、测土配方施肥对农民施肥习惯的影响

（一）测土配方施肥技术应用率逐年提高

通过对农民免费测土、配方，发放施肥建议卡，建立示范方，推广配方肥等措施，提高了农民测土配方施肥技术应用率。2006 年农户测土配方施肥应用面积 2.82 万 hm²，2008 年应用面积达到 5.30 万 hm²，测土配方施肥技术覆盖率达到 100％。

（二）施肥更加科学合理

针对农户施肥情况进行定点连续调查，农民科学施肥意识明显增强，化肥用量减少，氮磷钾比例趋于合理，氮肥用量降低、钾肥增加，氮肥追肥比例增加，粮食作物施肥次数增加 1～2 次，蔬菜增加 2～3 次。

施肥品种由过去的碳酸氢铵、磷酸二铵、过磷酸钙等单质肥料为主转变为根据作物需肥特性和栽培管理合理施肥，小麦、水稻以复合肥、尿素为主，玉米以碳酸氢铵和复合肥为主，大蒜以有机肥和复合肥为主，大棚蔬菜以复合肥、尿素和冲施肥为主。农户施肥变化情况如表 10-1。

表 10-1 结果显示，实施测土配方施肥项目后，各种作物化肥施用量与 2005 年相比均明显减少。小麦常规施肥、测土配方施肥和 2005 年相比，化肥用量分别减少 52.5 kg/hm²、127.5 kg/hm²，产量分别增加 270.0 kg/hm²、660.0 kg/hm²；水稻常规施肥、测土配方施肥和 2005 年相比，化肥用量分别减少 70.5 kg/hm²、135.0 kg/hm²，产量分别增加 495.0 kg/hm²、915.0 kg/hm²；玉米常规施肥、测土配方施肥和 2005 年相比，化肥用量分别增加 28.5 kg/hm²、15.0 kg/hm²，产量分别增加 195.0 kg/hm²、495.0 kg/hm²；大蒜常规施肥、测土配方施肥和 2005 年相比，化肥用量分别减少 60.0 kg、195.0 kg/hm²，产量分别增加 1 935 kg/hm²、2 115 kg/hm²。

四、综合评价

综合典型农户施肥情况调查结果和全区作物施肥现状，随着测土配方施肥项目的深入实施，农民施肥水平有了较大提高。

（一）科学施肥意识增强

大部分农户认识到了测土配方施肥的节支增收效果，生产中能够按方施肥或施用配方肥。2008 年测土配方施肥技术应用率达到 100%。

（二）施肥结构和养分比例趋于合理

蔬菜等作物有机肥用量增加，化肥施用总量降低，氮磷钾比例调整趋于合理，氮肥用量减少，所占比例降低，钾肥比例增大，但磷肥用量仍偏高。

（三）施肥方法更加科学

追肥用量和追肥次数增加，叶面喷施、冲施、沟施等节肥技术普遍应用。

（四）施肥种类选择多样化、合理化

除农家肥、化肥外，商品有机肥、生物菌肥、有机无机混合肥、冲施肥等得到普遍应用，农民能够根据作物种类、种植方式、施肥方式选择适宜的肥料品种。

表 10－1 主要作物农户施肥变化情况调查结果统计表

作 物		肥料用量（kg/hm²）					氮磷钾比例	施肥次数	产 量（kg/hm²）	与 2005 年增减
		N	P₂O₅	K₂O	总量	与 2005 年增减				
小麦	2005 年常规施肥	286.5	114.0	102.0	502.5		10：4：3.5	1～2	5 085	
	2007 年常规施肥	264.0	102.0	84.0	450.0	－52.5	10：3.8：3.2	2～3	5 355	270.0
	2007 年配方施肥	202.5	90.0	82.5	375.0	－127.5	10：4.4：4	2～3	5 745	660.0
水稻	2005 年常规施肥	331.5	130.5	100.5	562.5		10：4：3	2	6 720	
	2007 年常规施肥	279.0	108.0	105.0	492.0	－70.5	10：3.8：3.8	3	7 215	495.0
	2007 年配方施肥	240	75.0	112.5	427.5	－135.0	10：3：4	3	7 635	915.0
玉米	2005 年常规施肥	289.5	36	36	361.5		10：1.2：1.2	2	5 340	
	2007 年常规施肥	273.0	58.5	58.5	390.0	28.5	10：2：2	2	5 535	195.0
	2007 年配方施肥	225	60	90	375.0	15.0	10：3：4	3	5 835	495.0
大蒜	2005 年常规施肥	480.0	225.0	225.0	930		10：5.5：5.5	2	23 280	
	2007 年常规施肥	420.0	225.0	225.0	870.0	－60.0	10：4.7：4.7	3	25 215	1 935.0
	2007 年配方施肥	345.0	150.0	240.0	735.0	－195.0	10：4：7	3	25 395	2 115.0

第三篇　耕地资源利用对策与建议

第十一章

耕地资源合理利用与改良

　　目前，由于缺乏全面规划和统一布局，掠夺式生产经营，以及不合理的施肥造成了土壤养分严重失衡、土地污染和水土流失等一系列问题，严重影响了作物的产量和品质，阻碍了现代农业的发展进程。

　　耕地资源合理利用就是根据土壤资源的特点，合理规划，科学施肥，使现有的耕地资源充分发挥作用。耕地资源的改良就是在合理利用的基础上，努力保护耕地资源，改善耕地的生产条件和生态环境，提高耕地的利用率，改良中低产田，因地制宜，开发利用耕地资源，挖掘耕地资源的生产潜力，加强耕地资源管理，实现耕地资源的合理利用。

第一节　利用与改良的耕地资源的现状与特征

　　为了合理利用和改良耕地资源，根据河东区耕地的地理分布、性态特征、利用现状、生产中存在的问题、社会经济状况以及自然条件等综合因素分析研究今后的利用改良的发展方向，对全区耕地进行了分类。

一、涝洼砂姜黑土、湿潮土区

这部分耕地主要是砂姜黑土和湿潮土，以及在这两种土类上发育起来的新水稻土。湿潮土主要分布在沂河和沭河岸边，砂姜黑土主要分布在凤凰岭街道和刘店子乡，新水稻土分布在相公街道和太平街道。这类土壤有以下特征：

一是易涝。这部分耕地地势低洼，客水量大，而几条排水河道河床逐年抬高，灌木丛生，排涝能力低，因而雨季易积水成涝。同时黑土地区地下水位高，土质黏重，渗透性差，土壤的有效蓄水量低，在排水不畅的情况下，容易造成"渍涝"，影响作物的正常生长，严重影响农业的生产。

二是易旱。虽然河东区常年降水量为 869 mm，但是降水多集中在6、7、8 月份，春播和秋种期间雨水稀少，土壤干旱，影响播种和出苗。此外，湖洼黑土地土壤比较黏重，多块状、易板结，且有砂姜。旱季，土壤干旱开裂，加速了蒸发，而且阻碍毛管水上升，难以补充耕层水分，因此短暂的干旱就会影响耕种和作物正常生长。

三是耕层质地粗。这部分耕地土壤耕性较差，质地粗，加之管理方式比较粗放，基本上没有改良措施，因此这部分耕地产量较低。

二、缓坡平原棕壤区

这部分土壤主要分布在北部缓坡平原，主要土类是棕壤。此类土壤地势高、排水良好，适宜种植棉花和杂粮。主要分布在汤头街道、刘店子乡、八湖镇。此类土壤主要有以下障碍因素：地势高、坡度大；水源不足、灌溉设施不完善，常受干旱威胁；地面不平，有轻度的侵蚀；土层浅薄，土壤肥力较低。

三、沿河潮土高产区

沿河高产区位于沂河、沭河两岸，主要土壤类型是河流冲积物母质发育成的河潮土。由于河岸阶地相对地势较高，排水方便，地势平缓，基本没有侵蚀现象，土层深厚，地下水位较高，水利资源丰富，灌溉比较方便。土壤质地多是轻壤或者中壤，保水供肥能力较强，通透性良好；湿潮温暖，肥力较高，抗旱耐涝，耕性较好，适宜作物广泛；种植历史悠久，土壤熟化程度高，是全区的高产稳产区。主要障碍因素就是由于农民偏施氮肥、磷肥而造成的土壤有效磷偏高，土壤养分失衡。

第二节　耕地改良利用分区

土地是人类赖以生存的基础，耕地是农业生产和发展的前提。耕地维持着作物生产，影响着环境的质量和动物、植物甚至人类的健康。自1979年第二次土壤普查以来，随着农村经营体制、耕作制度、作物品种、种植结构、产量水平和肥料使用等方面的显著变化，全区耕地利用状况也发生了明显改变。近年来，虽然对部分耕地实施了地力监测，但至今对区域中低产耕地状况及其障碍因素等缺乏系统性、实用性的调查分析，使耕地利用与改良难以适应新形势下农业生产发展的要求。因此，开展区域耕地地力调查评价，摸清区域中低产耕地状况及其障碍因素，有的放矢地开展中低产耕地的科学改良利用，挖掘区域耕地的生产潜力，对于河东区耕地资源的可持续利用具有十分重要的意义。

一、耕地改良利用分区原则与分区系统

（一）耕地改良利用分区的原则

耕地改良利用分区的基本原则是：从耕地自然条件出发，主导性、综合性、实用性和可操作性相结合，按照因地制宜、因土适用、合理利用配置耕地资源，充分发挥各类耕地的生产潜力，坚持用地与养地相结合，近期与长远相结合的原则进行。以土壤组合类型、肥力水平、改良方向和主要改良措施的一致性为主要依据。同时，考虑地貌、气候、水文和生态等条件以及植被类型，参照历史与现状等因素综合考虑进行分区。

（二）耕地改良利用分区系统

根据耕地改良利用原则，将影响耕地利用的各类限制因素归纳为耕地自然环境要素、耕地土壤养分要素和耕地土壤物理要素，将全区耕地改良利用划分为 3 个改良利用类型区，即：耕地自然环境条件改良利用区、耕地土壤培肥改良利用区、耕地土体整治改良利用区，并分别用大写字母 E、N 和 P 表示。各改良利用类型区内，再根据相应的限制性主导因子，续分为相应的具体改良利用亚类。

二、耕地改良利用分区方法

（一）耕地改良利用分区因子的确定

耕地改良利用分区因子是指参与评定改良利用分区类型的耕地诸属性。由于影响的因素很多，我们根据耕地地力评价，遵循主要因子原则、差异性原则、稳定性原则、敏感性原则，进行了限制主导因子的选取。考虑与耕地地力评价中评价因子的一致性，考虑各土壤养分的丰缺状况及其相关要素的变异情况，选取耕地土壤有机质含量、耕地土壤有效磷含量、耕地土壤速效钾含量、耕地土壤有效锌含量和耕地土壤有效硼含量因素作为耕地土壤养分状况的限制性主导因子；选取灌溉保证率、坡度和有效土层厚度作为耕地自然环境状况的限制性主导因子；选取耕层质地条件和土体构型作为耕地土壤物理状况的限制性主导因子。

（二）耕地改良利用分区标准

依据农业部《全国中低产田类型划分与改良技术规范》，根据山东省各县区耕地地力评价资料，综合分析目前全省各耕地改良利用的现状，同时针对影响河东区耕地利用水平的主要因素，邀请具有土壤管理经验的相关专家进行分析，制定了耕地改良利用各主导因子的分区及其耕地改良利用类型的确定标准。具体分级标准见表11-1。

表 11 - 1　耕地改良利用主导因子分区标准

耕地改良利用分区	限制因子	代号	分区标准
耕地土壤培肥改良利用区（N）	有机质（o, g/kg）	No	<12
	有效磷（P, mg/kg）	Np	<15
	速效钾（K, mg/kg）	Nk	<100
	有效锌（Z_n, mg/kg）	Nz_n	<0.5
	有效硼（B, mg/kg）	Nb	<0.5
耕地自然环境条件改良利用区（E）	灌溉保证（i, %）	Ei	灌溉保障率低于50%
	坡度（s, 度）	Es	$>10°$
	有效土层（d, cm）	Ed	<60 cm
耕地土体整治改良利用区（P）	耕层质地（t）	Pt	沙土、沙壤、粗骨土
	土体构型（c）	Pc	土体中有障碍层次

（三）耕地改良利用分区方法

在 GIS 软件支持下，利用耕地地力评价单元图，根据耕地改良利用各主导因子分区标准，在其相应的属性库中进行检索分析，确定各单元相应的耕地改良利用类型，通过图面编辑生成耕地改良利用分区图，并统计各类型面积比例。

三、耕地改良利用分区专题图的生成

（一）耕地土壤培肥改良利用分区图的生成

根据耕地土壤养分限制因素分区标准，把全区耕地有机质分为两类，即有机质改良利用区和有机质非改良利用区，有机质改良利用区以代号 No 标注。同样，有效磷改良利用区用代号 Np 标注，速效钾改良利用区用代号 Nk 标注，有效锌改良利用区用符号 Nz_n 标注，有效硼改良利用区用代号 Nb 表示。编辑生成耕地土壤培肥改良利用分区图（图 11 - 1）。

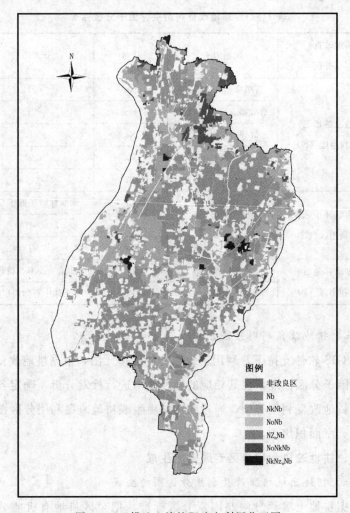

图例

非改良区
Nb
NkNb
NoNb
NZ_nNb
NoNkNb
$NkNz_nNb$

图 11-1　耕地土壤培肥改良利用分区图

（二）耕地自然环境条件改良利用分区图的生成

根据耕地自然环境条件限制因素分区标准进行全区耕地改良利用分区。灌溉保证条件分为灌溉保证条件改良利用区和灌溉保证条件非改良利用区，改良利用区用代号 Ei 标注；坡度条件分为坡度条件改良利用区和坡度条件非改良利用区，坡度条件改良利用区以代号 Es 标注；有效土层厚度分为有效土层改良利用区和有效土层非改良利用区，有效土层改良利用区以代号 Ed。标注结果见图 11-2。

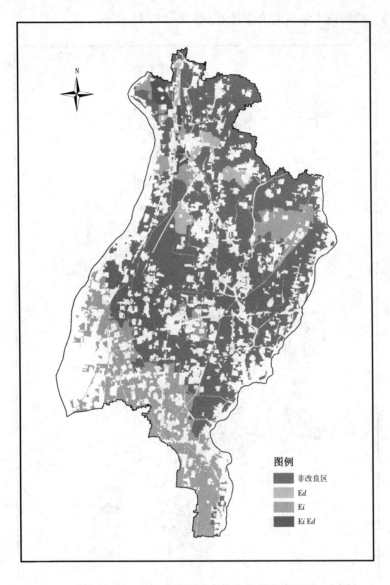

图例
■ 非改良区
■ E*d*
■ E*i*
■ E*i* E*d*

图 11-2　耕地自然环境条件改良利用分区图

（三）耕地土体整治改良利用分区图的生成

根据耕地土地条件限制因素分区标准，耕地耕层质地条件改良利用区用符号 Pt 标注，耕地土体构型改良利用区用符号 Pc 标注。在 GIS 下检索生成耕地土体整治改良利用分区图（图11-3）。

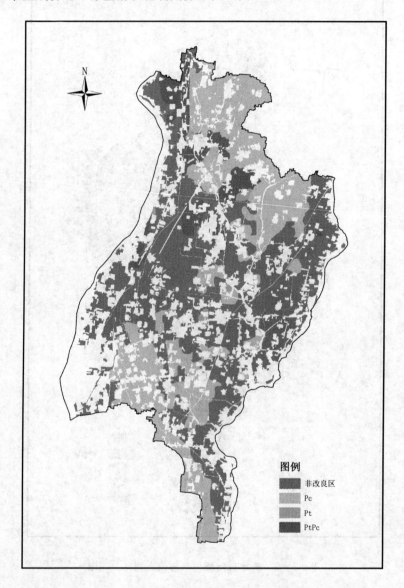

图例
- 非改良区
- Pc
- Pt
- PtPc

图 11-3　耕地土体整治改良利用专题图

四、耕地改良利用分区结果分析

（一）耕地土壤培肥改良利用分区面积统计及问题分析

河东区耕地土壤培肥改良利用区各改良利用类型面积及其比例见表11-2。

表 11-2　河东区耕地土壤培肥改良利用分区面积统计表

单位：hm^2，%

改良利用分区	Nb	NkNb	NoNkNb	$NkNz_nNb$	Nz_nNb	NoNb	非改良区	总计
面积	16 567	12 259.57	1 343.48	401.08	282.17	122.79	10.58	30 986.67
百分比	53.46	39.56	4.34	1.29	0.91	0.4	0.03	100

由图11-1和表11-2可以看出，全区土壤需要改良的地区比较多，非改良耕地面积10.58 hm^2，仅占总耕地总面积的0.03%。但仔细分析可以发现，所有改良分区中，有效硼都参与其中，可见在土壤耕地改良利用中，有效硼元素的改良起到决定性的作用。土壤主要养分需要培肥改良的耕地分布比较广泛，全区都要进行不同程度的改良。主要养分缺乏较严重的乡镇有：郑旺镇、太平街道、刘店子乡、重沟镇。其中单一缺乏有效硼的耕地面积为16 567 hm^2，占耕地总面积的53.46%，所占比例为最大；缺乏速效钾、有效硼的耕地面积为12 259.57 hm^2，占耕地总面积的39.56%；缺乏有机质、有效硼和速效钾的耕地面积为1 343.48 hm^2，占耕地总面积的4.34%；缺乏有效硼、有效锌和速效钾的耕地面积为401.08 hm^2，占耕地总面积的1.29%；缺乏有效硼和有效锌的耕地面积为282.17 hm^2，占耕地总面积的0.91%；缺乏有机质和有效硼的耕地面积为122.79 hm^2，占耕地总面积的0.4%。从各类型面积比例看出，全区耕地土壤培肥改良的主要方向为增施钾肥和微量元素硼肥，同时应注重有机肥料的施用，逐步提高土壤有机质和钾元素含量。

（二）耕地自然环境条件改良利用分区面积统计及问题分析

河东区耕地自然环境条件改良利用区各改良利用类型面积及其比例见表11-3。

表 11-3　河东区耕地自然环境条件改良利用分区面积统计表

单位：hm²,%

改良利用分区	Ed	Ei	EiEd	非改良区	总计
面积	926.94	7 473.19	510.55	22 075.99	30 986.67
百分比	2.99	24.12	1.65	71.24	100

由图 11-2 和表 11-3 可以看出，全区耕地自然环境条件总体较好，并且整个地区地势平坦，坡度对耕地的影响非常小，对农作物的种植非常有利。整个河东区灌溉需要改良的地区主要沿南部行政边界分布，此外刘店子乡和郑旺镇的交界处也有分布。有效土层需要改良的地区分布在刘店子乡、八湖镇与太平街道交界处、汤头街道的中部地区。灌溉和耕层厚度同时需要改良的地区也是分布在汤头街道的中部地区。在对河东区耕地自然环境条分析的基础上，得出占总耕地 71.24% 的面积不需改良，需要改良的面积占总耕地面积的 28.76%，非改良区集中分布在河东区的中部和北部地区。耕地环境条件较差的乡镇主要是汤头街道，单一耕地环境条件较差的乡镇有重沟镇、凤凰岭街道、九曲街道、郑旺镇、相公街道、太平街道、八湖镇和刘店子乡。其中灌溉保证水平和有效土层都需改善的耕地面积为 510.55 hm²，占耕地总面积的 1.65%；单一灌溉保证水平需要改善的耕地面积为 7 473.19 hm²，占耕地总面积的 24.12%；单一有效土层厚度需要改善的耕地面积为 926.94 hm²，占耕地总面积的 2.99%。可见，全区耕地自然环境条件改良利用的主要方向为改善该区耕地灌溉条件，尤其是南部地区的灌溉条件；其次有效增加土层厚度防止水土流失保护耕层土壤。

（三）耕地土体整治改良利用分区面积统计及问题分析

河东区耕地土体整治改良利用区各改良利用类型面积及其比例见表 11-4。

表 11-4　河东区耕地土体整治改良利用分区面积统计表

单位：hm²，%

改良利用分区	Pc	Pt	PtPc	非改良区	总计
面积	11 025.24	338.01	2 261.36	17 362.05	30 986.67
百分比	35.58	1.09	7.3	56.03	100

由图 11-3 和表 11-4 可以看出，全区耕地土体结构整体较好，不需改良的耕地面积为 17 362.05 hm²，占耕地总面积的 56.03%。需要改良的面积占耕地总面积的 43.97%，主要分布在北部区和南部地区，此外西部地区也有极少量的分布。全区耕层质地需要改良的地区很少，只占耕地面积的 1.09%；耕地土体构型需要改良的面积为 11 025.24 hm²，占总耕地面积的 35.58%，主要分布在凤凰岭街道、重沟镇、汤头街道、刘店子乡等地。两种不良因素都占的耕地为 2 261.36 hm²，占总耕地的 7.3%。应采取秸秆还田、增施有机肥料等措施，来改善偏沙的土壤表层质地，对于夹沙砂姜、砾质不良土地构型还应采取深耕等措施来改善不良的土体结构，这将是河东区耕地土体整治改良的主要方向。

五、耕地改良利用对策及措施

（一）增加经济投入，加大耕地保护力度

农业是既要承担自然风险又有市场风险的弱势产业，保护农业是国民经济发展中面临的重大问题。由于调控体制不健全，受比较利益驱使，各层次资金投入重点向非农业倾斜，资金投入不足已成为农业生产发展的主要制约因素。要达到农业增产的途径就要增加耕地投入，加强中低产田改造，不断提高耕地的质量，从而提高耕地利用的经济效益。河东区宜进一步加强对耕地改良利用的投入，通过对耕地的改良逐步消除制约耕地生产力的限制因素，培肥地力，改善农业生产条件和农田生态环境。

（二）平衡施肥，用养结合，增施有机肥料，培肥地力

长期以来，河东区在耕地开发利用上重利用，轻培肥；重化肥，轻有机肥。虽然全区化肥的施用量逐年增加，但是有机肥投入量却逐年减少，且投入的化肥以氮磷肥为主，引起土壤养分特别是速效钾和微量元素含量的下降和矿质养分的失衡，导致耕地肥力下降。全区普遍存在速效钾含量偏低和微量元素特别是有效硼含量偏低等限制性因素，需要增施硼肥的耕地面积为 16 567 hm²，占全区耕地总面积的 53.46%；需要增施钾肥和硼肥的耕地面积为 12 259.57 hm²，占全区耕地总面积的 39.56%；需要增施有机肥和硼肥的耕地面积为 122.79 hm²，占全区耕地总面积的 0.4%；需要增施锌肥和硼肥的耕地面积为 282.17 hm²，占全区耕地总面积的 0.91%；需要补充有机肥、钾肥、硼肥的耕地面积为 1 343.48 hm²，占全区耕地总面积的 4.34%。因此，要持续提高中低产耕地的基础地力，为农作物生长创造高产基础，必须将用土与养土妥善结合起来，广辟有机肥源，重视有机肥的施用，提倡冬种绿肥和使用有机—无机复混肥。同时应利用中低产耕地调查评价成果，科学指导化肥的调配，采用科学优化平衡施肥，重视合理增施钾肥和微肥，不断培肥地力，实现中低产耕地资源的永续利用。

（三）加强水利建设，改善灌溉条件，注重农田基本设施建设

水是作物生长的必要条件，灌排条件与耕地的基础地力有着密切的关系。因而可以通过采取以下措施，实现自然降水的空间聚集，改善区域农田的土壤水分状况，推广节水灌溉技术，改善和扩大灌溉面积。

1. 健全灌溉工程，改善灌区输水、配水设备，加强灌溉作业管理，改进地面灌溉技术，采用增产、增值的节水灌溉方法和灌溉技术。加强水利建设，扩大葛沟灌区和石拉渊灌区的灌溉面积；充分利用沂河、沭河和汤河的水资源，配套完善机灌站，安排好水利规划，修好水渠，制止渗漏，加强管理，提高引灌水的利用率，提高灌溉面积。

2. 北部汤头街道和刘店子乡的岭地、旱地，可因地制宜，充分发挥地理优势，建设大口井集纳雨水，在作物需水的关键时期进行灌溉，解决作物的需求和降水错位的矛盾，以充分发挥水分的增产效果。

3. 因地制宜，培肥地力，改善土壤结构是河东区低产田增产的重

要措施。一是土壤含沙较高的沂河、沭河两岸及汤头街道、刘店子乡岭地区域，有机质含量偏低，土壤保肥保水能力差；二是凤凰岭街道、重沟镇、相公街道、刘店子乡、郑旺镇、八湖镇的砂姜黑土区域，土壤黏重、透气性差。上述两个区域今后的重点是实行秸秆还田和增施有机肥，增加土壤有机质含量，改良土壤结构，增强土壤结构的稳定性，提高土壤对降水的入渗速率和持水量，为农作物生产创造一个良好的土壤条件。

（四）采用农业措施改良土壤质地、改善土体结构

河东区南部地区耕地土壤限制性因素主要为土层薄，水土流失严重，要从调整土地利用结构和建设基本农田起步，改广种薄收为集约经营，改单一经营为农、林、牧、副全面发展，因地制宜，全面规划，综合治理，连续治理，实行生物措施与工程措施相结合，坡地治理与沟道治理相结合，田间工程和蓄水保土耕作相结合。在不宜种粮的粗骨土和棕壤性土、褐土性土上，因地制宜地大力发展果、药土特产，在土层较厚的地方，可以发展果粮间作，以尽快提高经济效益，在交通不便的山区选种板栗、银杏等。在土层薄、水土流失严重的地方，应先种草、养畜，发展牧业生产。

（五）集约化利用耕地资源，发展生态型可持续农业，改善生态环境

耕地生态环境质量的高低是保证农作物持续稳产、高产、优产、高效的重要前提。根据河东区资源优势以及生态环境的特点，因地制宜地利用耕地资源，通过合理轮作、科学间套种等措施，增加复种指数，努力提高耕地资源的利用率；注重多物种、多层次、多时序、多级质能、多种产业的有机结合，农、林、牧、副、渔并举，建立生态型可持续农业系统，达到经济、生态和社会效益的高度统一。此外，应重新审视耕地承包到户政策所致的耕地经营权分散在新形势下出现的不利于耕地资源规模集约经营的缺点，努力探讨建立"公司＋农户"或各种专业化合作组织等耕地规模集约经营模式，提高全区耕地资源的集约经营和经济效益。

第三节 耕地资源合理利用的对策

一、涝洼砂姜黑土、湿潮土区的改良利用对策

（一）治涝防旱

要彻底改变本区土壤的低产面貌，必须治涝防旱、排灌兼顾。合理规划，大力发展农田水利基本建设，加强水土保持工作，对主要河道做好清障防淤、加高河堤，加宽排水小河。按照合理规划农田沟、路、渠、林，因地制宜，综合治理，充分利用现有的水利资源搞好水资源的合理分配，根据地质、作物和季节不同，因地制宜合理灌溉。

（二）增施有机肥

要改善涝洼低的湿、凉、硬等问题，最有效的方法就是在秸秆还田的基础上，增施有机肥。近年来随着河东区农业机械化水平的逐年提高，秸秆还田面积逐年扩大。1979 年，全区土壤有机质平均含量为12.2 g/kg，目前河东区土壤有机质平均含量为 17.0 g/kg，土壤板结情况有所改善。

（三）因地制宜种植水稻

在难治理、土壤黏重、易涝的地块可以因地制宜地种植水稻。种植水稻不仅可以很好解决涝洼问题，而且水旱轮作可以改善土壤的物理性状，达到加速土壤熟化的目的。

二、缓坡平原棕壤区改良利用对策

（一）积极发展灌溉，扩大浇水面积。此类土壤地势较高，保证灌溉是首要问题，可以因地制宜发展地下水灌溉、大口井蓄水灌溉。

（二）此类土壤含沙砾成分较高，保水保肥能力差，增施有机肥可以改善土壤质地，提高土壤肥力。

三、沿河潮土高产区改良和利用对策

（一）大力发展城郊特色农业

随着经济的发展和人民生活水平的提高，人民对生活质量的要求也逐渐提高，沿河潮土区，位置优越，交通便利，市场潜力大，可因地制宜大力发展城郊特色农业，不断提高河东区农产品的质量以满足人们的需要。

（二）大力推广测土配方施肥技术

在 1979 年土壤普查时，发现河东区严重缺磷，全区平均值为 5.4 mg/kg，当时提出了增施磷肥的措施，并起到了很好的增产增收效果。但是土壤化验结果表明，河东区土壤有效磷水平达到 69.2 mg/kg，土壤养分严重失衡。测土配方施肥可以根据土壤供给状况和作物的吸收规律，合理配施作物所需的各种营养元素，可以减少肥料浪费，提高养分利用率，增加作物产量，提高作物品质，增加农民收入。

第十二章

蔬菜田地力状况与改良对策

河东区地处临郯苍平原，四季分明，光热丰富，雨水充沛，土地肥沃。农业基础雄厚，是著名的高产、优质、高效农业示范基地。近几年，全区蔬菜生产、加工产业发展迅速，先后被命名和授予全国农产品加工工业示范基地和中国脱水蔬菜加工城、中国莲藕之乡、中国草莓之乡等荣誉称号。目前全区蔬菜种植面积 1.09 万 hm^2，总产 42.4 万吨。现有无公害蔬菜生产基地 0.24 万 hm^2，无公害蔬菜品牌有 4 个。有机蔬菜生产基地 3 处，面积 117.3 hm^2。在龙头企业带动下，已建立生产基地 23 处，备案基地 0.4 万 hm^2，培育临沂市名优农产品 6 个。全区农产品加工企业发展到 520 家，其中规模以上产业化龙头企业 146 家。2010年全区出口食品农产品 3.8 万吨，货值 1.6 亿美元。出口产品涉及保鲜、速冻、脱水、腌渍等 4 大类、100 多个品种，产品远销欧盟、日本、美国、韩国等 20 多个国家和地区。以八湖镇为主产区的脱水蔬菜产业集群规模和效益均居国内首位，成为全国最大的脱水蔬菜加工基地。

但是，由于一些农户在追求产量和效益的同时，忽视对土地的保护，长期只重视氮、磷肥的使用，忽视钾肥的使用，造成土壤严重缺钾与微肥。连年过量施肥，造成土壤养分失调，增产不增收。盲目施肥的结果造成了土壤退化、环境污染、农产品口感差、不耐储藏。因此，开展蔬菜田耕地地力状况调查和培肥地力对指导全区蔬菜生产、增加农民收入意义重大。

第一节　调查方法与内容

一、布点原则

布点考虑广泛的代表性和均匀性，采集样品要具有所在评价单元表现特征最明显、最稳定、最具典型的性质，避免各种非调查因素的影响。

二、布点方法

将土壤图和蔬菜地类型分布图叠加，形成评价单元，根据评价单元的个数、面积和总采样点数，初步确定各评价单元的采样点数。露天蔬菜按照 $10\sim15$ hm² 1 个采样点、设施蔬菜 $3\sim5$ hm² 1 个采样点的密度要求，确定总采样点的数量和位置。

三、采样时间

蔬菜地采样在上茬蔬菜收获后、下茬蔬菜播种施肥之前进行。

四、采样方法

在具体地块取样首先用 GPS 定位仪，确定准确的地理位置。耕层采样深度 $0\sim20$ cm，在取样地块用"×"法，均匀随机采取 $10\sim15$ 个采样点。按照地块垄、沟比例确定垄、沟取土点位数量。土样充分混合后用四分法留取 1 kg，写好标签装入塑料袋。

五、调查步骤与内容

在所要调查取样的地块，首先用 GPS 确定坐标后向户主了解具体情况，填写《蔬菜地采样点基本情况调查表》、《蔬菜地采样点农户调查表》。

第二节　土壤理化性状

一、露天蔬菜田土壤的理化性状

（一）物理性状

1. 土壤质地

河东区露天蔬菜田土壤质地主要有沙壤土、轻壤土、中壤土、重壤土四种类型。沙壤土土样 30 个，主要分布在汤头、刘店子、八湖等地，土壤通透性较强，但保水保肥能力弱；轻壤土土样 73 个，北部汤头街道到南部重沟镇都有轻壤分布，轻壤耕性好，易于耕作，养分含量较高，保水保肥能力较强；中壤土土样 283 个，主要分布在中部太平街道、相公街道和南部凤凰岭街道，土壤耕性较好，保水保肥能力中；重壤土土样 224 个，主要分布在北部刘店子和八湖，土壤湿、黏，不利于耕作。

表 12-1　不同质地类型耕地取土壤样品一览表

土壤质地	样品个数（个）	占百分数（%）
轻壤	30	4.9
砂壤	73	12.0
中壤	283	46.4
重壤	224	36.7
合计	610	100

2. 土体构型

所谓土体构型就是土壤剖面中各土层的排列情况。一般上轻下黏的土体构型对农业生产有利。上轻的表土层为壤质土，宜耕作，有利于供肥、使作物早发棵，下层的土壤稍黏重，有利于保水保肥。

河东区土壤剖面中的主要障碍层有沙层、砾石层、黏层、砂姜层等。统计结果显示河东区露天蔬菜田主要有薄层酥石棚、中层酥石棚、厚壤心、厚沙腰、均质、黑土裸露等几种不同土体构型。

表 12-2　不同土体构型耕地取土壤样品一览表

土体构型	样品个数（个）	占百分数（%）
薄层酥石棚	15	2.5
中层酥石棚	50	8.2
厚壤心	80	13.1
厚黏腰	30	4.9
均质	210	34.4
黑土裸露	225	36.9
合计	610	100.0

（二）化学性状

1. 土壤 pH 值

统计结果显示，露天蔬菜田土壤 pH 平均值为 6.1，标准差 0.6，置信区间（$P=0.863$）为 5.5～6.7，变异系数为 10.2%。土壤 pH 呈微酸性（5.5～6.5）的占 58.0%，中性（6.5～7.5）的占 24.3%，酸性（4.5～5.5）的占 17.0%。以上结果表明，全区露天蔬菜田土壤 pH 总体上呈中性偏酸，酸化耕地（酸性和强酸性）占 17.2% 以上，土壤有酸化趋势。

表 12-3　土壤 pH 总体分布状况

级别	范围	样品个数（个）	占百分数（%）
1	＞8.5	0	0.0
2	7.5～8.5	3	0.5
3	6.5～7.5	148	24.3
4	5.5～6.5	354	58.0
5	4.5～5.5	104	17.0
6	＜4.5	1	0.2
合计		610	100.0

2. 土壤有机质

露天蔬菜田土壤有机质的平均含量为 15.8 g/kg，标准差为 4.4 g/kg，置信区间为 11.4～20.2 g/kg，变异系数为 27.8%。由表 12-4

可知，土壤有机质处在较高水平，有机质含量＞20 g/kg 的占 13.1%，含量在 15～20 g/kg 的占 45.6%，含量在 12～15 g/kg 的占 23.6%。

表 12-4　土壤有机质含量分布状况

级别	范围（g/kg）	样品个数（个）	百分数（%）
1	＞20	80	13.1
2	15～20	278	45.6
3	12～15	144	23.6
4	10～12	67	11.0
5	8～12	24	3.9
6	6～8	10	1.6
7	6＜	7	1.1
合计		610	100

3. 土壤全氮

露天蔬菜田土壤全氮含量平均值为 0.9 g/kg，标准差为 0.3 g/kg，置信区间 0.7～1.2 g/kg，变异系数为 28.2%。由表 12-5 统计结果显示，土壤全氮含量集中在 0.75～1.0 g/kg 和 1.0～1.2 g/kg 两个级别，分别为 39.2% 和 24.4%，大于 1.5 g/kg 和低于 0.5 g/kg（6、7 级别）耕地百分数较小，分别占 3.0% 和 3.7%。

表 12-5　土壤全氮含量分布状况

级别	范围（g/kg）	样品个数（个）	百分数（%）
1	＞1.5	18	3.0
2	1.2～1.5	63	10.3
3	1.0～1.2	149	24.4
4	0.75～1.0	239	39.2
5	0.5～0.75	119	19.5
6	0.3～0.5	18	3.0
7	＜0.3	4	0.7
合计		610	100.0

4. 土壤碱解氮

土样检测结果表明，全区露天蔬菜田土壤碱解氮平均含量为 94 mg/kg，标准差为 27 mg/kg，置信区间 66～121 mg/kg，变异系数为 29％。土壤碱解氮含量集中在 90～120 mg/kg、75～90 mg/kg 和 60～75 mg/kg 三个级别，分别占露天蔬菜总耕地总面积的 41.1％、18.2％和 16.4％。

表 12-6 土壤碱解氮含量分布状况

级别	范围（mg/kg）	样品个数（个）	百分数（％）
1	＞150	8	2.7
2	120～150	32	11.0
3	90～120	120	41.1
4	75～90	53	18.2
5	60～75	48	16.4
6	45～60	24	8.2
7	30～45	7	2.4
8	＜30	0	0.0
合计		292	100.0

5. 土壤有效磷

露天蔬菜田土壤有效磷的平均含量为 122 mg/kg，标准差为 57 mg/kg，置信区间为 65～179 mg/kg，变异系数为 27.8％。土壤有效磷含量大于 30 mg/kg（1～4 级别）的耕地占 97.0％，低于 30 mg/kg（5～9 级别）耕地占 3.0％。

表 12-7 土壤有效磷含量状况

级别	范围（mg/kg）	样品个数（个）	百分数（％）
1	＞120	329	53.9
2	80～120	115	18.9
3	50～80	90	14.8

级别	范围（mg/kg）	样品个数（个）	百分数（%）
4	30～50	58	9.5
5	20～30	12	2.0
6	15～20	4	0.7
7	10～15	2	0.3
8	5～10	0	0.0
9	<5	0	0.0
合计		610	100.0

6. 土壤缓效钾

露天蔬菜田土壤缓效钾平均值为 460 mg/kg，标准差为 217 mg/kg，置信区间为 343～777 mg/kg，变异系数为 39%。土壤缓效钾含量集中在 500～750 mg/kg 和 300～500 mg/kg 两个水平，35.3% 的土壤缓效钾含量在 500～750 mg/kg，34.7% 的土壤缓效钾含量在 300～500 mg/kg。

表 12-8　土壤缓效钾含量分布状况

级别	范围（mg/kg）	样品个数（个）	代表面积（hm²）
1	>1 200	1	0.3
2	900～1 200	16	5.3
3	750～900	45	15.0
4	500～750	106	35.3
5	300～500	104	34.7
6	<300	28	9.3
合计		300	100.0

7. 土壤速效钾

全区露天蔬菜田土壤速效钾平均含量为 135 mg/kg，标准差为 71 mg/kg，置信区间为 64～206 mg/kg，变异系数 53%。由表 12-9 统计结果可知，土壤速效钾含量在 $120 \sim 150$ mg/kg 级别的耕地占 27.9%，含量在 $100 \sim 120$ mg/kg 级别的占 13.3%，含量在 $75 \sim 100$ mg/kg 级别的占 19.3%。

表 12-9　土壤速效钾含量状况

级别	范围（mg/kg）	样品个数（个）	百分数（%）
1	>300	14	2.3
2	200~300	46	7.5
3	150~200	110	18.0
4	120~150	170	27.9
5	100~120	81	13.3
6	75~100	118	19.3
7	50~75	59	9.7
8	<50	12	2.0
合计		610	100.0

8. 土壤有效铁

全区露天蔬菜田有效铁含量平均含量为 68.5 mg/kg，标准差为 24.6 mg/kg，置信区间为 $43.9 \sim 93.1$ mg/kg，变异系数为 35.9%。从表 12-10 可以看出，全区露天蔬菜田有 99.0% 的土壤有效铁含量在 20 mg/kg 以上，低于 20 mg/kg 的耕地仅占 1.0%。这说明全区露天蔬菜田土壤有效铁含量较丰富。

表 12-10　土壤有效铁含量状况

级别	范围（mg/kg）	样品个数（个）	百分数（%）
1	>20	297	99.0
2	10~20	2	0.7
3	4.5~10	1	0.3
4	2.5~4.5	0	0.0
5	<2.5	0	0.0
合计		300	100.0

9. 土壤有效锰

全区露天蔬菜田土壤有效锰的平均含量为 50.3 mg/kg，标准差为 17.9 mg/kg，置信区间为 32.4～68.3 mg/kg，变异系数为 35.9%。土壤有效锰含量大于 30 mg/kg 的耕地占露天蔬菜耕地总面积的 86.3%，有 12.0% 的耕地土壤有效锰含量在 15～30 mg/kg。以上数据说明，全区露天蔬菜田土壤有效锰含量较丰富。

表 12 - 11   土壤有效锰含量状况

级别	范围（mg/kg）	样品个数（个）	百分数（%）
1	>30	253	86.3
2	15～30	35	12.0
3	5～15	5	1.7
4	1～5	0	0.0
5	<1	0	0.0
合计		293	100

10. 土壤有效铜

全区露天蔬菜田土壤有效铜的平均含量为 3.0 mg/kg，标准差为 1.2 mg/kg，置信区间为 1.8～4.2 mg/kg，变异系数为 41.4%。土壤有效铜含量高于 1.8 mg/kg 的耕地占露天蔬菜耕地面积的 85.7%，有效铜含量在 1.0～1.8 mg/kg 级别的耕地占 12.3%。这说明全区露天蔬菜田土壤有效铜含量较丰富。

表 12 - 12   土壤有效铜含量状况

级别	范围（mg/kg）	样品个数（个）	百分数（%）
1	>1.8	251	85.7
2	1.0～1.8	36	12.3
3	0.2～1.0	6	2.0
4	0.1～0.2	0	0.0
5	<0.1	0	0.0
合计		293	100.0

11. 土壤有效锌

全区露天蔬菜田土壤有效锌的平均含量为 1.4 mg/kg，标准差为 0.9 mg/kg，置信区间为 0.5～2.3 mg/kg，变异系数为 63.1%。全区露天蔬菜耕地中，土壤有效锌平均含量在 1～3 mg/kg 级别的占 55.6%，在 0.5～1 mg/kg 级别的耕地占全区露天蔬菜耕地总面积 24.6%，低于 0.5 mg/kg 占 14.3%。

表 12－13　土壤有效锌含量状况

级别	范围（mg/kg）	样品个数（个）	百分数（%）
1	＞3	16	5.5
2	1～3	163	55.6
3	0.5～1	72	24.6
4	0.3～0.5	19	6.5
5	＜0.3	23	7.8
合计		293	100.0

二、设施蔬菜田土壤的理化性状

（一）物理性状

1. 土壤质地

河东区设施蔬菜田土壤质地主要有沙壤土、轻壤土、中壤土、重壤土四种类型。沙壤土土样 4 个，主要分布在汤头、刘店子、八湖等地，土壤通透性较强，但保水保肥能力弱；轻壤土土样 4 个，北部汤头街道到南部重沟镇都有轻壤分布，轻壤耕性好，易于耕作，养分含量较高，保水保肥能力较强；中壤土土样 15 个，主要分布在中部太平街道、相公街道和南部凤凰岭街道，土壤耕性较好，保水保肥能力中；重壤土土样 8 个，主要分布在北部刘店子和八湖，土壤湿、黏，不利于耕作。

表 12-14　不同质地类型耕地取土壤样品一览表

土壤质地	样品个数（个）	百分数（%）
轻壤	4	12.9
沙壤	4	12.9
中壤	15	48.4
重壤	8	25.8
合计	31	100.0

2. 土体构型

统计结果显示河东区设施蔬菜田主要有薄层酥石棚、中层酥石棚、厚壤心、均质、黑土裸露等几种不同土体构型。

表 12-15 不同土体构型耕地取土壤样品一览表

土体构型	样品个数（个）	百分数（%）
薄层酥石棚	2	6.5
中层酥石棚	2	6.5
厚壤心	4	12.9
均质	15	48.3
黑土裸露	8	25.8
合计	31	100.0

（二）化学性状

1. 土壤 pH 值和土壤有机质

统计结果显示，全区设施蔬菜田土壤 pH 平均值为 6.0，标准差 0.5，置信区间（$P=0.863$）为 5.5～6.5，变异系数为 8.7%。以上结果表明，全区设施蔬菜田土壤 pH 总体上呈中性偏酸，酸化耕地（酸性和强酸性）占 17.2% 以上，土壤有酸化趋势。

全区设施蔬菜田土壤有机质平均含量为 15.5 g/kg，标准差为 3.9 g/kg，置信区间为 11.6～19.4 g/kg，变异系数为 25.1%。

2. 土壤全氮和碱解氮

统计结果显示，全区设施蔬菜田土壤全氮平均含量为 0.9 g/kg，标准差为 0.3 g/kg，置信区间 0.7～1.2 g/kg，变异系数为 28.0％。

全区设施蔬菜田土壤碱解氮含量平均值为 119 mg/kg，标准差为 23 mg/kg，置信区间 97～142 mg/kg，变异系数为 19％。

3. 土壤有效磷

统计结果显示，全区设施蔬菜田土壤有效磷的平均含量为 152 mg/kg，标准差为 76 mg/kg，置信区间为 76～228 mg/kg，变异系数为 50％。

4. 土壤缓效钾和速效钾

统计结果显示，全区设施蔬菜田土壤缓效钾平均值为 606 mg/kg，标准差为 141 mg/kg，置信区间为 466～747 mg/kg，变异系数为 23％。

全区设施蔬菜田土壤速效钾平均含量为 162 mg/kg，标准差为 72 mg/kg，置信区间为 90～234 mg/kg，变异系数 44％。

5. 土壤有效铁、锰、铜、锌

全区设施蔬菜田有效铁含量平均含量为 64.6 mg/kg，标准差为 12.6 mg/kg，置信区间为 52.0～77.2 mg/kg；土壤有效锰的平均含量为 63.4 mg/kg，标准差为 14.2 mg/kg，置信区间为 49.2～77.6 mg/kg，变异系数为 22.4％；土壤有效铜的平均含量为 4.2 mg/kg，标准差为 1.8 mg/kg，置信区间为 2.4～6.0 mg/kg，变异系数为 42.3％；土壤有效锌的平均含量为 2.3 mg/kg，标准差为 0.9 mg/kg，置信区间为 1.3～3.2 mg/kg，变异系数为 40.9％。

第三节　障碍因素与改良对策

一、蔬菜田土壤存在的主要问题

（一）土壤板结酸化

蔬菜栽培管理精细，尤其是设施蔬菜，踏踩镇压频繁，土壤结构破坏严重，几乎所有设施栽培技术条件下的土壤都存在土壤板结问题。同时，由于作物复种指数高，肥料用量大，导致土壤有机质含量下降，缓冲性能降低，土壤酸化问题严重。调查结果显示，有机质含量低于13.5 g/kg 的占30.6%，而高于20 g/kg 仅占13.1%，多数菜田的土壤有机质处于中等和较低水平。而土壤 pH 处于酸性和微酸性的占到了71.7%。

（二）土壤养分失衡

设施栽培条件下，种植作物多为蔬菜、花卉等经济作物，对钾的需求量比较高。蔬菜对氮、磷、钾的吸收比例一般为1：0.3：1.03。调查结果显示，露天蔬菜田土壤碱解氮、有效磷、速效钾平均分别为94 mg/kg、122 mg/kg、135 mg/kg，设施蔬菜田土壤碱解氮、有效磷、速效钾含量分别为119 mg/kg、152 mg/kg、162 mg/kg，土壤养分失衡严重。

（三）土层存在障碍因素，土壤质地差

目前河东区蔬菜地中棕壤、砂姜黑土占有相当比例。棕壤土壤有机质含量低、土壤相对瘠薄，保水保肥能力差；而砂姜黑土土层含有砂姜层，土壤黏重，不利于耕作。

（四）土传病虫害危害严重

设施蔬菜栽培中，由于种植品种单一，作物连作后，根系自毒产物增多，抵抗力下降，为土传病虫害侵染提供了条件。调查中发现，蔬菜大棚中根结线虫危害严重，部分番茄大棚的虫口密度可达1 g 土中含300 条。

（五）土壤盐渍化

调查显示，河东区日光温室土壤0～5 cm 土层盐分浓度为2.54～3.11 g/kg，5～20 cm 土层为2.08～2.77 g/kg。其中4 年以下温室土壤0～5 cm 土层全盐量为2.54 g/kg，比大田高出1.42 g/kg，增幅为127%；8 年以上的日光温室土壤0～5 cm 土层全盐量为3.11 g/kg，比邻近大田高出1.99 g/kg，增幅为178%。土壤盐分中亚硝酸盐含量较高，由此导致设施栽培作物体内亚硝酸盐含量居高不下，农产品品质下降。

二、蔬菜田土壤培肥改良措施

（一）增施有机肥和秸秆还田，改良土壤性状

根据土壤有机质偏低的现状，应进一步提高菜农认识，克服重化肥轻有机肥的思想，重施有机肥，适当追施化肥。例如每年亩施优质圈肥4 000 kg 以上，逐步提高有机质含量，改良土壤，提高蔬菜品质和产量。

大力推广秸秆生物反应堆新技术。实践证明，这一技术是改良菜田土壤既快又省钱又省化肥的良好措施。每 666.7 m² 菜棚应用秸秆生物反应堆新技术可消化 5 000 m² 的秸秆，可大量增加土壤有机质和各种养分，使土壤通透性良好，耕层加深，保肥保水能力大大提高，减少化肥用量，减轻地下害虫危害，提高蔬菜品质和产量。特别是对砂姜黑土的改良，可消除障碍层次，改善土壤培肥地力效果。逐步推广每个大棚 1～2 年搞 1 次秸秆生物反应堆，以克服土壤肥力的各种不足。

（二）加强测土配方施肥工作，合理施肥，大力推广蔬菜专用肥

完善蔬菜田土壤检测制度，根据化验结果合理配方。根据大面积磷、钾肥偏高，氮、磷、钾比例失调的情况，应适当降低磷肥用量，达到合理的氮、磷、钾比例以满足不同蔬菜品种对不同养分的需求。目前市场上的三元复合肥（N15－P15－K15）、磷酸二氢钾、磷酸二铵、硝酸钾和硫酸钾等肥销量较多，这些肥料磷或钾含量很高，菜农盲目施用，是造成土壤含磷偏高的主要原因。根据不同作物氮、磷、钾的吸收比例，提供专用肥料配方给生产厂家，大力生产和推广蔬菜专用肥，这是解决氮、磷、钾比例失调，提高产量，降低成本的主要途径。

对少数检测中微量元素偏低的重点地区和个别大棚，根据缺什么补什么的原则，适当补施中微量元素，对于出现明显缺微量元素症状的蔬菜要及时追施或喷施缺素肥料。

对少数土壤 pH 值偏低（pH＜6）的蔬菜田，增施适量石灰中和土壤酸度。对土壤 pH＞8 的个别蔬菜田，除增施有机肥外，应重点推广施用酸性化肥，如过磷酸钙、含 SO_4^{2-} 的化肥等。同时大力推广大棚秸秆生物反应堆技术，逐步降低土壤 pH 值。

（三）推广节水型灌溉，减少土壤板结

塑料大棚日光温室蔬菜的浇水方式多数是大水漫灌，造成土壤板结，棚内湿度过大，病害发生严重。部分蔬菜大棚采用微滴灌技术，效果很好，能以水代肥，土壤不板结，室内湿度明显减小，蔬菜发病率较低。此技术既节省水电又节省农药，可减少农药残留，提高蔬菜品质，是一项一举多得的好技术，应大力推广和普及。在未普及的情况下推广地膜下浇水，既能保持土壤水分又可减少棚内湿度。

（四）采取综合措施防治病虫害，减轻土壤农药污染

大力推广物理防治技术防治病虫害，减少化学农药的使用量，减轻土壤农药污染。采用频振式杀虫灯、粘虫板、防虫网等绿色蔬菜安全生产先进技术，在现有面积的基础上，逐年扩大使用面积。夏季高温晒棚是杀死某些病菌和地下害虫的有效措施，此方法部分菜农已采用，效果明显，应进一步加大推广力度。

（五）巩固和扩大绿色蔬菜基地

加大宣传力度，抓好绿色蔬菜基地建设，全面提升河东区蔬菜产业整体水平。通过举办培训班，发放技术材料，聘请专家讲课等形式，大力宣传绿色蔬菜生产的重要意义，提高广大菜农的认识水平，达到家家都有新技术、户户都有明白人，全面推进标准化管理。逐步扩大绿色蔬菜面积，创品牌优势。同时大力扶持龙头企业，逐步建立和完善各类专业合作社组织，实现产供销一条龙服务，使河东区蔬菜生产达到一个更新更高水平。

第十三章

平衡施肥配套技术

　　肥料是粮食安全的重要保障，但考虑到施肥对环境的负面影响，不少发达国家强烈呼吁减少化肥特别是氮肥的投入，有些国家已经立法减少使用化学肥料，今后还将进一步限制其使用。这些做法在土壤肥力高或有机肥施用量高的地区是正确的，但对于大多数发展中国家，特别是中国，还不得不以增加肥料的投入来满足日益增长的人口对粮食的需求，特别是增加氮肥的施用量是非常必要的。然而，对化肥特别是氮肥不科学、不合理的施用，确实造成了一系列的农业生态环境问题。这就必然要求我们要正确处理人口—粮食—肥料—环境的关系，这就是新时期对我国农业可持续发展的要求。科学合理的施肥是解决"人口—粮食—肥料—环境"矛盾的关键，而且我国的国情也决定了我们必须依靠科技进步，走现代农业可持续发展道路。为此，从2005年开始，党中央国务院加大了对农业的投入力度。在作物施肥方面，由农业部贯彻执行，在全国范围内组织了大规模的测土配方施肥技术推广行动。该行动的目标不仅仅是为了提高作物的产量，主要是基于大量的主要作物田间试验，在不同的生态区域建立符合当地生产的土壤养分丰缺指标和推荐施肥指标体系，推广平衡施肥技术，以提高肥料利用率、节约资源、保护生态环境，从而实现对养分资源的综合管理与合理利用，实现农业的可持续发展。

第一节　开展平衡施肥技术的必要性

一、目前施肥中存在的问题

（一）肥料品种选择不合理

从表 13-1 中可以看出，多数作物对磷素的需求低于氮素和钾素。但目前肥料市场上，含量 45％（N15－P15－K15）的复混肥居多，此外长期以来农民对磷酸二铵的青睐，造成了磷肥的浪费和土壤磷素积聚。

表 13-1　主要农作物 100 kg 经济产量所吸收的养分量

作物	收获物	形成 100 kg 经济产量所吸收的养分量（kg）		
		N	P_2O_5	K_2O
水稻	籽粒	2.25	1.1	2.7
冬小麦	籽粒	3	1.25	2.5
玉米	籽粒	2.57	0.86	2.14
大豆	豆粒	7.2	1.8	4
花生	荚果	6.8	1.3	3.8
黄瓜	果实	0.4	0.35	0.55
茄子	果实	0.3	0.1	0.4
番茄	果实	0.45	0.5	0.5
大葱	全株	0.3	0.12	0.4
苹果	果实	0.3	0.08	0.32
梨	果实	0.47	0.23	0.48
桃	果实	0.48	0.2	0.76

（资料来源：《测土配方施肥技术》）

（二）施肥量偏高

突出的表现是施用量太大，在蔬菜上表现得十分突出。黄瓜发苦（氮肥施用过多，硝酸盐含量高）；大蒜二次生长、面包蒜跟氮肥过量有关。氮肥用量过大，诱发小麦和水稻贪青、倒伏、减产，并可引起缺锌、缺硅。

（三）施肥方法不当

1. 施肥时期不合理

不同生育期中作物对氮、磷、钾养分的需求量是不同的，有的时期少，有的时期多。为了节约用肥和提高肥效，应该通过施肥时期的选择使肥效发挥最佳。

大多数作物有两个关键的施肥时期：一个叫营养临界期，大多在苗期，对于土壤肥力不高的农田，施用种肥是一种提高肥效的方法。另一个叫作物营养最大效率期，即作物需肥较多，施肥效果明显的时期。如小麦拔节期、玉米的大喇叭口期和棉花的花铃期都是追施氮肥的关键时期，可以获得较好的增产效果。但具体施肥时间应根据土壤供肥状况和作物的长势来确定。

2. 施用方法不合理

一是施肥浅或表施。肥料易挥发、流失或难以到达作物根部，不利于作物吸收，造成肥料利用率低。有研究表明，肥料穴施利用率达20％～40％，撒施肥料利用率一般不超过10％。

二是双氯肥。用氯化铵和氯化钾生产的复合肥称为双氯肥，含氯约30％，易烧苗，要及时浇水。氯敏感的作物不能施用含氯肥料。对叶（茎）菜过多施用氯化钾等，不但造成蔬菜不鲜嫩、纤维多，而且使蔬菜味道变苦，口感差，效益低。

二、施肥不当带来的危害

肥料是粮食安全的重要保障，肥料在农业生产中固然非常重要，但是不科学不合理的施肥，特别是长期过量的施肥，不仅浪费了有限的养分资源，影响肥料施用的经济效益，还会造成一系列的生态环境问题，如地下水污染、水体的富营养化等。施肥的不平衡、不科学所造成的负面影响突出地表现在对生态环境的影响上，但我国在施肥方面现存的问题却表现在很多方面：一是总体上施肥量投入过大。这是我国人口压力、耕地压力和粮食压力等造成的。一般认为，粮食高产超高产的实现，必然需要肥料的高投入。二是肥料投入的不平衡。首先表现在地区间的不平衡，也就是肥料资源分配不合理的问题。一般经济发达的地区，化肥的施用量，特别是氮肥的投入量达到很高的水平。所以，施肥引起的生态环境问题，主要是集中在高肥地区。其次表现在养分间的不平衡。我国的化肥资源严重短缺，特别是磷钾资源短缺。我国差不多有一半以上的磷肥和90％以上的钾肥依赖于进口。三是肥料的利用率较低。我国长期以来肥料的利用率低，究其原因，主要表现在以下几个方面：首先是施肥过量的问题。肥料过量施用不仅造成了环境问题，更重要的是能导致作物对养分利用率的下降，甚至会出现减产的情况。其次，就是忽视土壤养分资源的充分利用。在很多地区由于长期只施用化学肥料，造成了土壤理化性状的恶化，土壤中有效养分的利用会大大降低。再次就是养分损失没能够有效控制，最直接的表现是生产管理粗放以及施肥技术不配套，比如对施肥时期和施肥方式的把握不够等。当然也有社会原因造成的，比如，目前农村人口大量外出务工，对农田的管理不善或不及时而造成肥料的利用率低下等。提高肥料的利用率与解决肥料—环境矛盾是一致的。

三、平衡施肥的意义

1. 平衡施肥技术能够解决施肥中存在的诸多问题。如提高肥料利用率、减少资源浪费、降低环境污染，在培肥地力的同时又增加了经济效益与社会效益。

2. 平衡施肥技术的开展满足了人们对健康生活的需要。随着人们生活水平的提高，人们不再一味地追求农产品的数量，而对农产品的质量提出了越来越高的要求。平衡配套施肥技术的实施，可以提高农产品的质量，生产出优质绿色无公害产品。

3. 通过开展平衡施肥，提升耕地地力水平，保证粮食生产安全和农民持续增收。

4. 平衡施肥的开展，使实验室建设得到不断的完善，土壤化验、肥料和农产品的检测越来越方便。这为农用物资的质量保证提供了很好的保障，也使农民对农业生产有了更大的信心。

第二节　土壤养分含量状况

本次耕地地力调查共化验分析土壤样品 4 137 个。其中粮田 2 724 个，菜地 641 个，果园 136 个，其他经济作物 636 个。

一、土壤 pH

全区土壤 pH 平均值为 6.08，标准差 0.66，置信区间（$P=0.863$）为 5.42～6.74，变异系数为 10.9%。土壤 pH 呈微酸性（5.5～6.5）的耕地占总耕地总面积的 52.3%，中性（6.5～7.5）耕地占 26.0%，酸性（4.5～5.5）耕地占 20.0%。其中果园 pH 较低，平均值为 5.72；粮田 pH 较高，平均值为 6.14；菜田和其他的 pH 分别为 6.07 和 5.90。

二、土壤有机质含量状况

全区土壤有机质的平均含量为 17.0 g/kg，标准差为 4.7 g/kg，置信区间为 12.3～21.6 g/kg，变异系数为 27.5%。不同种植制度下土壤有机质的含量状况不同。粮田有机质平均含量最高，平均值为 17.9 g/kg；果园最低，平均值为 11.0 g/kg；菜田和其他有机质含量居中。

三、土壤大量营养元素含量状况

（一）土壤氮素含量状况

全区耕地土壤全氮含量平均值为 1.00 g/kg，标准差为 0.28 g/kg，置信区间 0.72～1.28 g/kg，变异系数为 27.9%。粮田的土壤全氮平均含量为 1.01 g/kg，略高于全区平均值 1.00 g/kg；菜田和其他次之；果园含量为 0.66 g/kg，较全区平均值低 34%。

全区的土壤碱解氮平均含量为 89 mg/kg，标准差为 29 mg/kg，置信区间为 61~118 mg/kg，变异系数为 32.0%。蔬菜田土壤碱解氮含量较其他种植制度高，平均值为 95 mg/kg；粮田和其他含量居中；果园最低，平均含量为 64 mg/kg。

（二）土壤有效磷含量状况

全区耕地土壤有效磷的平均含量为 69.4 mg/kg，标准差为 46.5 mg/kg，置信区间为 22.8~115.7 mg/kg，变异系数为 67.1%。菜田有效磷含量较高，平均值为 123.5 mg/kg；粮田最低，平均含量为 56.4 mg/kg；果园和其他含量居中。

（三）土壤钾素含量状况

全区耕地土壤缓效钾平均值为 543 mg/kg，标准差为 199 mg/kg，置信区间为 345~743 mg/kg，变异系数为 36.6%。粮田土壤缓效钾含量较其他种植制度低，平均含量为 535 mg/kg；菜田、果园和其他土壤缓效钾含量相差不大。

全区耕地土壤速效钾平均含量为 106 mg/kg，标准差为 50 mg/kg，置信区间为 56~156 mg/kg，变异系数 27.9%。不同种植制度下土壤速效钾含量不同。菜田土壤速效钾含量较高，平均值为 136 mg/kg；果园速效钾含量较低，平均值为 89 mg/kg；粮田和其他含量居中。

四、土壤中量营养元素含量状况

（一）土壤交换性钙

2006 年，全区共测定土壤交换性钙 100 个样品。检测结果显示全区耕地土壤交换性钙平均含量为 2 480 mg/kg，标准差为 1 338 mg/kg，置信区间为 1 142~3 819 mg/kg，变异系数为 54.0%。

（二）土壤交换性镁

2006 年，全区共测定土壤交换性镁 100 个样品。土壤样品的检测结果显示，全区耕地土壤交换性镁的平均含量为 261 mg/kg，标准差为 127 mg/kg，置信区间为 133~388 mg/kg，变异系数为 49%。

（三）土壤有效硫

2006 年，全区共测定土壤有效硫 200 个样品。检测结果显示，测定土样中，土壤有效硫平均含量为 38.6 mg/kg，标准差 23.8 mg/kg，置信区间为 14.8～62.4 mg/kg，变异系数为 61.7％。

五、土壤微量元素含量状况

（一）土壤有效铁含量状况

河东区耕地土壤有效铁平均含量为 71.38 mg/kg，标准差为 25.49 mg/kg，置信区间为 45.89～96.86 mg/kg。全区有 98.7％的耕地土壤有效铁含量在 20 mg/kg 以上，低于 20 mg/kg 的耕地仅占 1.3％。这说明全区土壤有效铁含量较丰富。不同种植类型土壤有效铁含量相差不大，菜田土壤有效铁含量相对较低，平均含量为 68.34 mg/kg；其他有效铁含量稍高，平均含量为 76.59 mg/kg。

（二）土壤有效锰含量状况

河东区耕地土壤有效锰的平均含量为 59.77 mg/kg，标准差为 22.68 mg/kg，置信区间为 37.09～82.46 mg/kg，变异系数为 38.0％。全区耕地中，土壤有效锰含量大于 30 mg/kg 的耕地占耕地总面积的 89.6％，有 9.2％的耕地土壤有效锰含量在 15～30 mg/kg。不同种植类型下耕层土壤有效锰含量状况不同，粮田有效锰含量相对较高，平均含量为 64.64 mg/kg；果园相对较低，平均含量为 47.13 mg/kg。

（三）土壤有效铜含量状况

全区耕地土壤有效铜的平均含量为 2.82 mg/kg，标准差为 1.00 mg/kg，置信区间为 1.80～3.81 mg/kg，变异系数为 35.8％。全区耕地中，土壤有效铜含量高于 1.8 mg/kg 的耕地占耕地总面积的 87.2％，有效铜含量在 1.0～1.8 mg/kg 级别的耕地占 11.3％。蔬菜田土壤有效铜含量相对较高，平均含量为 3.08 mg/kg；其他相对较低，平均含量为 2.54 mg/kg。

（四）土壤有效锌含量状况

全区耕地土壤有效锌的平均含量为 1.00 mg/kg，标准差为 0.74 mg/kg，置信区间为 0.26～1.73 mg/kg，变异系数为 73.7%。蔬菜田土壤有效锌含量较高，平均值为 1.49 mg/kg，较全区平均值高 49%，粮田、果园、其他相对较低。

（五）土壤有效硼含量状况

全区耕地土壤有效硼的平均含量为 0.25 mg/kg，标准差为 0.12 mg/kg，置信区间为 0.13～0.38 mg/kg，变异系数为 49.2%。不同种植类型下耕层土壤有效硼平均含量相差不大，且均有不同程度的缺乏。粮田、菜田、果园、其他有效硼平均含量分别为：0.25 mg/kg、0.26 mg/kg、0.25 mg/kg 和 0.25 mg/kg。

（六）土壤有效钼含量状况

2006 年共测定有效钼样品 400 个。检测结果显示，全区耕地土壤有效钼的平均含量为 0.054 mg/kg，标准差为 0.042 mg/kg，置信区间为 0.012～0.106 mg/kg，变异系数为 0.77.8%。全区耕地中，土壤有效钼小于 0.1 mg/kg 的耕地占 89.5%，0.1～0.15 mg/kg 占 8.0%。以上数据说明，河东区耕地土壤有效钼含量缺乏严重。

第三节　施肥指标体系建设

河东区第二次全国土壤普查时，隶属于临沂县，土壤养分评价、耕地地力分析、技术参数、土壤养分丰缺指标和推荐施肥指标体系是以临沂县为整体进行的，没有独立系统的推荐施肥指标。随着生产条件、耕作制度、种植模式的变化，农民肥料施肥品种和施肥方式、作物的产量水平、栽培模式和土壤肥力水平也发生了较大变化，施肥参数和施肥指标已不能适应目前生产的需要。在对全区土壤进行采样测试分析的基础上，对不同土壤类型、作物和种植模式，通过田间试验示范，建立了小麦、玉米等作物肥料效应方程，计算出单位经济产量养分吸收量、土壤养分校正系数、肥料利用率等参数，建立了小麦、玉米等主要作物推荐施肥指标体系。

一、小麦推荐施肥指标体系建设

（一）主要技术参数

根据 3414 试验和磷钾丰缺指标试验结果，计算出小麦养分吸收量、土壤养分供给量、土壤养分利用率、肥料利用率等参数指标。主要技术参数如表 13-2。

表 13-2　小麦施肥主要技术参数

项目	N	P_2O_5	K_2O
百千克经济产量养分吸收量（kg）	2.905	1.174 75	2.565 5
土壤养分供给量（kg/667 m²）	7.092 5	2.868 75	6.265
土壤养分利用系数	0.565	0.281	0.578
肥料利用率	0.341	0.12	0.397

由表 13-2 可知，各试验点土壤氮素平均供应量最高，钾素其次，磷素最低；全区土壤磷素偏高，各试验点土壤有效磷含量平均为 75.2 mg/kg，因此磷素的养分利用系数和肥料利用率也明显低于氮素和钾素。

（二）小麦推荐施肥指标体系建设

1. 小麦 3414 肥效小区试验和肥料效应方程

小麦 3414 不完全试验方案　采用同等氮素（15 kg）水平，磷钾两因素 4 水平试验。磷肥（P_2O_5）、钾肥（K_2O）4 水平分别为 0、5、10、15 kg 和 0、4、8、12 kg。试验共设 8 个处理，3 次重复，随机排列，氮肥 50% 作基肥，50% 作追肥。

小麦 3414 完全试验方案　氮肥 4 水平为 0、7、14、21 kg，磷肥（P_2O_5）4 水平为 0、5、10、15 kg，钾肥（K_2O）4 水平为 0、4、8、12 kg。试验共设 14 个处理，不设重复，随机排列，氮肥 50% 作基肥，50% 作追肥。试验产量结果如表 13-3。

表 13-3　小麦各试验点相对产量

试验地点	碱解氮 (mg/kg)	有效磷 (mg/kg)	速效钾 (mg/kg)	$N_0P_2K_2$产量 (kg/667m²)	$N_2P_0K_2$产量 (kg/667m²)	$N_2P_2K_2$产量 (kg/667m²)	$N_2P_2K_{02}$产量 (kg/667m²)	N相对产量	P相对产量	K相对产量
郭黑墩村	109	45.5	117	328.1	492.6	546.9	483.6	60	90.08	88.42
刘黑墩村	84	71.2	120	304.7	482.1	522.1	503.2	58.36	92.35	96.38
赵庄村1号地	102	31.1	81	346.3	441.1	501	363.7	69.12	88.03	72.59
赵庄村2号地	94	40.2	70	324	384.9	465.6	363.7	69.59	82.68	78.11
刘黑墩村	95	66	120	/	211.8	309.8	278.6	/	68.37	89.93
大十六湖村	109	64.7	105	/	164.2	269.7	244.4	/	60.88	90.62
李位林村	126	97.6	105	/	195.4	268.9	236	/	72.67	87.76
古沂庄村	127	201.3	99	/	252.7	281.4	245.4	/	89.8	87.21
刘官庄村	55	98.4	40	/	300.4	351.8	298.3	/	85.39	84.79
洪岭埠村	134	121.7	169	269	338	461	308	58.35	73.32	66.81
户家戈村	90	41.8	65	248	281	378	279	65.61	74.34	73.81
前石拉渊村	146	39.1	75	314	344	506	317	62.06	67.98	62.65
前兴旺村	116	58.6	85	341	347	408	344	83.58	85.05	84.31

2. 小麦推荐施肥

根据试验结果建立土壤养分含量和相对产量的函数关系、方程。将相对产量95%、90%、75%分别带入以上方程求得养分丰缺指标。由于试验数量较少，方程拟合成功率低，所以在以上方程的基础上，结合山东省小麦土壤养分丰缺指标，建立河东区小麦土壤养分丰缺指标（表13-4）。

表 13-4　河东区小麦土壤养分丰缺指标

养分分级	相对产量（%）	丰缺指标（mg/kg）		
		碱解氮	有效磷	速效钾
丰富	>95	>172	>58	>130
较丰富	90~95	127~172	32~58	110~130
中	75~90	52~127	5~32	75~110
低	<75	<52	<5	<75

综合分析小麦 3414 试验结果，根据土壤测试结果和小麦经济产量养分吸收量、肥料利用率、土壤养分校正系数、相对产量等施肥参数，采用丰缺指标法，制定如下（表 13-5）推荐施肥指标：

表 13-5　小麦推荐施肥指标

养分评价	含 N 量 (mg/kg)	含 P 量 (mg/kg)	含 K 量 (mg/kg)	推荐 N 用量 (kg/667 m²)	推荐 P₂O₅ 用量 (kg/667 m²)	推荐 K₂O 用量 (kg/667 m²)
丰富	>172	>58	>130	10~12	1~5	0~5
较丰富	127~172	32~58	110~130	12~14	5~6	5~6
中	75~127	5~32	75~110	14~16	6~8	6~11
低	<75	<5	<75	16~19	8~10	11~13

二、玉米施肥指标体系建设

（一）主要技术参数

根据 3414 试验和磷钾丰缺指标试验结果，计算出玉米养分吸收量、土壤养分供给量、土壤养分利用率、肥料利用率等参数指标。主要技术参数如表 13-6。

表 13-6　玉米施肥主要技术参数

项目	N	P_2O_5	K_2O
百千克经济产量养分吸收量（kg）	2.17	0.89	3.01
土壤养分供给量（kg/667 m²）	4.45	1.82	6.19
土壤养分利用系数	0.381	0.164	0.729
肥料利用率	0.214	0.103	0.275

由上表可知，各试验点土壤钾素平均供应量最高，氮素其次，磷素最低；全区土壤磷素偏高，各试验点土壤有效磷平均含量较高，因此磷素的利用系数、肥料利用率明显低于氮素和钾素。

（二）玉米施肥指标体系建设

1. 玉米 3414 肥效小区试验和肥料效应方程

玉米 3414 不完全试验　采用同等氮素（16 kg）水平，磷钾两因素 4 水平试验。磷肥（P_2O_5）、钾肥（K_2O）4 水平分别为 0、4、8、12 kg 和 0、5、10、15 kg。试验共设 8 个处理，3 次重复，随机排列，氮肥 60% 作基肥，40% 作追肥。供试玉米品种为农大 108。

玉米 3414 完全试验方案　试验采用 3414 完全试验设计，氮肥（N）、磷肥（P_2O_5）、钾肥（K_2O）三因素 4 水平，分别为 0、7.5、15、22.5 和 0、4、8、12 与 0、5、10、15 kg。试验 14 个处理分别为：（1）$N_0P_0K_0$；（2）$N_0P_2K_2$；（3）$N_1P_2K_2$；（4）$N_2P_0K_2$；（5）$N_2P_1K_2$；（6）$N_2P_2K_2$；（7）$N_2P_3K_2$；（8）$N_2P_2K_0$；（9）$N_2P_2K_1$；（10）$N_2P_2K_3$；（11）$N_3P_2K_2$；（12）$N_1P_1K_2$；（13）$N_1P_2K_1$；（14）$N_2P_1K_1$；（15）常规施肥。试验共 15 个小区，不设重复，小区面积 20 m^2，随机排列，试验区周围设置保护行。试验产量结果如表 13-7。

表 13-7　玉米各试验点相对产量

试验地点	碱解氮 (mg/kg)	有效磷 (mg/kg)	速效钾 (mg/kg)	$N_0P_2K_2$ 产量 (kg/667 m^2)	$N_2P_0K_2$ 产量 (kg/667 m^2)	$N_2P_1K_2$ 产量 (kg/667 m^2)	$N_2P_2K_2$ 产量 (kg/667 m^2)	N 相对产量	P 相对产量	K 相对产量
陈村 1 号地	109	56.5	67	/	380.5	428.8	332.7	/	88.74	77.59
陈村 2 号地	139	79.7	90	/	302.3	456.1	332	/	66.28	72.79
王黑墩	105	96.3	62	/	367.8	437	378.6	/	84.16	86.64
王十二湖村	103	66.7	103	285.8	324.5	404.6	271.5	70.64	80.2	67.1
张黑墩村	164	47	92	333.8	372.9	404.6	366.2	82.5	92.17	90.51
王黑墩村	113	32.8	121	407.9	476.1	505	468.3	80.77	94.28	92.73
前石拉渊村	85	38.2	56	336	402.4	487.8	399.2	68.88	82.49	81.84
前石拉渊村	116	105.8	74	330.7	377.2	472.7	411.3	69.96	79.8	87.01
陈村 1 号地	147	91.9	150	244.1	415.5	549.4	467.4	44.45	75.67	85.12
陈村 2 号地	193	127.6	156	304.1	398.1	455.2	399.8	66.81	87.46	87.83

2. 玉米推荐施肥

根据试验结果建立土壤养分含量和相对产量的函数关系，参照山东省玉米土壤养分丰缺指标，确定河东区玉米土壤养分丰缺指标。

表 13 - 8　河东区玉米土壤养分丰缺指标

养分分级	相对产量（%）	丰缺指标（mg/kg）		
		碱解氮	有效磷	速效钾
丰富	>95	>172	>64	>170
较丰富	90～95	123～172	33～64	105～170
中	75～90	45～123	5～33	25～105
低	<75	<45	<5	<25

综合分析玉米 3414 肥效小区试验和示范结果，根据土壤测试结果和玉米经济产量养分吸收量、肥料利用率、土壤养分校正系数、相对产量等施肥参数，采用丰缺指标法，制定如下推荐施肥指标：

表 13 - 9　玉米推荐施肥指标

养分评价	含 N 量 (mg/kg)	含 P 量 (mg/kg)	含 K 量 (mg/kg)	推荐 N 用量 (kg/667 m^2)	推荐 P_2O_5 用量 (kg/667 m^2)	推荐 K_2O 用量 (kg/667 m^2)
丰富	>172	>64	>170	12	0～4	0
较丰富	123～172	33～64	105～170	12～14	4～6	0～2
中	45～123	5～33	25～105	14～16	6～8	4～6
低	<45	<5	<25	16～18	8～13	6～11

第四节　平衡施肥配套技术

一、有机肥的平衡施用技术

土壤有机质是否平衡取决于两个因素：一是土壤矿质化，二是有机质的腐殖化。如果土壤矿质化过程大于腐殖化过程，则土壤有机质含量降低，反之，则升高。一般来讲，一种土壤的腐殖化、矿质化过程是相对稳定的，所以要维持土壤有机质的平衡，必须保持投向土壤的有机质的量，即使用有机肥的多少。增加有机肥的用量是培肥地力的一条重要措施。从这次耕地地力调查情况看，在有机肥的施用上主要存在两个问题：一是部分有机肥资源的利用率不高，致使有机肥用量特别是粮田的用量偏低；二是施用量不均衡，突出表现在经济作物用量过大，而粮田不足。针对以上问题，今后在有机肥的施用上首先要充分利用好现有的有机肥资源，增加有机肥的用量；二是在保证经济作物土壤有机质不降低的情况下，增加粮田有机肥的使用量，粮田每 666.7 m^2 有机肥的使用量要保证在 1 000 kg 以上，而菜田应不低于 5 000 kg。

二、氮、磷、钾肥的平衡施用

从近几年氮、磷、钾肥效试验情况看，不论何种作物、何种土壤，均以氮肥、钾肥的增产效果最为明显。但从调查情况看，近几年氮的用量又是过量的，表明氮肥的后效不明显，即当季使用过量氮肥，大部分的氮也在这一季内消耗掉；而氮的合理施用又不同于磷和钾，磷和钾可根据土壤化验结果来确定，但氮素土壤测定值同施用量的相关性不强，测定值只是一个参考值。近几年在氮的施用上研究较多的是氮的平衡施用。平衡施用氮素化肥涉及的因素是作物产量和有机肥用量及土壤提供量。一种作物的不同品种，在不同地区种植，所需要的氮素量相差不大，所以作物需要的总氮量可以通过单位产量的需氮量来计算。有机肥提供的氮素可通过有机肥的用量和含有氮素量计算出来，土壤提供部分可通过试验来获得。总用量减去有机肥及土壤的提供量，就是需要氮素化肥的量。根据作物施肥推荐指标体系建设的成果，综合作物的养分吸收规律提出了小麦、玉米及主要蔬菜作物的平衡配套施肥技术。

（一）冬小麦平衡配套施肥技术

1. 小麦需肥规律

小麦氮素的吸收有两个高峰阶段：一是出苗到拔节阶段（越冬期和返青期），吸收氮素占吸氮总量的 40% 左右；二是拔节到孕穗阶段，占吸氮总量的 30%～40%。小麦在分蘖期吸收磷素和钾素分别占各自吸收总量的 30% 左右，拔节以后吸收速度急剧增长。磷素在孕穗到成熟期吸收最多，约占总吸收量的 40%；钾素的吸收以拔节到孕穗开花阶段最多，占总吸收量的 60% 左右，到开花时对钾素的吸收达到最大量。

2. 施足基肥

在施足农家肥的基础上，每 666.7 m² 施小麦专用配方肥 30～40 kg。农家肥一般每 666.7 m² 施 2 000～5 000 kg。

3. 适时追肥

一是苗期追肥。也称秋季追肥，一般在分蘖初期，每 666.7 m² 施用尿素 3～5 kg 或少量的人粪尿。基肥充足时可不追肥。

二是越冬期追肥。一般用于分蘖少的三类苗，结合浇冻水每 666.7 m² 施用尿素 3～5 kg。苗期追过肥的可不再施追肥。

三是返青期追肥。多用于肥力较差，基肥不足，冬前分蘖少，生长弱的田地，每 666.7 m² 施尿素 5～7 kg，应深施 6 cm 以上。

四是拔节期追肥。壮苗可结合浇水每 666.7 m² 追配方肥 15～20 kg 或尿素 3～5 kg＋磷酸钙 5～10 kg＋氯化钾 3～5 kg。弱苗应结合浇水增施尿素 3～5 kg。

五是后期追肥。一般用根外追肥法，对有脱肥早衰现象的麦田可每 666.7 m² 喷施 1%～2% 浓度尿素 50 L；对有贪青晚熟趋势的麦田可每 666.7 m² 喷施 0.2% 浓度的磷酸二氢钾 50 L。

（二）夏玉米平衡配套施肥技术

1. 玉米需肥规律

玉米幼苗生长慢，吸收也少，拔节期到开花期生长加快，吸收氮素占总吸收量的 44.88%，穗期吸收氮素占总吸收量的 32.31%，之后养分吸收减慢。根据上述可看出，夏玉米从拔节期到穗期是施肥的关键时期，对增加产量非常重要。

2. 基肥

30% 的氮肥和全部磷肥作基肥一次性施入，在小麦收获后，结合浅耕灭茬，每 666.7 m^2 施有机肥 2 000～3 000 kg、过磷酸钙（10%）30～50 kg、氯化钾 8～10 kg、尿素 10～15 kg。麦秸直接施入或留高茬，每 666.7 m^2 以 200～300 kg 为宜。

3. 追肥

宜采用"前重后轻"方式，拔节期、抽穗期各追施余下 40%、30% 的氮肥。即在玉米拔节期每 666.7 m^2 施尿素 15～20 kg，大喇叭口期再施 10～15 kg。

（三）番茄施肥技术

1. 番茄需肥规律

生产 1 000 kg 番茄需纯 N 3.86 kg、P_2O_5 1.15 kg、K_2O 4.44 kg。每 666.7 m^2 产 4 000～5 000 kg 番茄需 N 15.4～19.3 kg、P_2O_5 4.6～5.8 kg、K_2O 17.8～22.2 kg。番茄不同生育期养分吸收量不同，吸收量随植株的生长发育而增加。在幼苗期以吸收氮素为主，随着茎的增粗和增长对磷、钾的需求量增加。在结果初期，氮在三种主要营养元素（氮、磷、钾）中占 50%、钾只占 32%。进入结果盛期和开始收获时，则氮占 36%、钾占 50%。分析番茄整个植株体内氮、磷、钾的比例为 1：0.4：2。而番茄对氮和钾的吸收量为施肥量的 40%～50%，对磷的吸收仅为施肥量的 20% 左右，与氮、钾相差 1 倍，所以，番茄氮、磷、钾施肥量的比例应为 1：1：2。

2. 基肥

基肥以有机肥为主是番茄优质高产栽培的基础，但有机肥必须经过腐熟，未经腐熟即施用会在田间腐熟，使定植后的番茄出现有害气体中毒以及烧根现象。结合深翻整地，一般每 666.7 m² 施腐熟有机肥 4 000～6 000 kg。每 666.7 m² 再施尿素 10 kg、过磷酸钙 30 kg、硫酸钾 20 kg（或施用大于 40% 高钾中氮低磷硫酸钾型复合肥 50 kg）。施肥一定要均匀，防止肥料集中引起肥害，造成缺苗断垄。

3. 追肥

一般在第一穗果开始膨大到乒乓球大小时，可进行第一次追肥，每666.7 m² 施尿素 8～10 kg、硫酸钾 8～12 kg。第二次追肥是在第一次穗果即将采收，第二穗果膨大至乒乓球大小时，每 666.7 m² 施尿素 10～15 kg、硫酸钾 12～18 kg。第三次追肥在第二穗果即将采收，第三穗果膨大到乒乓球大小时，每 666.7 m² 施尿素 8～10 kg、硫酸钾 8～12 kg。

（四）黄瓜施肥技术

1. 黄瓜需肥规律

每生产 1 000 kg 黄瓜，果实吸收氮 2.8～3.2 kg、磷 0.8～1.3 kg、钾 3.6～4.4 kg。苗期对氮、磷、钾的吸收量仅占总吸收量的 1% 左右。从定植到结瓜时吸收的养分除磷的吸收量较大以外，对氮、钾的吸收量不到总吸收量的 20%，而 50% 的养分是在进入盛果期以后吸收的。黄瓜叶片中氮、磷的含量较高，茎蔓中钾的含量较高。当黄瓜进入结果期以后，约 60% 的氮、50% 的磷、80% 的钾集中在果实中。由于黄瓜需要分期采收，养分随之脱离植株被果实带走，所以需要不断补充营养元素，进行多次追肥。一般定植 30 天前后（即根瓜采收前后）开始追肥，并逐渐加大追肥量和增加追肥次数。

2. 基肥

每 666.7 m² 施优质腐熟有机肥 5 000 kg，也可加入生物有机肥 300 kg。每 666.7 m² 施用尿素（含氮 46%）25 kg、过磷酸钙（含磷 12%）30～40 kg、硫酸钾（50%）20 kg。

3. 追肥

结瓜初期进行第 1 次追肥，每 666.7 m² 施尿素 6~8 kg、K_2O 6~8 kg。盛瓜初期进行第 2 次追肥，每 666.7 m² 施尿素 6~8 kg、硫酸钾 8~10 kg。盛瓜中期进行第 3 次追肥，每 666.7 m² 施尿素 8~10 kg、硫酸钾 12~15 kg。

（五）大蒜施肥技术

1. 大蒜需肥规律

大蒜对各种营养元素的吸收量以氮最多，钾、钙、磷、镁次之。把氮的吸收量作为 1 时，则各种元素的吸收比例为氮∶磷∶钾为 1∶（0.25~0.35）∶（0.85~0.95）。大蒜出苗后就开始吸收氮素营养，而且在以后的每个生长发育阶段，都在迅速增加，尤其是在提薹后的鳞茎膨大期对氮的吸收量最多。大蒜苗期对磷的吸收量占总吸收量的 17%，蒜薹伸长期吸收量最高，约占总吸收量的 62%；提薹后进入蒜头膨大期吸收量减少，占总吸收量的 21%。大蒜对钾素的吸收量比较高，苗期约占总吸收量的 21.2%；蒜薹伸长期约占总吸收量的 53.2%；蒜头膨大期吸收量减少，约占总吸收量的 25.6%。

2. 基肥

覆盖地膜后，蒜地追肥比较困难，应在播种时施足肥料。大蒜播种前每 666.7 m² 施有机肥 2 500~3 000 kg、无机肥每 666.7 m² 施大蒜专用复合肥 75 kg。

3. 追肥

大蒜旺盛生长期进行第 1 次追肥，每 666.7 m² 施尿素 8~10 kg、硫酸钾 3~5 kg。进入鳞茎膨大期进行第 2 次追肥，每 666.7 m² 施尿素 6~8 kg、硫酸钾 5~8 kg。

三、钙、镁、硫肥的平衡施用

从耕地地力调查的情况看，作物所必需的中量元素钙、镁、硫基本不缺乏。从化验结果看，有效钙、镁、硫的量均在较高的范围内。而在目前，有些地区的经济作物却出现缺中量元素。特别是缺钙的症状，如苹果发生苦豆病、番茄的脐腐病，均是由缺钙引起的。但造成缺乏的主要原因并不是土壤含钙量低，而是由种植方式不同和施肥措施不当造成的。像果树根系常年在一个区域内生长，如土壤管理不善，可能会出现缺素的症状。而在平原地区，缺素的地块多为种植经济作物的地块，这些地块之所以缺乏中量元素，主要是大量元素的施用量不当造成的。作为需要的各种养分，需要一个适当的比例。如这种比例被破坏，有些元素可能会出现缺乏症状。有些经济作物，种植者一次投入大量氮肥、钾肥、磷肥，常年过量施用，这样，磷会固定钙、镁元素，氮和钾的过量会影响作物对钙、镁的吸收，从而会出现缺乏这些元素的症状。因此，目前在河东区大部分地区没有必要大力提倡施用中量元素肥料。对于出现缺乏中量元素的地区，可以适当调节施肥品种，如施用磷肥时可多施用一些富含钙、镁、硫的品种，如过磷酸钙和钙镁磷肥。个别出现缺钙、镁的地方可以喷一些含钙的肥料，如硝酸钙和氯化钙等。

四、微量元素的平衡施用

从这次耕地地力调查的情况看，河东区今后微量元素的施用主要考虑锌和硼，其他微量元素是否施用应深入研究。这是因为，全区有相当部分耕地土壤有效硼和锌的含量较低，试验示范证明施用锌肥和硼肥均有一定的增产效果。所以，前些年未施用过锌肥和硼肥的土壤，可以施用一定量的锌肥和硼肥，锌肥每 $666.7\,m^2$ 的用量一般为 $1\,kg$，最大用量不能超过 $2\,kg$；硼肥每 $666.7\,m^2$ 的用量一般为 $1\,kg$，最大用量不能超过 $1.5\,kg$，且需要隔年施用。现在土壤中有效铜、有效铁、锰含量大大超过缺乏临界值，所以没有必要施用。对于钼来讲，目前尚未发现作物缺钼症状，可在试验的基础上推广应用。

第五节　平衡施肥的对策与建议

通过这次全区耕地地力调查与质量评价工程的实施，结合近几年在耕地管理中积累的先进经验，针对河东区目前土壤培肥和施肥过程中存在的问题，提出以下几方面的建议：

一、大力推广平衡配套施肥技术，提高广大农民的科学素质

农民是土地的直接使用者和管理者，推广平衡配套施肥技术，提高广大农民的科学素质，可以使土地得到合理有效地利用。这样既可以使农民增产增收，提高农民的种地积极性，又可以培肥地力，提高农产品的质量。在调查中我们发现，部分农民的科学技术素质较低，对平衡配套施肥技术缺乏认识，也不理解，这对该项技术的推广应用增加了一定的难度。我们应该结合农村劳动力培训，加强对农民的宣传和培训。要制定专门规划，把科技培训作为一项主要工作来抓，使广大农民认识平衡配套施肥技术的科学性和先进性，能够自觉地进行平衡配套施肥。

二、继续增强化验能力，为平衡配套施肥打好基础

平衡配套施肥技术需要强有力的化验手段的支持，在努力宣传和培训这项技术的同时，必须做好做强实验室的化验检测工作，只有这样，才能使平衡配套施肥技术成为切实可行的实用技术。要充分利用在全区建立起的长期定位监测点，定期进行土壤化验，测定土壤养分状况，结合肥料试验，及时提出平衡配套施肥的技术要点，为农民提供精确的技术服务，使农民能够真正地感受到平衡配套施肥技术的科学性与实用性，坚定他们使用这项技术的信心。

三、加强无公害基地的示范带动作用

河东区近几年建设了不少无公害或生态基地，要充分利用基地的规范化生产制度，示范带动周边村庄农民的生产积极性。重点抓好以下几方面工作：一是加强基地的设施建设，配套化验检测等，使基地承担起检测化验责任，发挥基地的龙头作用；二是运用市场规律，使农产品做到优质优价，引起农民对无公害产品的重视，引导农民发展无公害农产品；三是严格基地的生产制度，技术人员要进行相关培训，为基地的优质生产打下坚实基础，各种农用物资要严格控制，一切以无公害生产标准为目标。

四、要与科研部门联手，加强基础研究工作

当前农业种植结构调整很快，基础研究工作一定要跟得上，才能做到为农民服务。要努力研究各种可能出现的问题，试验新成果、新技术在本地的可行性，以及可能出现问题的解决方案，关键要加大科学施肥试验投入，不断更新平衡施肥参数，使平衡施肥效益更加明显。要在土壤地力培肥中研究出不同土壤条件下、不同作物的配方施肥比例，试验出有机肥和各种微肥的最佳用量，制定出适合河东区各土壤类型施行的平衡配套施肥技术要点。

另外，政府应该在政策和资金方面给予一定的扶持，协助人口集中的乡镇建立以积造人粪尿为主要积肥方式的有机肥厂（场），尽量多地利用人粪尿；对秸秆还田也应进行扶持，特别是对个人购置秸秆还田机具的，要在资金或物资上给予支持；要综合利用各类有机物，推广建立沼气池，使有机肥得到充分腐熟和合理使用。

第十四章

耕地资源与种植业结构调整建议

一、农用地利用现状与分析

（一）土地利用现状

2006 年，河东区土地总面积为 60 716.9 hm²。其中农用地 44 721.3 hm²，农用地主要由耕地、园地、林地和其他农用地组成。其中耕地为 30 689.3 hm²，占区土地总面积的 50.54％；园地为 3 058.0 hm²，林地为 6 309.4 hm²，其他农用地 4 660.7 hm²。

1. 耕地

2006 年全区耕地面积为 30 689.3 hm²。由灌溉水田、水浇地、旱地、菜地构成。其中灌溉水田 13 417.9 hm²，占全区耕地面积的 43.72％，主要分布于郑旺镇、太平街道、八湖镇、汤河镇；水浇地面积为 5 224.0 hm²，占全区耕地面积的 17.02％，主要在刘店子乡、郑旺镇、重沟镇、汤头街道；旱田面积为 10 283 hm²，占耕地的 33.51％，主要在汤头街道、重沟镇；菜地为 1 760.4 hm²，占耕地的 5.74％，菜地分布较为平均，各个乡镇都有种植。

2. 园地

2006 年全区园地面积为 3 058.0 hm²。果园是园地的最主要组成部分，面积 3 021.6 hm²，占园地总面积的 98.81%；桑园面积为 1.3 hm²，占园地总面积的 0.04%；其他园地 35.2 hm²，占园地的 1.15%。果园以桃树为主，其次为板栗、苹果、梨。

太平、汤头和九曲街道果园面积较大，分别占全区果园总面积的 21.24%、17.38%、13.27%。

3. 林地

全区共有林地 6 309.4 hm²。林地中，有林地 5 199.2 hm²，占林地面积的 82.40%，郑旺镇、汤头街道、重沟镇面积较大，分别占有林地面积的 16.34%、13.11%、12.78%；疏林地 17.0 hm²，占林地 0.27%，仅分布于相公街道、凤凰岭街道和郑旺镇；未成林造林地 202.9 hm²，占林地 3.22%；苗圃 890.3 hm²，占林地 14.11%，汤河镇、九曲街道面积较大，分别占苗圃面积的 51.39%、23.22%。

4. 其他农用地

全区共有其他农用地 4 660.7 hm²。主要有饲禽养殖基地、设施农用地、农村道路、坑塘水面、养殖水面、农田水利设施用地、田坎、晒谷场等用地。其中农村道路、养殖水面、农田水利设施用地面积较大，分别占其他农用地面积的 45.70%、18.26%、13.51%。

（二）土地资源利用存在的问题

一是土地承载重，人地矛盾日益突出。全区人均耕地少，并且土地质量较差，养分失调。随着近年来经济建设潮的兴起和开发区热，大量的耕地被占用，加之人口的急剧增长，人地矛盾日益突出。

二是土地利用布局不尽合理。全区地类齐全，具有全面综合发展的土地资源优势，但由于受传统农业和生产条件的影响，致使土地利用结构特别是农业内部结构不够合理，种植业占绝对优势，林、果、牧、渔业和农村商品经济发展较差，商品率低。

三是施肥技术落后。调查显示，2007 年小麦肥料投入平均 1 980

元/hm²（当年价格），小麦平均产量 5 085 kg/hm²，产值 8 136 元/hm²；水稻肥料投入为 2 475 元/hm²（当年价格），水稻平均产量为 6 720 kg/hm²，产值为 1.21 万元/hm²；大蒜投入肥料成本 6 675 元/hm²，平均产量 23.25 t/hm²，产值 3.72 万元/hm²。在施肥技术上存在的主要问题是氮、磷肥用量大、钾肥偏少，缺乏中微量元素配合；基肥、追肥比例不合理，追肥次数偏少，施肥时间不当。

二、水资源现状分析

（一）降水资源

河东区属暖温带半湿润大陆性季风气候区，四季分明。春季干燥多风，夏季高温多雨，秋季温和凉爽，冬季寒冷少雪。年平均气温 13.1℃，无霜期 180～195 d。年平均降水量 869.3 mm（1984—1993 年系列），最大降水量为 1 284 mm，出现在 1960 年，最小降水量为 527.4 mm，出现在 1981 年。降水量年内分配极不均匀，随季节变化明显，6～9 月多年平均降水量 630.2 mm，占年降水量的 73%；枯水期（1～5 月份及 10～12 月份）8 个月的平均降水量为 132.7 mm，占年降水量的 15.4%。多年平均蒸发量 1 176.6 mm，蒸发量年际变化大，年内变化明显，5 月份的蒸发量最大为 167.8 mm，占全年蒸发量的 14.3%；最小的 1 月份为 36.9 mm，只占全年蒸发量的 3.1%。多年平均干旱指数 1.37，属偏干旱区。

（二）河流水文特征

河东区属淮河流域沂沭河水系，沂河、沭河为河东区边境河流，区内共有大小内河 17 条。沂河水系中有支流李公河，区内流域面积 111.1 km²；沭河水系中有支流汤河、黑墩河、黄白河等，区内流域面积分别为 460.2 km²、67.83 km²、173.6 km²。李公河流域多年平均降水量 868.7 mm，年降水总量 1.39 亿 m³，多年平均径流深 332.1 mm，年径流量 0.531 3 亿 m³。汤河流域多年平均降水量 863.6 mm，年降水总量 3.195 3 亿 m³，多年平均径流深 309.5 mm，年径流量 1.145 2 亿 m³。黑墩河流域多年平均降水量 856 mm，年径流量 0.207 7 亿 m³。黄白河流域多年平均降水量 857.7 mm，年降水总量 1.132 2 亿 m³，多年平均径流深 304.6 mm，年径流量 0.402 1 亿 m³。区域地下水大致可分为三个类型：一是第四系松散岩孔隙水，主要赋存于沙砾层中，分布在沂沭两河沿岸区域，面积 612 km²，沙层厚度一般为 4～10 m，局部大于 10 m，该区域单井涌水量多在 500～1 000 m³/d；二是碎屑岩类裂隙水，主要由白垩系的沙砾层、震旦系的沙页岩组成，分布于汤头中部、西北部，重沟西部，芝麻墩以东地区，含水量少，主要为风化裂隙水，单井涌水量多小于 500 m³/d；三是变质岩裂隙水，主要分布在沂水—汤头断裂带以东，面积 103 km²，该区域裂隙水分布极不均匀，主要受地质条件和裂隙的控制，单井涌水量 100 m³/d 左右。河东区水资源总量 40 200 万 m³，多年平均地表水资源量 22 800 万 m³，地下水资源量 17 400 万 m³。全区地下水可开采量 13 200 万 m³，现在地下水开采量 6 700 万 m³。根据《河东区地下水资源优化开发利用研究》成果，河东区多年平均地下水资源量 17 400 万 m³，模数为 28.3 万 m³/km² 年，多年平均地下水可开采量 13 200 万 m³，可开采模数 18.1 万 m³/km² 年。2003 年地下水开采量 6 700 万 m³，平均开采模数 9.1 万 m³/km² 年。河东区地下水化学类型除汤头镇、刘店子乡的部分地区为氯化物钠型水以外，大部分为重碳酸盐类钙型水，pH 值在 7～8.5 之间，矿化度在 0.1～1.5 g/L 之间，适宜饮用。

三、种植业结构调整建议

根据耕地地力分级和质量评价结构、水资源状况和农业生产现状，按照充分利用土地资源、发展规模生产、提高产品品质和效益的原则，加快种植业结构调整，实现农业增效、农民增收。

（一）总体思路

一是目标调整，变增总量的单一目标为保质、保量、增效、增收、保护环境的综合目标。二是布局调整，从全区一盘棋出发，合理布局，既要发挥规模效益，形成规模，搞出特色，又要防止畸形发展。三是作物调整，要满足市场和社会的多层次、多方位、多样化需要，改变作物单一化、趋同化的结构现状，实现作物种类多元化、特色化，尤其要突出发展专（专用作物）、名、特、稀、优、新作物，搞成基地化生产。四是品种调整，改变过去单一的高产品种，适应不同环境、不同需求，实现品种的个性化、专业化。五是手段调整，发展设施农业、工厂化育苗等。

（二）总体目标

按照"品种调良、结构调优、效益调高"的原则，大力调整优化种植业内部结构，在稳定粮食生产的基础上，重点培植无公害瓜菜、果品、苗木花卉、杞柳等高效特色产业。全区高产优质高效农业形成"南北菜东部柳，中部优质商品粮，沂沭两岸林果带，种养加工创名优"的发展格局。在稳定粮食生产面积的基础上，全区经济作物种植面积达12 000 hm²。其中杞柳面积发展到 2 500 hm²，良种覆盖率达到 90％以上；果树面积 2 000 hm²，其中设施果树面积 150 hm²，良种覆盖率85％以上；瓜菜面积 6 000 hm²，其中冬暖大棚蔬菜面积 500 hm²，大中弓棚蔬菜面积 2 000 hm²，良种覆盖率 95％以上；苗木花卉面积达 1 500 hm²，其中鲜切花面积 500 hm²，良种覆盖率 85％以上。

（三）种植业结构调整规划

根据河东区耕地资源状况及分布特点，按照"一心、两岸、两线、三岭"进行规划布局。

1. "一心"是指以太平街道、相公街道为中心，大力发展优质无公害小麦、水稻生产基地。相公街道、太平街道土壤主要有潮土和水稻土两种类型，土壤肥沃，在耕地地力评价中一级地、二级地的比重大，是河东区的粮食生产中心。建议今后加快招商引资，做强粮食加工产业，以加工企业为龙头，带动全区优质粮食生产。

2. "两岸"指沂沭河沿岸生态型、观光型、效益型林果开发。"沂河沿岸"以发展果树为主，从汤头镇红埠岭村到九曲镇桃园村沂河河堰以东 500～1 000 米的范围发展干鲜果，沂河沿岸发展 3 万亩果园。力争在沿岸九曲-汤头段建成 30 千米长的生态、观光、旅游带。沭河沿岸北从刘店子石拉渊到梅埠吴坊头河堰以外 500~1 000 米的范围发展干鲜果，其中汤河段以发展苗木花卉为主，重沟沭河大桥南以瓜菜为主，从重沟镇驻地经汤河至郑旺镇驻地环镇路两侧以发展柳条为主，郑旺到刘店子以发展大蒜为主。

3. "两线"指东红公路和临东路沿线高效农业开发

"东红公路"沿线包括汤头、太平、九曲等乡镇，沿线乡镇发展经济作物面积 3 000 hm²。其中瓜菜面积 2 500 hm²，苗木花卉面积 300 hm²，杞柳面积 200 hm²。沿线乡镇的太平段以发展优质瓜菜为主，九曲段以发展苗木花卉为主，国道、省道两侧各 50 米范围内搞好绿色通道。

"临东路两侧"包括汤头、八湖、相公、凤凰岭、重沟等乡镇办事处，沿线发展经济作物面积 1 600 hm²。其中苗木花卉面积 100 hm²，瓜菜面积 1 200 hm²，杞柳面积 200 hm²，果园面积 100 hm²。规划期间，从汤头五湖村至八湖高柴河村以发展优质果树为主，从八湖镇驻地到凤凰大街以发展杞柳为主，从凤凰岭驻地到 327 国道以发展果树为主。

4. "三岭"指红旗岭、长虹岭和金刚岭生态农业开发。总耕地面积 3 500 hm²。其中"红旗岭"耕地面积 600 hm²，分布在汤头镇，现有林果面积 80 hm²。重点发展耐旱性强的桃、杏、花椒等。"长虹岭"现有耕地面积 2 000 hm²，分布在汤头、刘店子、八湖三个乡镇。其中分布在汤头镇的 1 200 hm²，沿文泗路和长虹一路两侧发展果树面积 300 hm²，草莓 900 hm²；分布在刘店子的 500 hm² 耕地，开发成万亩林果旅游观光带；分布在八湖镇 300 hm² 岭地，全部开发成优质林果。

四、种植业结构调整的保证措施

（一）进一步加强市场服务体系建设，加快产业结构调整步伐

市场经济的主体是市场，种植业结构调整必须以市场为导向，立足优势产业，建立和完善产品加工、销售市场服务体系。各乡镇要依据当地特色产业，进一步建立健全农副产品专业市场，搞好市场硬软件建设，净化市场环境，优化服务手段。招引经销客商，引导各类专业合作

组织建立发展，培育壮大农产品营销经纪人队伍，形成产、加、销一体化产业发展格局。通过各类专业批发市场的建设，实现河东区特色优质农副产品产销两旺，高效发展的目标。

（二）围绕农产品加工，培育壮大龙头企业

在市场经济日益繁荣的今天，要想做大做强优势种植产业，既要优化品种结构，提高产品质量，又要培育壮大农副产品深加工龙头企业，拉长产业链条，增强综合竞争实力。因而，各乡镇、区直各有关部门，立足河东区优势农副产品生产加工，借鉴"大林集团"的成功经验，力争筛选一个农副产品深加工项目，引资建成一个产品深加工企业。

（三）依靠科技，强化支撑

在种植业结构调整中，加快技术推广，提高生产技术水平，提高农副产品的科技含量，是达到优质高产高效最有效的方法和手段。在种植业结构调整中，重点实施良种推广、测土配方施肥、适时播种和合理密植、病虫草害综合防治、节水灌溉、模式化栽培、中低产田综合治理、地膜覆盖、秸秆还田等多项技术措施。农业技术服务部门切实转变工作作风，创新服务机制，发挥技术人员的聪明才智，利用广播、电视、培训学校、印发技术资料、编写科技板报、举办短期培训等形式，多层次、全方位开展技术培训，努力提高农民群众的科学技术水平和生产实践能力。进一步加强农业技术服务水平，支持高等学校、科研院所同农民专业合作社、龙头企业、农户开展多种形式的技术合作，促进产学研、农科教结合。使各类中介机构参与农业新技术、新产品的经营和推广，成为连接科技与生产之间的纽带，加快农业科技成果的熟化和转化。

（四）示范引导，强化宣传

围绕种植业结构调整规划，分类抓出一批重点乡镇街道、重点企业及特色农业科技示范园，通过实施重点突破、分类指导，抓重点、抓优势、抓特色、抓标准，培植一批示范典型，带动河东区农业高标准、高层次、全方位推进。在全区层层发动，广泛宣传，加力造势，使种植业结构调整的重大意义、总体要求、主要任务及具体措施家喻户晓。新闻媒体和宣传部门，要组织宣传报道，围绕结构调整规划，精心策划，制作专题节目，及时报道好思路、好经验、好典型，引导和动员广大群众积极参与种植业结构调整。

（五）加快农产品质量安全体系建设，提高河东区农产品质量安全水平

农业生产要与国际国内大市场接轨，必须走生态、安全、优质、高产、高效之路，搞好区级农产品质量安全监测体系建设，努力提高河东区农产品质量安全水平，这将成为农业生产可持续发展的前提和保障。以农业部门为主继续加大对上级资金的争取力度，保证农产品质量安全监测站正常运转。

（六）加强区级农业信息体系建设

随着科学的发展，技术的进步，农业经济的发展也已步入了信息化时代。现代信息既是各级政府宏观调控的手段，也是群众从事生产经营活动的依据，是产业结构调整、市场状况准确研判的风向标和千里眼。进一步完善区、乡、村三级农业信息服务网络，开展信息收集、发布，传播实用技术，发布市场供求动态，提高河东区种植业与国际、国内市场关联程度，更好地指导群众生产销售。

参 考 文 献

［1］山东省土壤肥料工作站. 山东土壤. 北京：中国农业出版社，1994.

［2］高祥照，马常宝，杜 森. 测土配方施肥技术. 北京：中国农业出版
社，2005.

［3］岳玉德，李 涛. 青州耕地. 济南：山东大学出版社，2004.

［4］张福锁. 测土配方施肥技术要览. 北京：中国农业大学出版社，2006.

［5］临沂地区土壤普查试点领导小组. 临沂县土壤志（内部资料）. 1984.

［6］临沂地区土壤肥料工作站. 临沂地区土壤（内部资料）. 1990.

［7］山东省土壤肥料工作站. 山东土种志. 北京：中国农业出版社，1993.

［8］全国农业技术推广服务中心. 土壤肥料检测指南. 北京：中国农业出版
社，2007.

［9］临沂市河东区统计局. 河东区统计年鉴（内部资料）. 2005～2010.

［10］临沂市国土资源局. 土地面积年报表（内部资料）. 2006.

［11］临沂市河东区土壤肥料工作站. 测土配方施肥技术报告（内部资料）.
2006～2010.

［12］费县农业局. 费县耕地地力评价. 合肥：合肥工业大学出版社，2011.

［13］招远市土壤肥料工作站. 招远市耕地地力评价（内部资料）. 2007.

［14］郯城县土壤肥料工作站. 郯城县耕地地力评价（内部资料）. 2007.

附图1：

河东区土地利用现状图

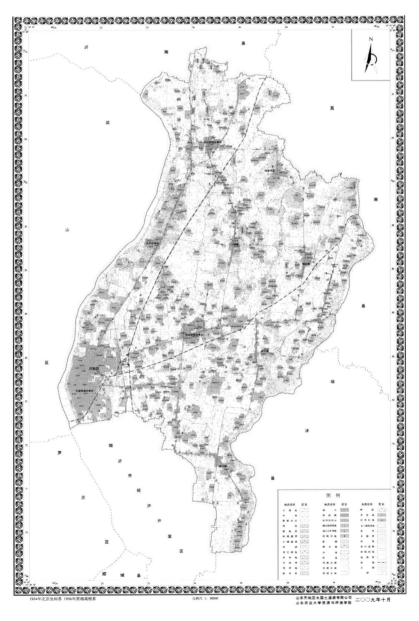

269

附图 2：

河东区地理底图

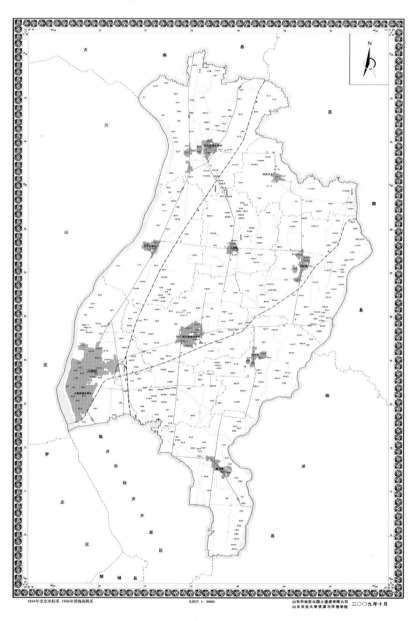

河东区土壤图

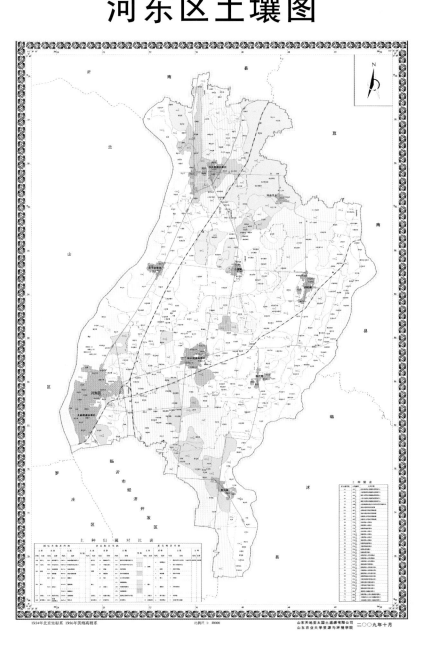

附图4：

河东区地貌图

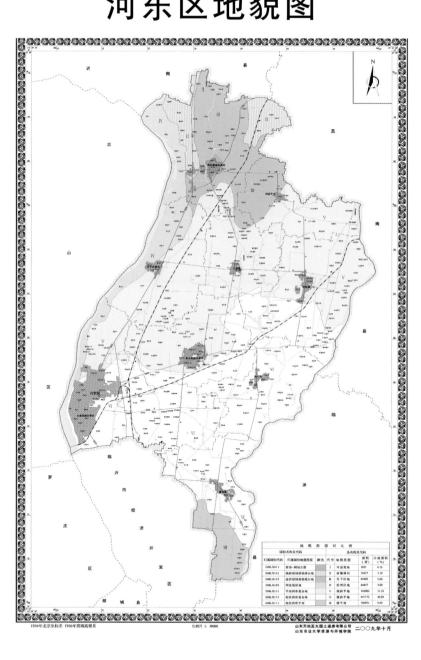

附图5：

河东区耕地地力调查点点位图

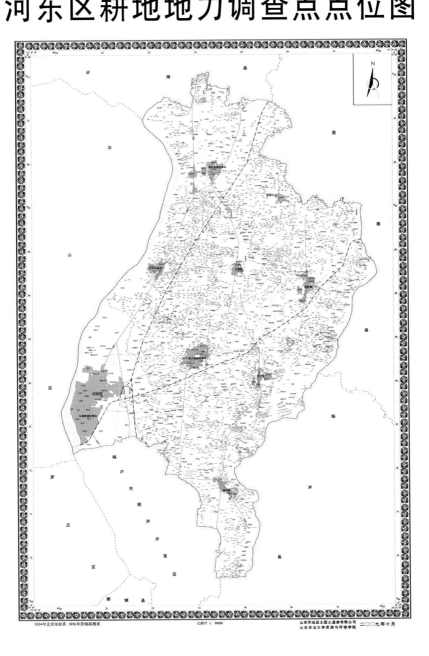

附图6：

河东区灌溉分区图

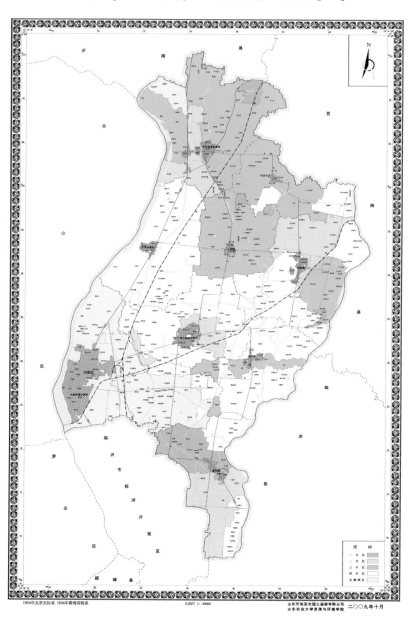

附图7：

河东区矿化度含量分布图

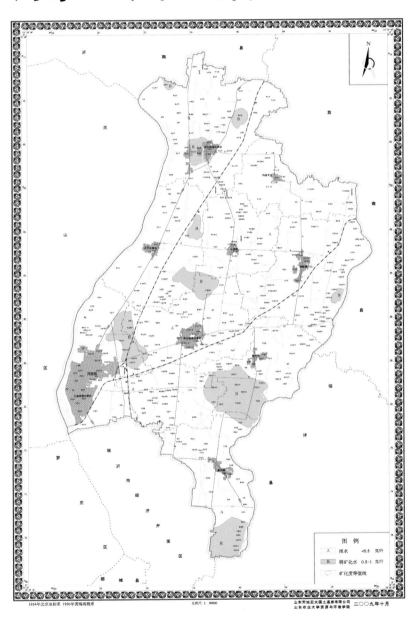

河东区坡度图

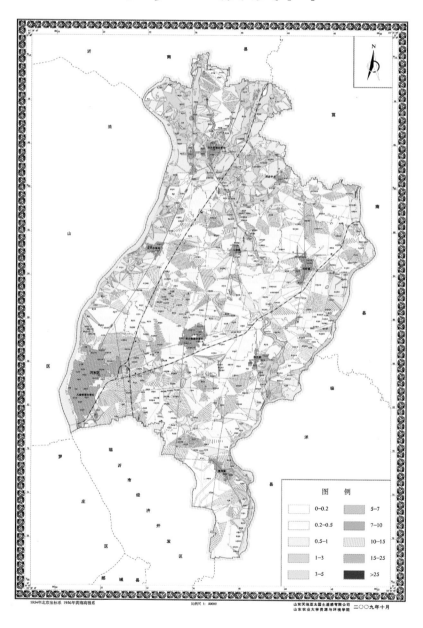

附图9：

河东区耕地地力评价等级图

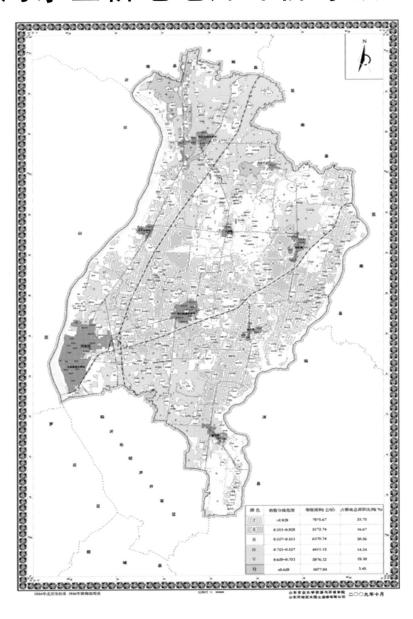

附图 10：

河东区土壤 pH 值分布图

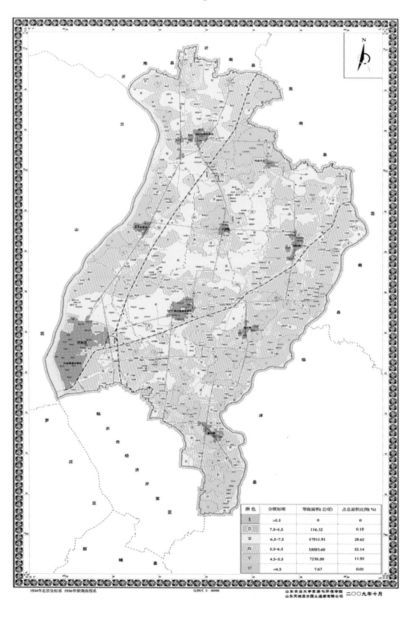

278

附图11:

河东区土壤有机质含量分布图

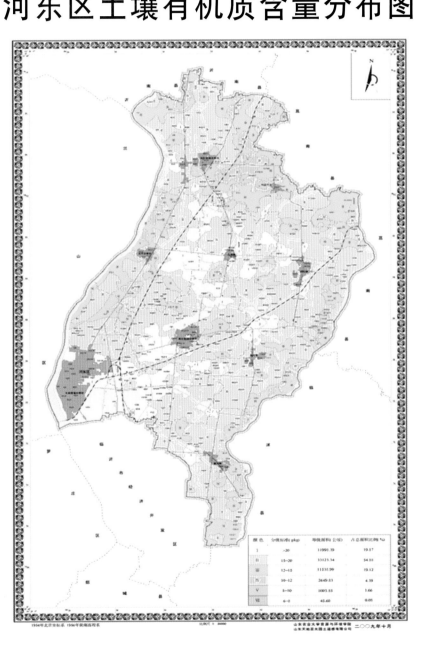

河东区土壤全氮含量分布图

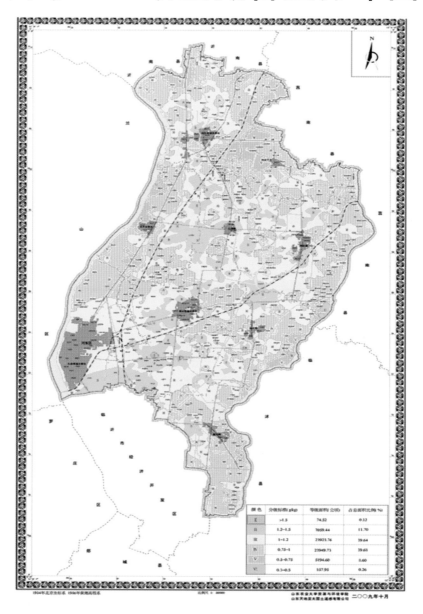

附图 13：

河东区土壤碱解氮含量分布图

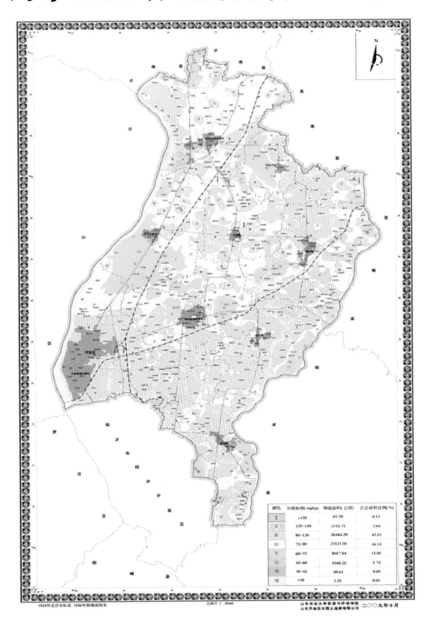

附图 14：

河东区土壤有效磷含量分布图

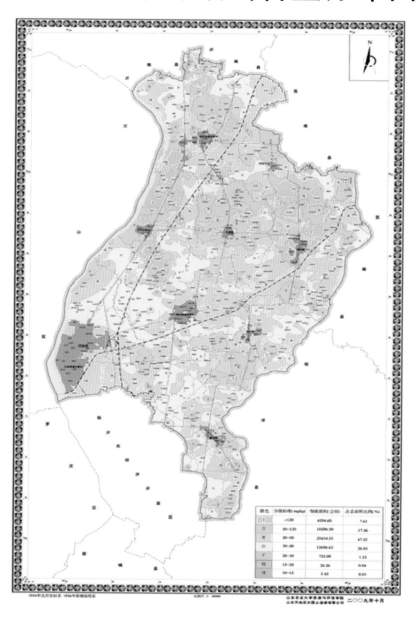

附图15：

河东区土壤缓效钾含量分布图

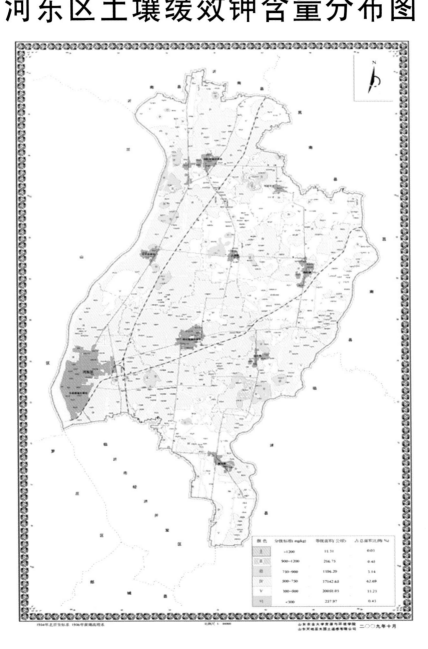

283

附图 16：

河东区土壤速效钾含量分布图

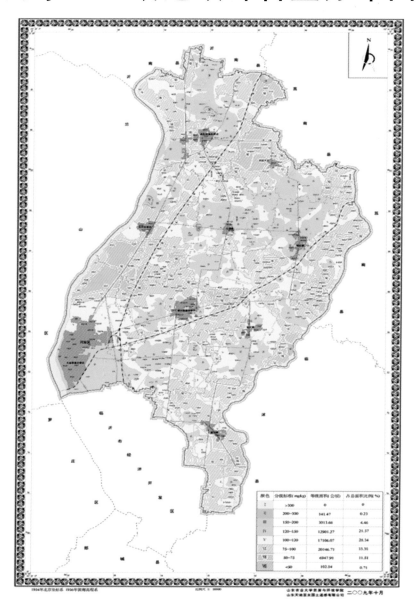

河东区土壤交换性钙含量分布图

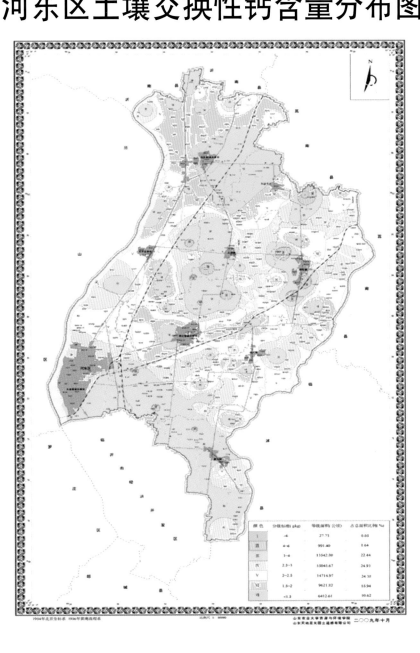

附图 18：

河东区土壤交换性镁含量分布图

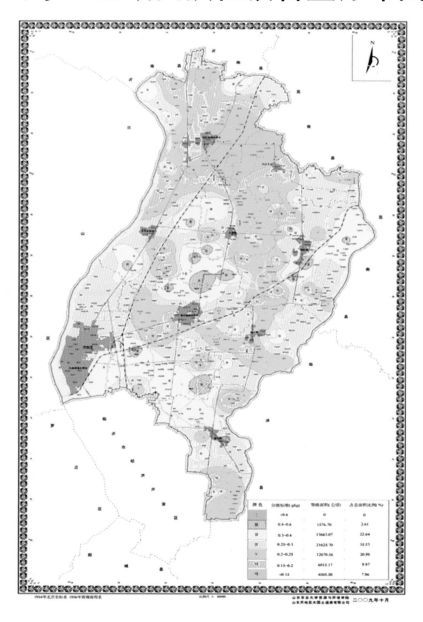

河东区土壤有效硫含量分布图

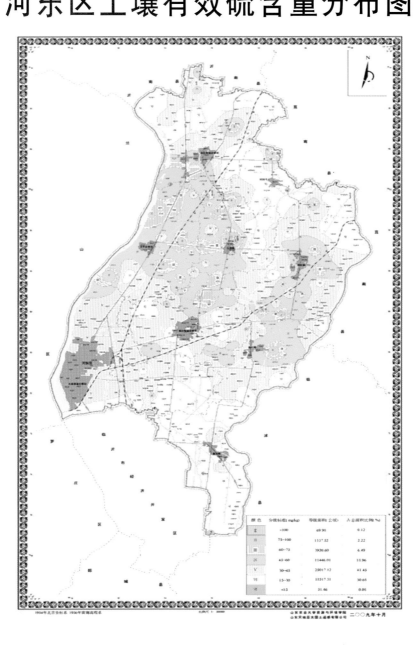

附图 20：

河东区土壤有效锰含量分布图

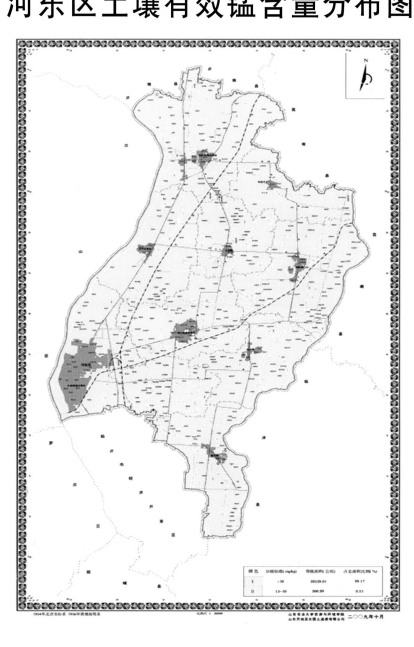

附图21：

河东区土壤有效铜含量分布图

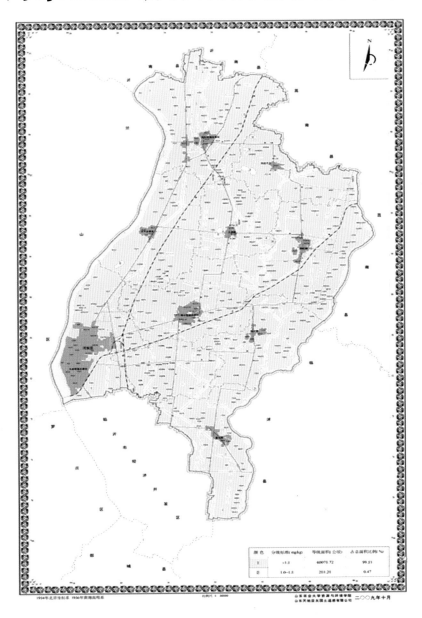

附图 22：

河东区土壤有效锌含量分布图

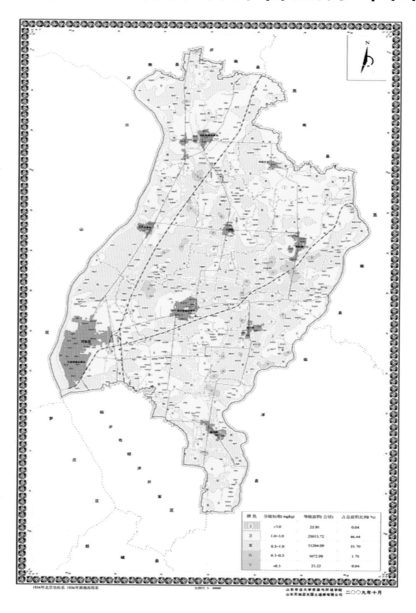

附图 23：

河东区土壤有效硼含量分布图

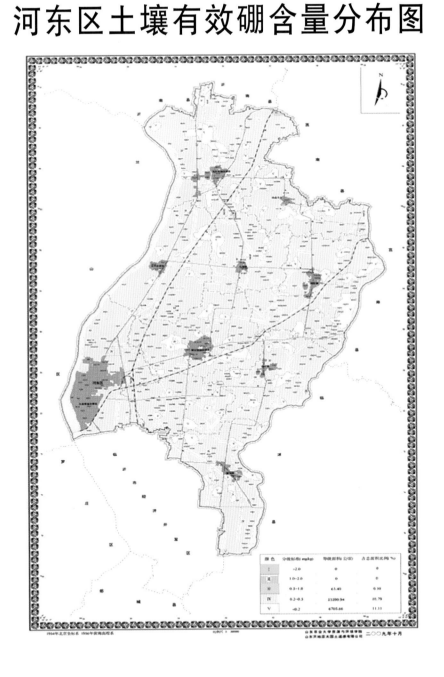

附图 24：

河东区土壤有效钼含量分布图

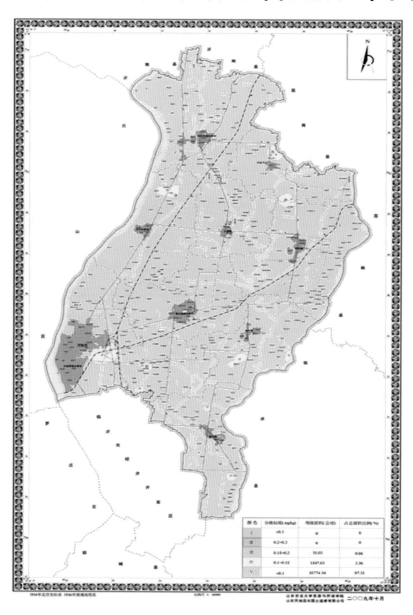

292